Encyclopédie Illustrée

Les Minéraux

ENCYCLOPÉDIE ILLUSTRÉE

LES MINÉRAUX

par
Jiří Kouřimský

Adaptation française et compléments
de Daniel Pajaud

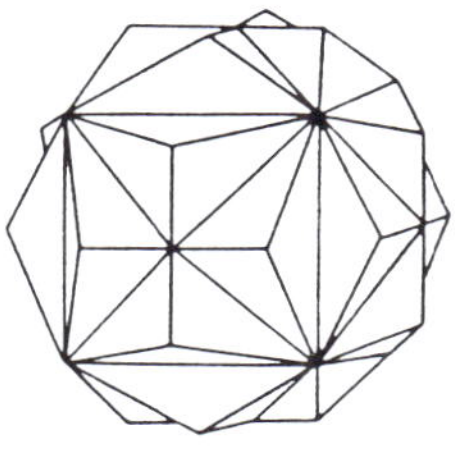

GRÜND

Page 2
Sphalérite. Cavnic (Roumanie).
Taille réelle des cristaux : environ 12 mm.

Page 5
Orgues basaltiques.
Rovné, près de Semily (Rép. tchèque).

◁
Améthyste. Porkura (Roumanie).
Taille réelle des cristaux : jusqu'à 4 cm.

GARANTIE DE L'ÉDITEUR
Malgré tous les soins apportés à sa fabrication, il est malheureusement possible que cet ouvrage comporte un défaut d'impression ou de façonnage. Dans ce cas, il vous sera échangé sans frais. Veuillez à cet effet le rapporter au libraire qui vous l'a vendu ou nous écrire à l'adresse ci-dessous en nous précisant la nature du défaut constaté. Dans l'un ou l'autre cas, il sera immédiatement fait droit à votre réclamation.

Librairie Gründ - 60, rue Mazarine - 75006 Paris

Texte original de Jiří Kouřimský complété par Daniel Pajaud
Adaptation française de Daniel Pajaud
Secrétariat d'édition : Anne Terral
Photographies des archives de Jiří Kouřimský et alii
Dessins de trait de Eva Smrčinová
Arrangement graphique de Karel Drchal

Première édition française 1996 par Librairie Gründ, Paris

ISBN : 2-7000-1843-5
Dépôt légal : octobre 1996

Imprimé en République tchèque
3/23/02/53-01

SOMMAIRE

A
B
C
D
D

AVANT-PROPOS

L'homme a toujours été fasciné par la beauté des formes et par les couleurs des minéraux. Ne comprenant pas les propriétés de ces pierres magnifiques, l'homme préhistorique leur attribuait quelque chose de surnaturel et, de nos jours encore, beaucoup de gens pensent que certaines d'entre elles possèdent une sorte de pouvoir magique capable d'influencer leur destin.

Les minéraux figurent parmi les plus belles créations de la nature et le nombre de ceux qui les admirent et les collectionnent ne fait qu'augmenter. La minéralogie est en effet une science complexe sur laquelle reposent la chimie, la physique et la plupart des autres sciences de la nature. La cristallographie est à elle seule une discipline propre à rebuter les meilleures volontés dans le monde des amateurs les plus passionnés.

Ce livre de vulgarisation est à la fois une introduction à la minéralogie et une base de données propre à cette science. Plus qu'à des aspects théoriques, il s'attache à présenter des faits intéressants dans des domaines variés. Les relations entre l'homme et le minéral sont abordées dans le détail. Le vocabulaire propre aux roches et aux minéraux, indispensable à cette approche, est clairement défini.

Les chapitres consacrés aux éléments et à leurs combinaisons forment l'essentiel de cet ouvrage, chaque type minéral étant présenté dans le cadre de la classification scientifique moderne. On trouvera pour chaque minéral sa composition chimique, ses caractéristiques physiques, les données relatives à son origine et à son mode de gisement, sans omettre l'usage qu'en firent nos ancêtres et qu'en fait l'homme du XXe siècle. Il sera question aussi bien de minerais et de substances non métalliques que de pierres précieuses ou décoratives. Pour certains d'entre eux, on relatera enfin l'histoire de leur découverte, en expliquant parfois l'origine de leur dénomination.

Puisse ce livre vous aider à mieux connaître le monde merveilleux des minéraux et vous conduire à l'intense plaisir qu'engendre leur contemplation.

Dr J. Kouřimský

Mine au Moyen Âge.
Gravure sur bois tirée
de l'ouvrage d'Agricola,
De re metallica, 1530.

1 Ostensoir (89,5 x 70 cm) orné de diamants (6 222 pierres). Monastère de la Lorette, à Prague. Travail viennois, 1699.

L'HOMME ET LES PIERRES

De tout temps, l'homme a cherché à connaître la nature, à en percer les secrets et à en tirer le meilleur parti pour son usage personnel. Les différentes sociétés humaines et leur niveau culturel en ont été profondément influencés.

Les rapports de l'homme avec le monde minéral représentent en effet un facteur essentiel au développement des civilisations, sensible dans le degré croissant d'habileté avec laquelle l'homme a su travailler le matériau brut pour en faire des outils et des objets d'art. Cette vérité s'applique à nos ancêtres comme à nous-mêmes. L'Égypte antique exploitait les minerais et bâtissait ses cités de pierre comme le monde actuel extrait et transforme les matières premières pour en faire des matériaux de construction ou des combustibles.

Les peuples primitifs ne disposaient ni d'outils ni de vêtements et se contentaient de peu. Le sel fut la première substance minérale dont l'homme comprit l'importance : ils en avaient découvert les gisements et le rôle vital en observant le comportement des animaux. Par la suite, la collecte et le travail d'autres matières contribuèrent à développer son cerveau et à perfectionner l'usage de sa main.

Puis l'homme utilisa la pierre pour fabriquer des armes et des outils. Il utilisa d'abord des galets de calcaire et de grès ; puis il découvrit l'intérêt des éclats de quartz, de silex ou d'obsidienne aux bords tranchants qu'il pouvait retravailler. Son intérêt se porta sur le minerai de cuivre qu'il apprit à fondre dans des fours.

Lorsque l'homme découvrit dans des alluvions le minerai d'étain (la cassitérite), il s'aperçut qu'en le combinant avec du cuivre il obtenait un métal plus résistant que ce dernier. C'est ainsi que, du Nil à l'Euphrate, débuta l'âge du bronze dans le bassin méditerranéen. En raison de son prix, cet alliage ne servit qu'à des usages limités, et la pierre conserva toute son importance dans la confection des outils les plus communs. Mieux, elle trouva son utilité essentielle en sa qualité de matériau de construction : les premiers palais furent ainsi bâtis dans la vallée du Nil et en Mésopotamie ; en Égypte, des blocs calcaires de taille colossale servirent à édifier les premières pyramides.

Il y a seulement 3000 ans que commença l'âge du fer. L'extraction de ce métal est en effet beaucoup plus difficile que celle du cuivre ou de l'étain, car elle requiert de plus fortes températures. Ce sont les étranges colorations jaunes et rouge sang de certaines pierres qui attirèrent l'attention des hommes. Ils finirent par travailler ce nouveau minerai au charbon de bois, obtenant alors plus facilement un métal moins onéreux que le bronze. Cette nouvelle métallurgie marqua le début d'un extraordinaire développement de l'activité agricole et artisanale.

Le fer devint le métal le plus couramment utilisé durant le Moyen Âge. On extrayait alors le minerai de puits ou de galeries de mines à faible profondeur. L'outillage des mineurs, d'abord très rudimentaire, se perfectionna petit à petit. Les anciens gisements de l'époque romaine s'épuisant, il fallut en chercher de nouveaux. L'extraction connut un regain d'activité en France sous Charlemagne, ainsi qu'en Europe centrale, principalement en Saxe, en Bohême, en Slovaquie et en Styrie (aujourd'hui province d'Autriche). Il subsiste encore aujourd'hui quelques vestiges de cette activité.

Nous disposons d'une abondante documentation sur les minéraux extraits durant le Moyen Âge, sur leurs modes d'extraction et sur la localisation des principaux gisements, grâce notamment à un éminent médecin, physicien et minéralogiste, Georgius Agricola (1494–1555), qui passa une grande partie de sa vie en Bohême, à Jáchymov (l'un des plus importants centres miniers de l'époque pour l'extraction de l'argent). Son œuvre majeure comprend deux ouvrages, respectivement intitulés *De re metallica* (paru en 1556) et *De natura fossilium*, considérés comme les premiers traités de minéralogie, de métallurgie et de géologie.

2 Bijou à grande émeraude centrale destiné à l'ornementation d'un turban. El Koseir (Égypte). Travail turc, fin XVIIe -début XVIIIe s.

Avec le développement de l'activité industrielle, l'importance des matières minérales et des combustibles n'a cessé de croître pour répondre aux besoins de la métallurgie, de l'industrie chimique ou de celle du verre et de la céramique, de l'industrie du bâtiment, ou encore pour la production des grès et des substances réfractaires. Même les agriculteurs font de nos jours appel à des substances minérales, notamment comme fertilisants. Leur utilisation conditionne très étroitement le développement économique de nos sociétés.

Certaines matières, celles dont dépendent les défenses nationales, ont acquis une importance stratégique. De fait, est stratégique à un moment donné ce que déterminent les dernières avancées de la science et les exigences de la technologie. Depuis la Seconde Guerre mondiale, la dépendance industrielle vis-à-vis du fer et de l'acier est relativement moins importante qu'elle ne le fut au cours des siècles passés. Sont entrés en concurrence les substances radioactives, les métaux légers (pour l'industrie aérospatiale), les hydrocarbures et quelques minéraux de moindre importance comme le diamant.

L'utilisation pratique des roches et des minéraux à des fins industrielles n'est qu'un aspect parmi d'autres des relations entre l'homme et le minéral. L'aspect esthétique a joué et joue encore un rôle important, du fait de la fascination qu'exercent sur l'homme la forme, la couleur, la limpidité de certains cristaux, l'éclat de certains métaux, la beauté de certaines roches, au point que leur soient attribuées certaines vertus naturelles. L'homme préhistorique appréciait déjà l'or qui fond et se coule facilement. Il fabriquait aussi des bijoux, des ornements, des statuettes rituelles dans des matériaux moins précieux, voire très communs, métaux et roches tels que cuivre, bronze, argent, pierres aux formes et aux couleurs curieuses. Les civilisations indiennes, notamment celles du Mexique et du Pérou, nous en ont laissé d'admirables témoignages, dont beaucoup sont en or, métal qui abondait alors dans ces régions.

Les premières utilisations de pierres précieuses remontent à la préhistoire, mais l'on ne sait encore à quelles nations les attribuer. Les plus anciens vestiges connus nous viennent de l'Inde et du Moyen-Orient ; des rubis et des saphirs ont été découverts au Sri Lanka (ex-Ceylan), des olivines dans l'îlot de Zebirget en Mer Rouge et des émeraudes dans le Sud-Est égyptien. Des pierres gravées, enchâssées sur des sceaux cylindriques de Babylone et d'Assyrie, datent du quatrième millénaire avant notre ère.

Le travail des pierres précieuses se répandit ensuite en Grèce, où la glyptique, art de la taille en relief ou en creux des gemmes, des pierres fines ou précieuses, connut un essor remarquable par son originalité. Important les pierres qu'ils ne possédaient pas et assimilant des connaissances différentes auprès des peuples d'Asie et d'Afrique du Nord, Étrusques et Romains s'emparèrent de cet art, gravant de splendides intailles et camées (les premières gravées en creux, les seconds en relief), dont un bon nombre ont été découverts dans des tombes en Italie (particulièrement en Toscane). Pour la plupart, les artistes romains étaient d'origine grecque et trahissaient une influence égyptienne. Le premier livre de sciences naturelles de Pline l'Ancien (mort en 79) décrit des gisements de pierres précieuses ainsi que la forme des cristaux. Il mentionne aussi que l'empereur Néron se servait d'une émeraude comme lentille de vision, ce qui est la plus ancienne référence connue à un usage technique de pierre précieuse. Après la chute de l'Empire Romain, l'art du travail des pierres précieuses se déplaça vers Byzance.

Au début du Moyen Âge, en Europe, il n'y eut plus que les souverains, la haute noblesse et les grands dignitaires de l'Église à posséder des pierres précieuses. Le déclin du travail des pierres précieuses en Occident coïncida avec une nouvelle conception philosophique de l'Univers et de ses valeurs, perçus sous un éclairage différent.

3 Filigrane en argent doré avec un grenat almandin d'Asie Mineure et une turquoise d'Iran. Ouvrage ottoman, XVIIIe s.

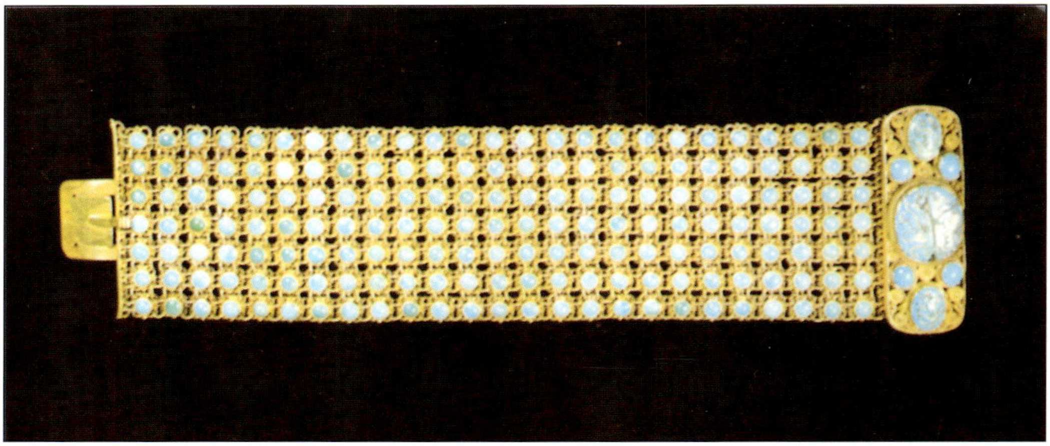

4 Bracelet en or serti de turquoises d'Iran. Ouvrage turc, début du XIXe s.

Le Christianisme naissant, contrairement à la vision antérieure, s'intéressait moins à la vie sur Terre qu'à la vie dans l'au-delà. Se parer de bijoux, pratique païenne naturelle aux temps de la Préhistoire aussi bien que dans l'Ancien Monde cultivé, devenait comportement extravagant. Durant toute cette période, on perdit jusqu'au souvenir d'un grand nombre de gisements de pierres précieuses et l'on oublia en Europe, contrairement à Byzance, la plupart des méthodes de travail.

Le Moyen Âge gothique nous a laissé des vestiges d'un travail plutôt rudimentaire sur les pierres précieuses transparentes ou translucides. On ne les utilisait jamais dans leur état naturel : les lapidaires en éliminaient les parties défectueuses et, par la taille et le polissage, en amélioraient l'aspect extérieur. Forme de travail qui n'évolua guère du fait de l'imperfection des techniques et plus encore du souci de conserver autant que possible la plus grande partie de la pierre.

Du XIIe au XIVe siècles, la France puis l'Europe connurent par contre un grand essor artistique dont bénéficia le travail des pierres. Il y eut alors un renouveau d'intérêt pour le commerce des pierres, ce dont profitèrent des villes comme Bagdad et Le Caire qui se trouvaient sur les routes les reliant d'un côté aux gisements de l'Orient et de l'autre aux marchés européens. Un traité sur les pierres précieuses, dû à la plume d'un marchand arabe du XIIIe siècle, fournit, avec leurs prix, une liste complète des pierreries disponibles sur les marchés du Proche-Orient.

Dès le XIVe siècle, au temps de l'empereur Charles IV, Prague devint un centre important de l'art glyptique. Ce fut une période d'intense prospection des gisements de Bohême et d'activité artisanale dans les ateliers. Devenue résidence de Rodolphe II de Habsbourg, archiduc d'Autriche, empereur germanique, roi de Hongrie et de Bohême, la cité connut son apogée au XVIIe siècle : les pierres précieuses y affluaient de toute part, les artistes les plus fameux, les plus grands scientifiques s'y retrouvaient. Il n'est donc pas surprenant que de précieuses informations aient été consignées dans un ouvrage publié en 1609, *Gemmarum et lapidum Historia*, par le médecin personnel de l'empereur, par ailleurs esprit éclectique et grand expert en pierreries.

Durant la seconde moitié du XVIIe siècle, sous l'influence du style baroque, s'élevèrent en Europe des constructions monumentales, témoignages de puissance imposés par l'Église et la noblesse. Les goûts changeant, la mode exigea tant de luxe et d'abondance dans la réalisation des bijoux et des ornements qu'on finit par ne plus trouver suffisamment de pierres pour la satisfaire.

Un siècle plus tard, changement radical : la société accorde une valeur différente aux pierres précieuses, influencée par la nouvelle doctrine du rationalisme. Les progrès de la connaissance dans le domaine des sciences et des techniques modifient le regard porté sur les pierres précieuses : une nouvelle classe sociale s'empare des bijoux à des fins personnelles, non seulement d'un point de vue esthétique, mais aussi dans un but lucratif. L'art lapidaire redevient florissant et des sommes considérables sont alors investies dans cette industrie. La demande accrue de pierres précieuses nécessite la recherche de nouveaux gisements et suscite un intérêt porté à des pierres jusqu'alors négligées.

Puis, durant le XIXe siècle finissant et tout au long du XXe siècle, la mode s'empara des esprits, guidant le goût de chacun pour les belles pierres dont les prix montèrent en flèche. Dans les années 20, la synthèse de pierres artificielles sembla porter un coup fatal à ce lucratif engouement. Mais le revirement amorcé ne dura pas, le goût des pierres naturelles se renforça et les prix grimpèrent à nouveau.

5 Détail d'une garniture en or et en malachite de l'Oural. Ouvrage viennois, début du XIXe s.

6 Amulette avec diverses pierres précieuses. Ouvrage populaire des Balkans, fin du XIXe s.

▷
7 Sidérite argileuse avec empreintes animales. Mšecké Žehrovice, près de Kladno (Rép. tchèque). Ouvrage celte, 200 av. J-C.

GÉNÉRALITÉS SUR LE MONDE MINÉRAL

Est minéral ce qui est constitué de matière non vivante. Un minéral est une formation inorganique naturelle qu'on trouve généralement à l'état solide, sous forme de cristaux ; elle présente une structure atomique ordonnée et possède une composition chimique précise. Une roche est un assemblage plus ou moins ordonné d'un ou plusieurs minéraux. Ce sont des roches telles que le granite, le basalte et le gneiss qui constituent l'enveloppe solide première du globe terrestre, née du refroidissement du magma primitif. D'autres roches, telles que les calcaires, les argiles et les grès, nées de l'érosion et de l'altération de roches préexistantes, se présentent sous formes de couches superposées, les strates. L'étude des roches constitue la pétrologie (ou pétrographie).

La minéralogie est la géoscience qui vise à recenser et à définir les espèces minérales, en étudiant leurs propriétés physiques et chimiques ainsi que leur genèse, leurs modes de gisement et leurs transformations. La minéralogie a d'abord été une science d'observation, notamment par l'examen de propriétés des minéraux telles que la couleur, la dureté, l'éclat. La reconnaissance de réseaux cristallins remonte à 1784. Puis est venue la notion d'espèce minérale, définie au début du XIXe siècle grâce à l'extraordinaire développement de la chimie. Enfin, la réalisation en 1912 de la diffraction d'un faisceau de rayons x par un cristal, en prouvant la structure périodique de la matière, a permis une classification rationnelle des minéraux reposant en partie sur leurs propriétés optiques. De nos jours, des voies d'investigation sophistiquées telles que la microsonde électronique permettent une analyse non destructrice sur d'infimes quantités de matière.

Minéralogie et pétrologie sont deux composantes essentielles des géosciences.

Sous certaines conditions, la plupart des minéraux se présentent sous forme de cristaux. Un cristal est un solide dont la structure atomique est ordonnée et périodique dans les trois directions de l'espace ; lorsqu'il pousse librement il est limité par des surfaces planes. La forme d'un cristal n'est donc pas le fruit du hasard ; dans ces conditions, il n'est pas surprenant qu'une espèce minérale donnée se présente fréquemment sous la même forme cristalline. De cet arrangement ordonné et périodique de la matière minérale résultent ses propriétés physiques (mécaniques, optiques, électriques, etc.). La cristallographie, science de la matière cristalline, s'intéresse à la forme des cristaux et à l'étude des lois qui les déterminent ; elle est à la base de la minéralogie.

Bien que chaque espèce cristallise sous une forme déterminée et spécifique, la plupart des minéraux peuvent aussi cristalliser sous des formes variées, cependant caractérisées par une identique symétrie. Cette symétrie dans la forme externe du cristal est en fait la reproduction à l'infini de la symétrie de la matière à l'échelle la plus élémentaire de sa structure interne, celle d'un motif appelé maille. La maille est la plus petite structure cristalline constituée par un arrangement d'ions, d'atomes ou de molécules. Il existe 32 groupes de symétrie cristallins ; parmi eux, on en dénombre 7 dont la symétrie est compatible avec les propriétés de symétrie des réseaux. Ce sont les sept systèmes cristallins suivants : *cubique* (dont la maille primitive est un cube ; ex. : chlorure de sodium), *quadratique* (prisme droit à base carrée ; zircon) ; *orthorhombique* (parallélépipède rectangle ou prisme droit à base losange [rhombe] ;

soufre) ; *hexagonal* (prisme droit à base losange avec un angle de 120 ° ; béryl) ; *rhomboédrique* (parallélépipède dont toutes les faces sont des losanges [rhomboèdre] ; calcite) ; *monoclinique* [ou clinorhombique] (prisme oblique à base losange ; gypse) ; *triclinique* (parallélépipède à base losange ; axinite).

Dans la nature, les cristaux sont loin d'avoir toujours une forme parfaite : leur croissance est fréquemment gênée, ne serait-ce que par la présence des cristaux voisins ; cependant, les angles inscrits entre les faces cristallines sont toujours les mêmes. Cette propriété est une précieuse caractéristique, car elle permet ainsi d'identifier les minéraux. Par ailleurs, la surface des cristaux de grande taille est souvent striée, voire rugueuse.

La vitesse de formation d'un cristal est l'un des facteurs dont dépend la pureté de sa forme et de son aspect ; une croissance infiniment lente est un gage essentiel sur le chemin de la perfection. Les minéraux exempts d'impuretés ou dont la composition chimique est relativement simple cristallisent plus facilement sous une forme parfaite et ont généralement un petit nombre de faces ; c'est pourquoi certaines variétés de gemmes sont habituellement mieux développées que les formes ordinaires.

L'aspect et la forme d'un cristal sont conditionnés par les conditions physiques dans lesquelles il s'est formé : température, pression, environnement jouent un rôle déterminant. Les plus beaux cristaux sont, d'une part, ceux qui ont bénéficié d'un milieu calme et homogène dans lequel ils ont pu croître lentement, sans contraintes mécaniques ; d'autre part, ceux qui se sont formés dans des solutions aqueuses à l'abri de crevasses ou dans une atmosphère tranquille de vapeurs ou de gaz.

Lorsqu'un cristal adhère à une surface rocheuse, il ne peut croître librement que dans certaines directions ; les dépôts cristallins sont obligés d'épouser la forme du substrat. Si la surface de la roche sous-jacente est à peu près plane et si les cristaux s'y développent en couches parallèles, il se forme des druses ; si la surface est plus ou

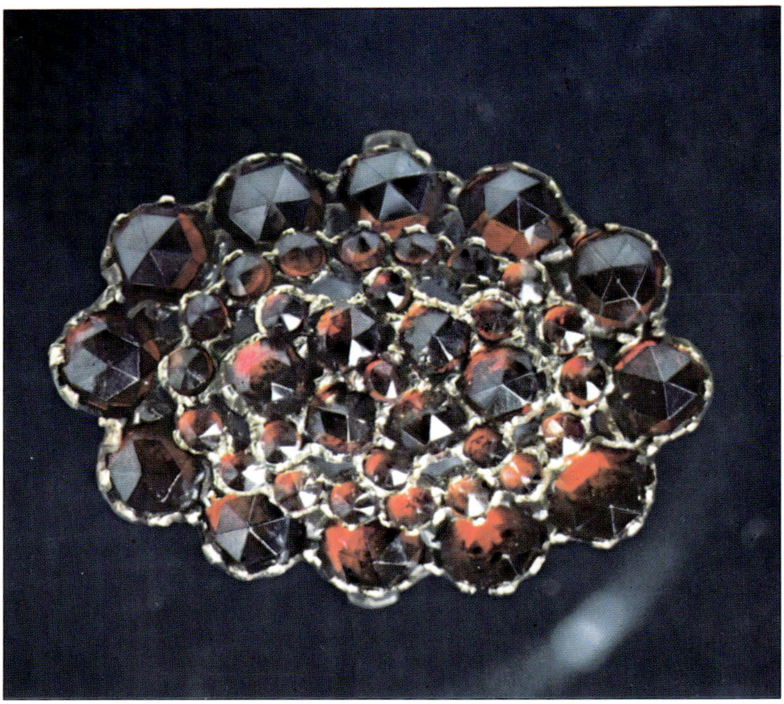

8 Broche en or
(4 x 3 cm)
avec des grenats
de Bohême centrale
(Rép. tchèque).
Ouvrage bohémien,
fin du XIXe s.

9 Objet en jaspe (6 cm). Ciboušov, près de Klášterec (Rép. tchèque). Chapelle St Wenceslas, cathédrale St Vitus, Château de Prague de Charles IV (1341).

moins arrondie, voire sphérique, les cristaux croissent tous en direction du centre de la cavité et forment une géode ; les assemblages de cristaux dans les druses et dans les géodes offrent en général un dessin régulier. Quand des cristaux sont accolés irrégulièrement, les plus jeunes croissant sur les plus anciens, on parle d'amas ; ces amas sont souvent formés de très petits cristaux, aux surfaces imparfaitement délimitées : ce sont des agrégats. Certains minéraux d'aspect grossier ne sont en fait que des fragments de cristaux, sans faces décelables : c'est souvent le cas d'espèces minérales produisant de grands cristaux telles que le quartz. De rares minéraux, comme l'ambre ou l'opale, ne cristallisent jamais : ce sont des minéraux amorphes

Les lois qui régissent la croissance de chaque cristal s'appliquent parfois à des groupes entiers de cristaux. On trouve fréquemment deux ou plusieurs cristaux qui ont grandi côte à côte en obéissant à une loi commune. Autre phénomène intéressant : la

Formes variées caractéristiques des cristaux de calcite : a. rhomboédrique, b. scalénoèdre, c. columnaire.

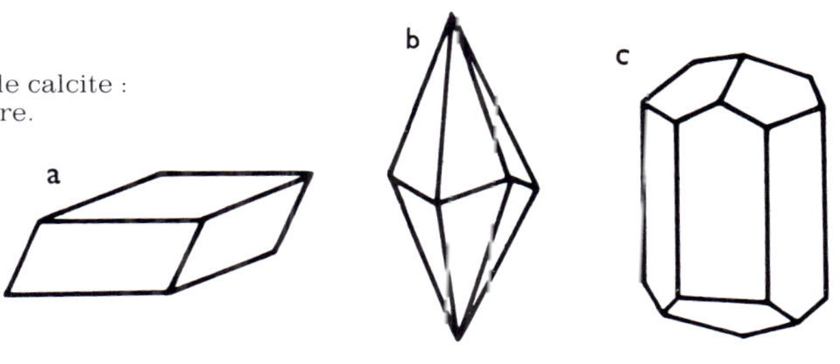

10 Broche (5 x 3,5 cm) en agate des monts des Géants avec bordure de grenats de Bohême centrale (Rép. tchèque).

pseudomorphose, c'est-à-dire la croissance d'un cristal dans un système cristallin qui n'est pas le sien ; cela se produit lorsqu'un minéral donné se trouve remplacé par un autre, soit par transformation, soit par substitution.

La géométrie de la structure interne d'un cristal détermine non seulement sa forme mais aussi ses propriétés physiques. Certaines caractéristiques comme le clivage, la dureté ou les propriétés optiques ne sont pas les mêmes dans toutes les directions du cristal ; d'autres, comme la densité ou la radioactivité, en sont indépendantes.

La densité d'un solide ou d'un liquide est le rapport de la masse de ce corps à la masse d'eau occupant le même volume à la température de 4 °C. Plus un minéral contient

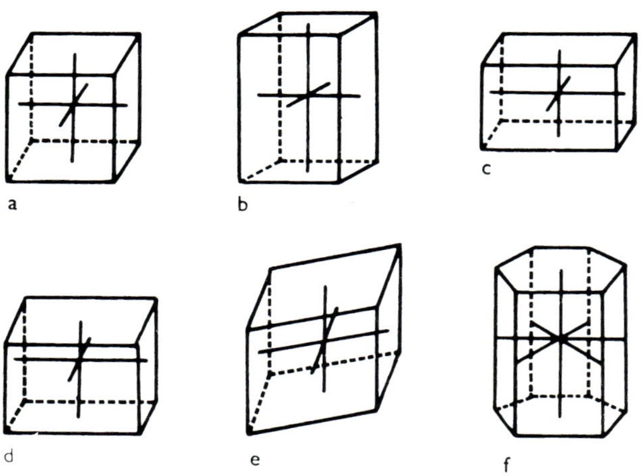

Axes de symétrie des divers systèmes cristallins : a. cubique, b. quadratique, c. orthorhombique, d. monoclinique, e. triclinique, f. hexagonal et rhomboédrique.

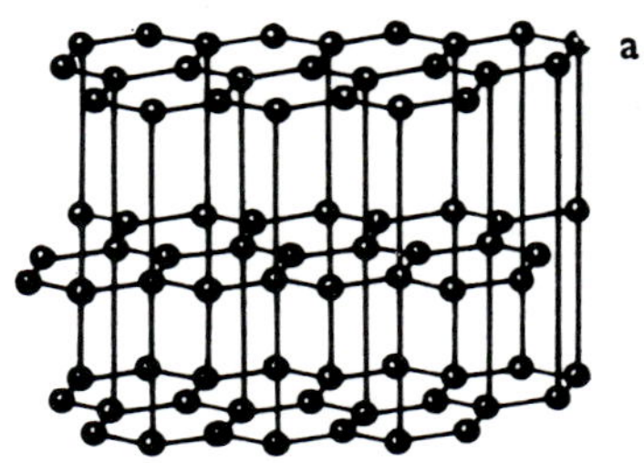

Structure cristalline du carbone : a. graphite, b. diamant.

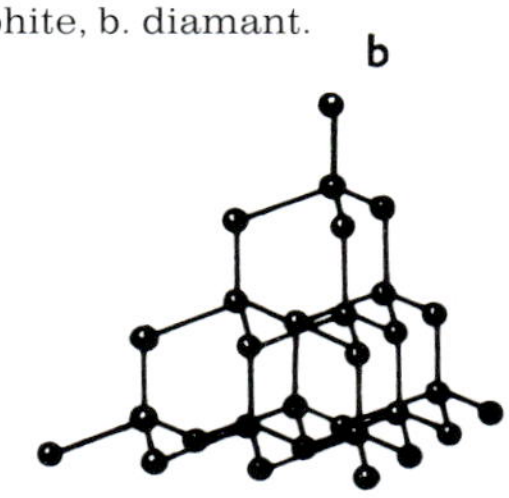

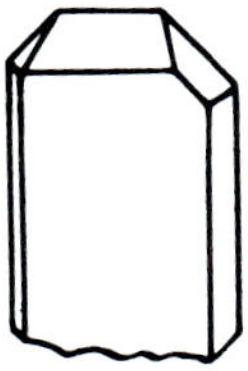

Cristal asymétrique de quartz.

Flocons de neige : structure étoilée à symétrie hexagonale des cristaux d'eau. ▷

d'éléments lourds (plomb, mercure, argent, etc.), plus sa densité est grande ; inversement, plus il contient d'eau, plus sa densité est faible. Le calcul de la densité est un critère d'identification très important dans la détermination des pierres précieuses.

La dureté est le caractère de ce qui résiste au choc, à la pression ou à la pénétration d'un autre corps. On utilise une échelle de dureté (dite échelle de Mohs) comportant dix degrés dont chacun correspond à un minéral de référence ; du plus tendre au plus dur : 1, le talc – 2, le gypse – 3, la calcite – 4, la fluorine – 5, l'apatite – 6, l'orthose – 7, le quartz – 8, le topaze – 9, le corindon – 10, le diamant. Parmi les substances usuelles, on utilise couramment l'ongle (2,5), le fer et l'acier doux (4,5), l'acier trempé et le verre (6,5). Pour apprécier la dureté d'un minéral ou d'une roche, on essaie de lui faire rayer les minéraux-étalons.

Le clivage est un plan de fracture particulier à certains minéraux ou à certaines roches. C'est un plan de moindre résistance résultant de la faible énergie des liaisons atomiques ou moléculaires dans un plan cristallographique. Le nombre et la qualité des clivages sont très variables d'un minéral à l'autre. Lorsqu'un minéral se casse selon des surfaces planes, les plans de cassure correspondent à des plans de clivage ; lorsque ceux-ci n'existent pas, la cassure peut se faire selon des surfaces courbes (cassures conchoïdales) ou d'orientation anarchique.

11 Lingots d'or pur (poids total : 72 kg).

12 Incrustations de saphir ornant une pendule. Travail viennois, 1880-1885.

La macle est l'association géométriquement bien définie et assez fréquente d'au moins deux individus cristallins appartenant à un même minéral (cas des feldspaths, orthoses et plagioclases) ; ces individus constituent alors un cristal maclé, par opposition au cristal simple.

Les propriétés optiques sont des caractéristiques extrêmement importantes en cristallographie. Les unes, décelables à l'œil nu, sont évidentes (un cristal peut être transparent, translucide ou opaque) ; mais la plupart nécessitent des instruments précis. Quand la lumière atteint la surface d'un cristal, une partie des rayons est réfléchie, une autre est réfractée, c'est-à-dire qu'elle pénètre dans le cristal en changeant légèrement de direction et parvient ou non à le traverser. On étudie très précisément les propriétés optiques des minéraux en lames minces, à l'aide de microscopes permettant de faire varier les caractéristiques de la lumière incidente. Un minéral qui paraît opaque à l'œil nu peut se révéler transparent en lame mince.

Autre propriété optique, la couleur du cristal ; elle peut être inhérente au minéral ; elle peut aussi être accidentelle et résulter de la présence d'impuretés de nature chimique (traces d'ions appartenant à d'autres éléments) ou mécanique (incorporation de pigments étrangers disséminés dans la masse du cristal). Du point de vue optique, la couleur observable à l'œil nu résulte du mélange des lumières colorées que le minéral n'absorbe pas ; des couleurs apparemment semblables peuvent en fait résulter du mélange de lumières colorées diverses. En lame mince, par définition de très faible épaisseur, un minéral coloré peut paraître incolore, sa couleur propre n'étant plus décelable par l'œil. Des cristaux peuvent changer de couleur du fait de leur oxydation superficielle ou sous l'effet de rayonnements radioactifs.

Pour différencier un minéral de couleur d'un minéral coloré par des additions, on utilise pour cela un caractère facile à identifier : la couleur de la poudre ; la poudre

13 Fragment brut de rubis synthétique (∅ 24 mm), pour la fabrication de laser.

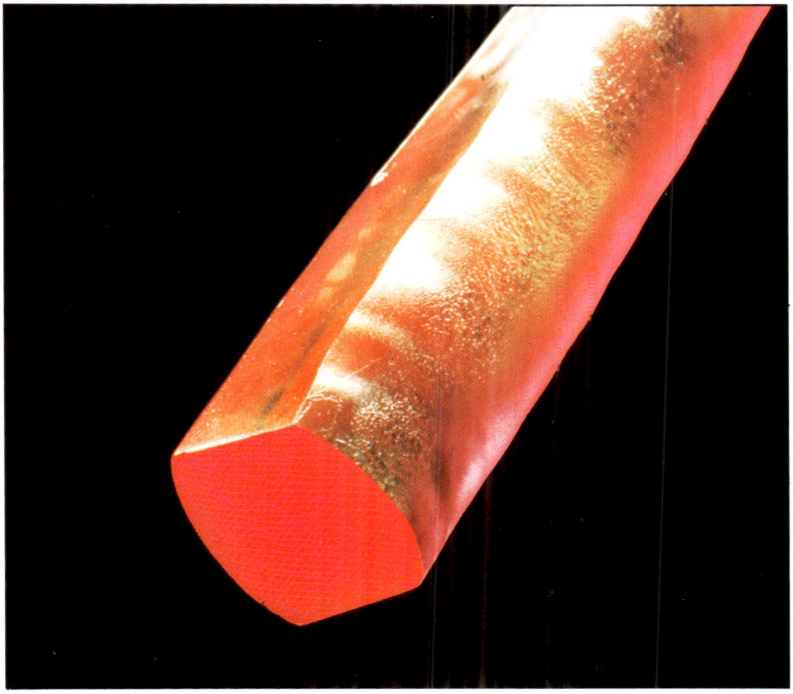

est obtenue en frottant le minéral sur une surface de porcelaine non émaillée. Pour certains minéraux, cette couleur est caractéristique.

L'éclat est une autre propriété optique qui dépend de l'intensité de la lumière réfléchie ainsi que de modifications qui se produisent à la surface des cristaux. L'œil distingue facilement divers types d'éclats : métallique (propre aux métaux), vitreux (verres), adamantin (diamant, zircon), nacré (spath d'Islande, mica, gypse en lames), soyeux (mica des schistes lustrés), gras (quartz) ou encore résineux (opales et certains asphaltes).

D'autres propriétés sont encore utilisées pour la détermination des minéraux : la radioactivité, mise en évidence par la réaction de plaques photographiques et mesurée par des compteurs Geiger ; la luminescence, qui est une émission de lumière produite par un minéral soumis à un rayonnement de courtes longueurs d'onde (notamment les ultraviolets). D'autres encore sont utilisées dans l'observation de lames minces au microscope ; par exemple le relief (impression visuelle résultant de la différence des indices de réfraction du cristal et du baume utilisé pour la confection de la lame

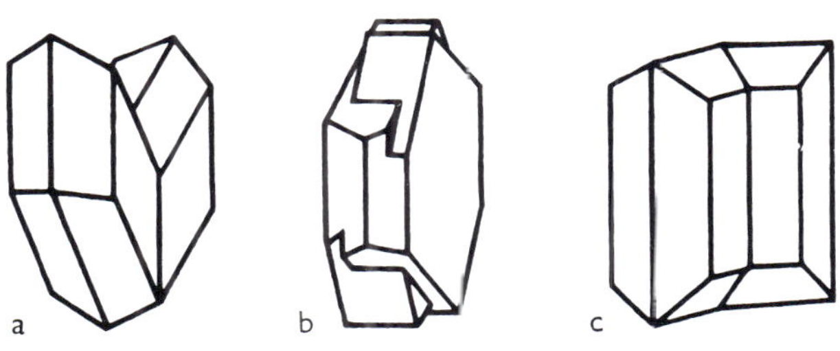

Macles géminées : a. gypse, b. orthose (macle de Carlsbad), c. aragonite.

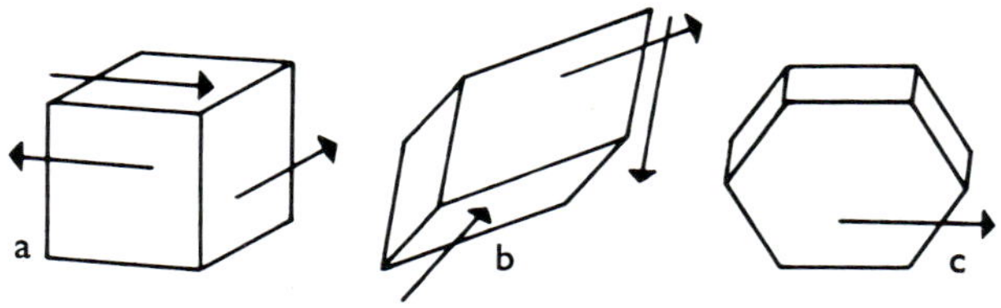

Plans de clivages de minéraux divers : a. galène (cubique), b. calcite (rhomboédrique), c. mica (monoclinique).

mince) ; le pléochroïsme (changement de couleur du cristal en fonction de l'angle d'incidence de la lumière) ; la biréfringence (traduite par une palette de couleurs d'une extraordinaire richesse et liée à certaines caractéristiques de la lumière incidente, à la fois polarisée et analysée) ; l'extinction (capacité du cristal à s'opposer au passage de la lumière selon certains plans) ; enfin l'altération (c'est-à-dire la modification de la composition même du minéral sous l'effet d'agents externes).

ORIGINE ET MODES DE GISEMENTS DES MINÉRAUX

Comme les éléments chimiques, les minéraux sont très diversement représentés dans l'écorce terrestre. Beaucoup sont abondants et omniprésents (le quartz par exemple), d'autres sont rares ou très localisés. La plupart des gisements dépendent directement du type de roches dans lesquelles ils se trouvent et les minéraux présents dans un environnement de roches magmatiques ne sont pas les mêmes que ceux que l'on

14 Incrustations de pierre avec jaspes. Chapelle St Wenceslas, cathédrale St Guy, Château de Prague, XIVe s.

15 Idem.
Détail des incrustations (jaspes, améthystes, chrysoprases).

trouve dans les formations sédimentaires ou métamorphiques. Les grands types de gisements minéraux peuvent être classés en fonction de ces trois catégories de roches qui dépendent elles-mêmes de leur origine : pour les premières, plutonisme ou volcanisme (montée et refroidissement plus ou moins lents du magma) ; pour les secondes, sédimentation (dépôt de produits d'érosion, de précipitation ou d'évaporation) ; pour les dernières, métamorphisme (transformation de roches préexistantes sous l'influence principale de températures et/ou de pressions élevées).

La planète Terre est une boule de magma en fusion dont l'enveloppe externe (l'écorce terrestre ou lithosphère) s'est solidifiée en refroidissant. C'est un mélange très complexe, riche de plus d'une centaine d'éléments. Tous ne sont pas également représentés : les neuf éléments les plus abondants sont, en moyennes de pourcentages pondéraux, l'oxygène, 46,0 – le silicium, 28,0 – l'aluminium, 8,0 – le fer, 5,6 – le calcium, 4,0 – le magnésium, 2,3 – le sodium, 2,3 – le potassium, 2,1 – l'hydrogène, 1,0 (soit, à eux neuf, 99,3 % de la masse totale). Ce sont ces éléments dominants qu'on retrouve combinés dans les minéraux, le plus abondant étant la silice, sous forme de quartz (oxygène + silicium : plus de 70 % dans un granite). De fait, le magma est pour l'essentiel un produit siliceux contenant divers constituants volatiles (chlore, fluor, eau, dioxyde de carbone), des composés sulfurés, des métaux.

Comment ce magma donne-t-il naissance, en se refroidissant, à une très grande variété de minéraux et de roches ? De fait, tout minéral du magma ne fond ou ne cristallise qu'à une température déterminée (par exemple 1713 ° pour le quartz, seulement 115 ° pour le soufre) ; quand le magma monte et se refroidit, les minéraux qui le constituent ne cristallisent donc pas en même temps ; selon la température, il en résulte des associations minérales différentes conduisant à autant de roches. Ayant une forte densité et un point de fusion élevé, les minéraux sombres (olivine, amphiboles, pyroxènes, mica noir et feldspaths calciques) cristallisent les premiers ; ultérieurement, cristallisent les minéraux clairs (feldspaths potassiques, mica blanc et quartz). Les granites sont des roches claires qui ont pour minéraux essentiels le quartz, des feldspaths et des micas ; les basaltes sont au contraire des roches très sombres composées de feldspaths calciques et de pyroxènes.

Si le magma monte et donc se refroidit lentement à l'abri de l'écorce terrestre, les cristaux ont le temps de se développer ; il en résulte la formation de roches plutoniques (intrusives) comme le granite, dont les cristaux sont visibles à l'œil nu ; la roche a une texture grenue (cristalline). Si le magma monte très vite, par exemple à la faveur d'une éruption volcanique, il se refroidit si rapidement que les cristaux n'ont pas le temps de se développer ; il en résulte des roches volcaniques (extrusives), comme le basalte, dont les cristaux ont la forme de microscopiques baguettes, invisibles à l'œil nu ; cette roche est une lave, à texture microlitique ; parfois même, les cristaux font totalement défaut, comme dans l'obsidienne, roche à texture vitreuse. Entre plutonisme et volcanisme se place un cas intermédiaire de formation de roches magmatiques qui donne naissance à des veines ; ces dernières résultent de la solidification du magma dans des fissures superficielles de l'écorce terrestre. Tel est le cas des roches dites porphyriques, roches magmatiques montrant de grands cristaux de feldspath dispersés dans une masse sans autres cristaux visibles.

Autre cas, celui des pegmatites. Leurs minéraux essentiels sont ceux du granite ; elles sont formées de très grands cristaux (de quelques centimètres à plus d'un mètre) et se trouvent le plus souvent situées à la périphérie d'un massif granitique ; elles se présentent en filons ou en masses ovoïdes et sont localement enrichies en certains minéraux (tourmaline, béryl, mica blanc) ; en raison des éléments rares qu'elles peuvent contenir, les pegmatites sont importantes du point de vue économique.

Comment se constituent les corps minéralisés ? Si, dans leur histoire, beaucoup de phénomènes sont impliqués, seuls le plutonisme, le volcanisme et la sédimentation en

16 Cristal d'halite (sel gemme) (4 x 3 cm) flottant sur un lac salé, Fayoum (Égypte).

▷ 17 Radiogramme de contact en couleur d'un fragment d'uraninite (7 x 4 cm). Jáchymov (Rép. tchèque).

Origine et mode de gisement des roches magmatiques (a-d) métamorphiques (e-h) et sédimentaires (e-l) : roches intrusives consolidées en profondeur, formant un batholite (a) ou un filon (b) ; roches extrusives d´épanchement (coulées de lave) (c) ou de projection (roches pyroclastiques : débris volcaniques expulsés lors d´une explosion) (d) ; roches de métamorphisme général HP-HT (hautes pressions, hautes températures) formées à différentes profondeurs (e, f, g) ; roches de métamorphisme de contact (métamorphisées au voisinage de roches magmatiques) (h) ; roches sédimentaires successivement déposées au cours du temps géologique (e, f, g, h : métamorphisées ; i, j, k, l : non modifiées).

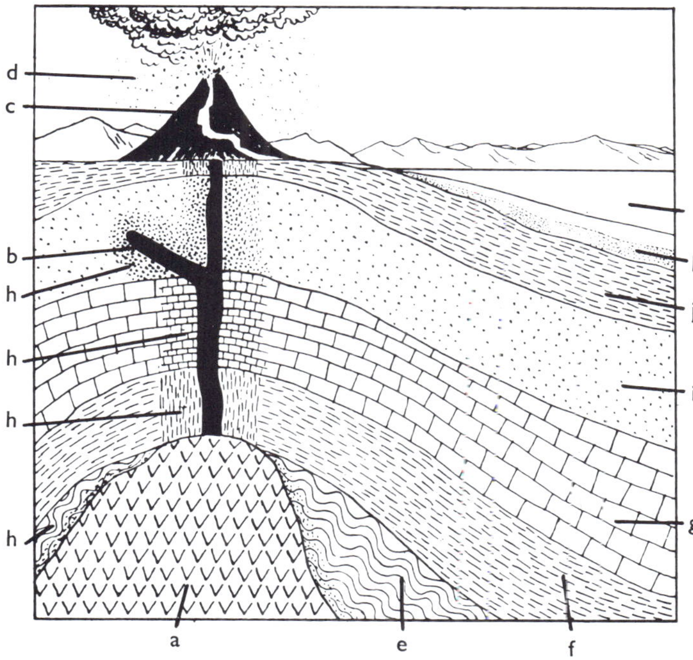

sont générateurs. D'autres phénomènes, tels que l'altération météorique et l'érosion, le métamorphisme, la tectonique et la circulation d'eau ne font que concentrer et déplacer des minéralisations préexistantes. Les corps minéralisés peuvent être dissémi-

18 Observation en lame mince d'un mélaphyre (roche magmatique sombre, de type basalte, avec ouralisation des pyroxènes et serpentinisation de l'olivine) : feldspaths plagioclases (cristaux polymaclés gris-vert), hypersthène et olivine (couleurs variées dues au pléochroïsme). Vallée de Želechov (Rép. tchèque).

nés ou au contraire concentrés et se présentent sous différentes formes : veines, filons, lentilles, amas, couches.

De nombreux corps minéralisés ont été constitués à l'issue de phases d'activité volcanique, lors du refroidissement de l'eau thermale dans des fissures de la lithosphère, entre 400 et 200 °C. Les éléments les plus fréquents sont l'or, l'argent, le nickel, le cobalt, le bismuth, le plomb, le zinc, le cuivre, le fer, l'arsenic, l'antimoine et le mercure. Les filons sont très souvent liés à des massifs granitiques ; les plus nombreux sont ceux qui renferment des sulfures (minerais de cuivre, d'argent, de plomb, de fer, de manganèse, d'étain, d'antimoine, etc.). À la périphérie de massifs granitiques ou dans des filons adjacents, on trouve des gisements de cassitérite (un oxyde d'étain) dans des greisens (des granites dont les feldspaths ont disparu) qui peuvent aussi contenir de la tourmaline, de la wolframite ou de la topaze ; leur formation est liée à des températures de l'ordre de 500–600 °C.

Les gisements sédimentaires sont souvent stratiformes et leur genèse s'est le plus souvent effectuée lors du dépôt des sédiments (gisements syngénétiques) ou un peu plus tard lors de leur compaction (gisements diagénétiques) ; il peut aussi y avoir remise en mouvement, par l'eau expulsée des sédiments, des ions minéraux qui sont alors déposés ailleurs (gisements épigénétiques). Les roches sédimentaires peuvent être classées d'après leur composition chimique (siliceuses, carbonatées, argileuses, salines, carbonées, etc.) ou leur mode de formation (détritiques, physico-chimiques ou construites). Les minerais sédimentaires sont disséminés dans la roche ou localisés dans des lits ou des nodules (boules de marcassite dans la craie par exemple). Tel est le cas des gisements de bauxite, minerai d'aluminium né de la décomposition de calcaires et de la concentration des parties insolubles dans des conditions climatiques tropicales ; les minerais de fer se sont formés au fond de mers et de lacs ; le charbon des schistes houillers résulte de l'accumulation de restes végétaux décomposés dans des vases ; le pétrole est un ensemble d'hydrocarbures nés de l'accumulation de microorganismes enfouis dans des boues soumises à l'action des bactéries.

Le métamorphisme est la transformation de roches à l'état solide, avec cristallisation de nouveaux minéraux et changement de structure (les minéraux étant disposés en lits, les roches sont dites cristallophylliennes). On distingue divers types de métamorphisme : général (sur des épaisseurs et des surfaces considérables), de contact (entre un massif magmatique et des terrains sédimentaires encaissants), dynamique (lié à des contraintes dans des accidents cassants), hydrothermal (lié à des circulations de fluides à haute température) et d'impact (sous l'effet de chutes de grosses météorites). Les principales roches métamorphiques sont des roches relativement claires comme les gneiss, les micaschistes et les schistes, ou bien des roches sombres comme les serpentinites, les amphibolites et les péridotites. Les gisements métamorphisés sont en général stratiformes, plus ou moins déformés par les plissements intenses qu'ils ont subis. Leur minéralogie est souvent très riche, soit en espèces rares (rutile, riche en titane), soit en espèces plus communes mais particulièrement concentrées (cas de silicates de manganèse).

19 Chaos de phonolite avec remplissages cavitaires de natrolite. Mariánská hora, près d'Ústí (Rép. tchèque).

Chapitre 1

LES ÉLÉMENTS

La décomposition ultime d'une substance quelconque par des méthodes chimiques conduit à un nombre restreint d'éléments (un peu plus d'une centaine). Ces éléments font l'objet d'une classification chimique dans un tableau périodique comportant des lignes et des colonnes qui font apparaître des analogies de propriétés chimiques ou physiques variant périodiquement en fonction de leur numéro atomique. Les éléments sont ainsi répartis en 18 groupes (colonnes) et 7 périodes (lignes). Sur les 103 éléments connus (nombre porté à 109 en 1984), seulement 22 existent à l'état de minéraux (un même élément peut d'ailleurs avoir plusieurs formes minérales : par exemple le carbone, connu sous deux formes, le graphite et le diamant).

S'oxydant facilement, les métaux légers n'existent pas à l'état pur. C'est pourquoi il n'existe pas de gisements de fer à l'état pur, bien que cet élément soit abondant, alors que l'or natif est relativement répandu, quoique beaucoup plus rare mais possédant moins de capacités que le fer à se combiner avec d'autres éléments.

Dans le système minéral, les amalgames (alliages naturels de certains métaux avec du mercure) sont considérés comme des éléments.

◁
20 Cristaux d'or rhomboédriques (5 mm) ; (détail de la figure 26).

▷
21 Cuivre natif (morceau de 10,5 cm).
Lac Supérieur (États-Unis).

Cuivre

Cu, cubique ; dureté 2,5– 3 ; densité 8,4–8,9 ; rouge cuivré ; éclat métallique ; poudre brun-noir.

C'est probablement le premier métal que l'homme préhistorique ait utilisé, ce qui s'explique par le fait que ses gisements sont abondants et que son travail par la fusion est relativement facile. Au temps des Romains, de nombreux gisements étaient exploités à Chypre (Kypros), d'où le nom scientifique du cuivre : *cuprum* (Cu). Ce métal existe aussi bien à l'état pur qu'en combinaison dans différents minerais. La plupart du temps, il se présente sous des formes cristallines arborescentes. Comme presque tous les minéraux contenant ce métal, le cuivre pur est d'ordinaire très coloré en surface. Il est très souvent couvert d'azurite bleue et de malachite verte. Le cuivre natif se forme par cristallisation issues de solutions hydrothermales ou par décomposition d'un minerai sulfureux de cuivre à la surface de veines. Principaux gisements : États-Unis (Michigan), Australie, Angleterre (Cornouailles), ex-URSS (Oural).

22 Argent natif (morceau massif de 9 cm). Kongsberg (Norvège).

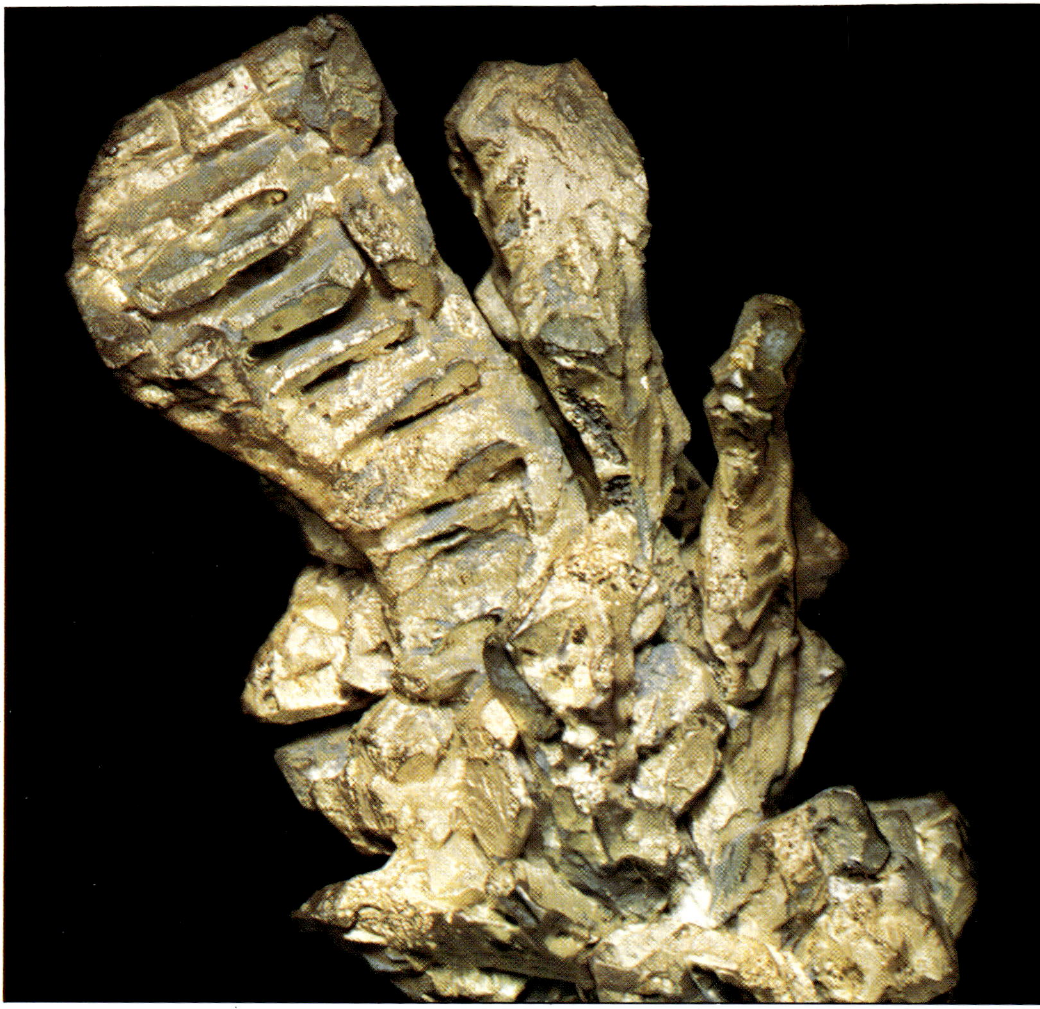

23 Argent natif (morceau filamenteux de 7 cm). Příbram (Rép. tchèque)

Argent

Ag, cubique ; dureté 2,5–3 ; densité 9,6–12 ; blanc argenté, jaunâtre en surface, virant au brun et au noir ; vif éclat métallique ; poudre blanc d'argent.

Métal précieux utilisé depuis des temps très anciens et que l'on trouve, comme le cuivre, à l'état natif ou en combinaison. Les archéologues ont trouvé des bijoux en argent dans des tombes royales de Chaldée datant du IVe millénaire avant notre ère.

Les plus anciennes mines connues, exploitées par les Phéniciens, les Carthaginois et les Maures, se trouvaient en Espagne.

Après la découverte du Nouveau Monde, l'importation d'argent en provenance des mines du Pérou et du Mexique eut deux conséquences majeures : d'abord le déclin des centres miniers exploités en Saxe et en Bohème depuis le VIIe siècle, et plus tard la chute de sa parité avec l'or, une parité maintenue au Japon jusqu'au XVIIe siècle.

En surface, l'argent se trouve sous forme de chlorure, bromure et iodure, voire à l'état natif (le plus souvent en pelotes de fils enchevêtrés, plus rarement sous forme de feuillets, de lamelles, d'incrustations, de revêtements ou de pépites, voire de cristaux isométriques) ; en profondeur, sous forme de sulfures (argyrose) ou de divers composés sulfurés. De nos jours, la plus grande partie de l'argent provient des grands filons de blende, pyrite et galène. Les plus importants gisements d'Eurasie sont ceux de Norvège (à Kongsberg) et de l'ex-URSS en Altaï (à Zmeinogorsk) ; en Amérique, ceux du Pérou, du Mexique et du Lac Supérieur (États-Unis). Dans certains gisements d'Allemagne (à Schneeberg, en Saxe) et du Pérou, on a trouvé des blocs d'argent pesant plusieurs quintaux, voire plusieurs tonnes. A Jáchymov (Bohême) et à Konsberg (Norvège), on a trouvé des fils d'argent de 30 cm de long ; à Freiberg et à Schneeberg, en Saxe, des barres de 40 cm. L'argent est le plus blanc de tous les métaux (poli, il constitue une excellente surface réfléchissante), mais sa belle couleur et le vif éclat du métal pur fraîchement extrait disparaissent vite au contact de l'air, car d'infimes traces d'hydrogène sulfuré provoquent la formation d'une mince pellicule de sulfure d'argent, noire et terne. L'argent se place en tête de tous les métaux pour sa conductibilité thermique et cependant, un liquide chaud placé dans un récipient en argent se refroidit lentement car la chaleur rayonnée par sa surface est faible. L'argent pur est aussi le plus malléable des métaux : il est assez mou pour que l'ongle puisse le rayer. On utilise ses alliages avec d'autres métaux pour la frappe des monnaies et en joaillerie, et ses composés en médecine et dans l'industrie photographique.

Or

Au, cubique ; dureté 2,5–3 ; densité 15,5–19,3 ; de jaune d'or à blanchâtre selon la proportion d'argent ; éclat métallique ; poudre jaune d'or ou argentée.

De tout temps, l'or a joué un rôle considérable dans l'histoire de l'humanité, la possession d'or étant associée à l'idée de richesse et de puissance. L'homme n'a-t-il pas tenté d'obtenir ce métal précieux à partir d'autres corps par la voie de l'alchimie ? C'est d'abord dans les alluvions des rivières qu'il a été recherché ; il fallait alors beaucoup d'efforts pour l'extraire. Les plus anciens ornements en or datent de la fin du néolithique. Quant aux premières monnaies, témoins de la grande valeur qu'on lui accordait, elles datent du VIIe siècle avant notre ère.

L'or est un métal dense, inaltérable, malléable et très ductile; 1 g d'or peut être étiré en un fil de 160 m et on peut le réduire en feuilles de 1/10 000 de millimètre d'épaisseur qui laissent passer une lumière verte. L'or se trouve essentiellement à l'état natif, très rarement en combinaisons. Il s'est formé dans des roches mères, soit par dépôt au sein de solutions hydrothermales, soit par décomposition de sulfures aurifères tels que pyrite et antimonite dans lesquels il se trouve à l'état de traces.

L'or est dispersé dans les roches en si petites particules qu'il est invisible à l'œil nu ; il ne forme que rarement des paillettes, des grains, des fils ou des pépites. Les plus belles paillettes ont été trouvées dans un gros

24 Or natif (copeau de 6 cm). Ballarat (Australie).

25 Or natif (copeau de 10 cm). Rosia (Roumanie).

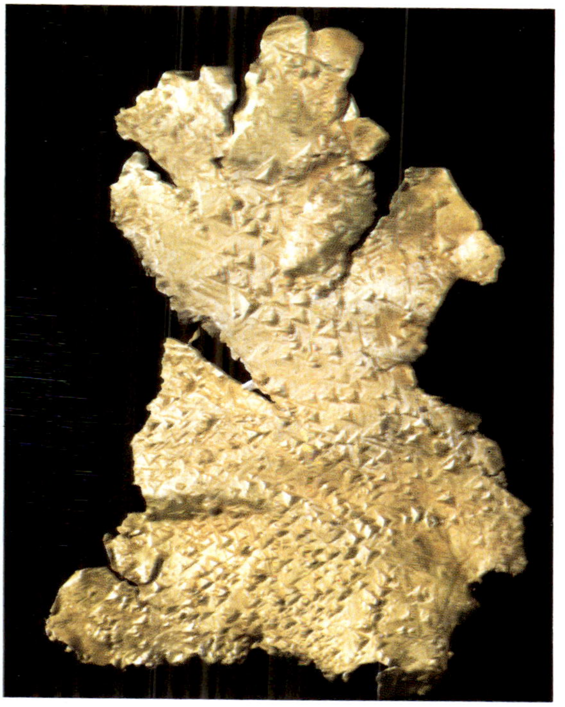

26 Or natif (copeau de 5 mm). Křepice, près de Vodňany (Rép. tchèque).

bloc erratique de Bohême, près de Křepice ; et les plus belles pépites, aux États-Unis et surtout dans l'État de Victoria en Australie (une pépite de 85 kg, baptisée "Welcome Stranger", y a été récoltée en 1869 à Ballarat ; une autre de 95 kg à Molvague). L'or peut être cristallisé dans des géodes, les cubes se groupant en plumes ou en dendrites ; la découverte de cristaux parfaitement limités, cubiques ou octaédriques, demeure un fait exceptionnel.

Il y a deux types de mines d'or : celles qui exploitent des roches en place (généralement en filons) et celles qui exploitent des alluvions (placers). Près de la moitié de l'extraction mondiale (soit 700 t) provenait encore récemment d'Afrique du Sud, de conglomérats aurifères dans le Transvaal (Witwatersrand) et dans l'État libre d'Orange (Odendaalsrus) ; depuis 1930, l'ex-URSS était aussi un gros producteur (300 t) ; loin derrière viennent le Canada (50 t), le Japon (40 t) et les États-Unis (30 t) ; en Europe, de petits gisements sont exploités en France (1,5 t), en Slovaquie et en Roumanie. La plus grande partie de l'or mondial est thésaurisée par les banques d'émission et les particuliers sous forme de lingots, de barres ou de pièces de monnaie. Le reste fait l'objet d'utilisation dans trois domaines : la bijouterie-orfèvrerie, la dentisterie et l'industrie (appareillages de laboratoires). Divers alliages (argent, cuivre, platine, palladium, iridium, zinc, cadmium) sont utilisés dans des industries très spécialisées (contacts électriques, circuits électroniques, brasures). Il existe un alliage naturel d'or pur et d'argent, appelé electrum en raison de sa couleur jaune pâle (*electrum* = ambre jaune).

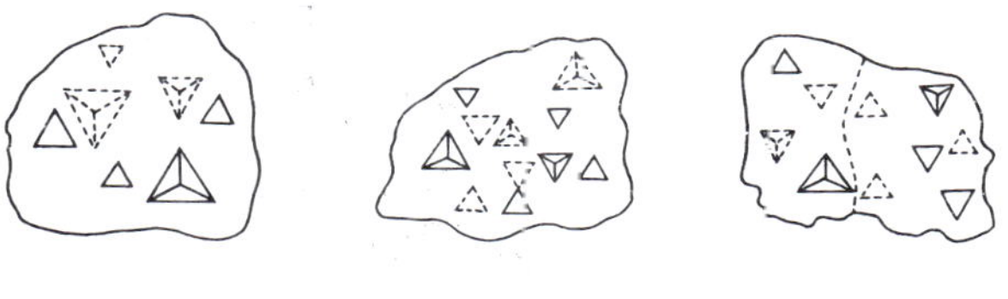

Platine

Pt, cubique ; dureté 1,5–2 ; densité 14–19 (pur 21) ; acier argenté ; éclat métallique ; poudre grise.

Déjà connu des Indiens d'Amérique du Sud, le platine fut redécouvert au XVIe siècle par les Espagnols lors d'un lavage de sables aurifères de la rivière Pinto (aujourd'hui San Juan), en Nouvelle-Grenade (l'actuelle Colombie). Mais ce n'est que dans la seconde moitié du XVIIIe siècle que les scientifiques s'intéressèrent à ce métal, après qu'un voyageur espagnol, en 1748, eût attiré leur attention sur "l'argent qu'on ne peut pas fondre". Son nom vient de platina, diminutif de plata, l'argent.

Comme l'or, le platine doit son caractère précieux à deux caractères dominants : il est rare et inaltérable. Il est fréquemment accompagné d'un cortège d'autres éléments rares (palladium, rhodium, iridium, rhuténium et osmium) réunis sous le nom de platinoïdes. On le trouve à l'état natif, inclus dans des roches magmatiques ultrabasiques (à faible teneur en silice) ou concentré localement sous forme de paillettes ou de pépites dans des alluvions provenant de ces roches. Les principaux gisements sont situés au Canada (près de Sudbury en Ontario) et dans l'Oural ; on a récemment découvert de très beaux cristaux cubiques de sperrylite (arséniure naturel de platine) dans le nord de la Sibérie, près de Norilsk, à l'ouest des Monts de Poutorand ; d'autres gisements, moins importants, sont exploités en Afrique du Sud, aux États-Unis et en Colombie. On l'utilise surtout en joaillerie et dans l'industrie chimique (notamment pour la fabrication de catalyseurs dans l'industrie automobile). Dans leur ensemble, les platinoïdes sont principalement employés en chimie, en sidérurgie et en électronique.

27 Platine (morceau de 5 cm : 84,8 g). Nijni Taghil (Russie).

28 Arsenic (épaisseur des mamelons : 3 cm). Příbram (Rép. tchèque).

Arsenic

As, rhomboédrique ; dureté 3 ; densité 5,7 ; blanc d'étain ; se ternit en fonçant ; poudre grise.

L'arsenic existe principalement sous forme de minéraux sulfurés : le réalgar (orangé), l'orpiment (jaune citron) et le mispickel, mélange d'arséniure de fer et de pyrite (blanc d'étain). Rare à l'état natif, il se trouve en masses finement granuleuses, avec des formes en creux, à surfaces lisses ou à peine cristallines ; les cristaux parfaits sont rarissimes. Fraîchement extrait, il est blanc, mais il fonce par oxydation lente. Il est commun dans les filons de minerais d'argent, de cobalt, de nickel, de cuivre et d'étain. Les principaux gisements se trouvent en Saxe (à Freiberg), en Forêt Noire (à Wittichen), en Bohême (à Jáchymov), ainsi qu'au Japon et au Chili.

L'arsenic a des propriétés intermédiaires entre celles des métaux et celles des non-métaux ; il présente de nombreuses analogies avec le phosphore. Il en existe deux formes naturelles : l'une solide, l'arsenic gris (ou arsenic métallique), la plus commune ; l'autre, d'une belle couleur jaune, à l'état de vapeur ; par refroidissement brusque de cette vapeur, on obtient de l'arsenic jaune solide, forme cubique instable.

L'arsenic et ses composés sont connus depuis l'Antiquité en tant que poisons. Si l'arsenic lui-même est peu utilisé (fabrication du plomb de chasse), ses composés offrent en revanche un grand intérêt, notamment en médecine (thérapeutique dentaire), en agriculture (comme insecticides et pesticides, mort-aux-rats) et dans l'industrie (peintures, blanchiment du verre, imprégnation du bois, pigments verts aujourd'hui interdits).

Graphite

C, hexagonal ou rhomboédrique ; dureté 1 ; densité 2,1–2,3 ; noir ferreux à gris d'acier ; éclat métallique ; poudre noire.

Ce n'est que dans la première moitié du XIXe siècle que le chimiste suédois J. Berzelius montra que le graphite était du carbone pur ; on pensait jusqu'alors que c'était un mélange de carbone et de fer. Les Anciens le confondaient avec d'autres matières minérales (molybdène, antimoine, minerais de plomb). À l'état naturel, le graphite forme des masses compactes, mais on peut le trouver à l'état de paillettes. Son origine, essentiellement organique, résulte de la transformation du charbon ; exceptionnellement inorganique dans la nature, le graphite est par contre obtenu industriellement à partir de réactions libérant du carbone (c'est ainsi que pour fabriquer des électrodes, on obtient du graphite absolument pur à partir de matières premières telles que le coke du pétrole).

Le graphite a d'abord été utilisé dans la décoration des poteries, pour le dessin et l'écriture (d'où son nom, introduit en 1799 par le minéralogiste allemand A. Werner : du grec *graphein* = écrire). Aujourd'hui, on s'en sert en sidérurgie pour la fabrication de creusets réfractaires et dans l'industrie nucléaire pour la fabrication de réacteurs.

De grands gisements de graphite se trouvent sur les deux versants tchèque et bavarois de la Bohême ; on en exploite aussi actuellement en Autriche, au Sri Lanka, à Madagascar, en Corée, au Mexique et en divers autres régions du globe. Le graphite d'un célèbre gisement russe, près du lac Ladoga, sert à la décoration d'objets divers.

29 Graphite (épaisseur du bloc : 6 cm). Sri Lanka.

Diamant

C, cubique ; dureté 10 ; densité 3,52 ; limpide, jaune, brun, vert, plus rarement bleu ou noir ; éclat adamantin.

L'histoire du diamant – histoire fascinante que suggère l'étymologie du mot (en bas latin, *adamas, -antis* = aimant) – remonte loin dans le temps. Pline l'Ancien (23–79) en parle dans ses écrits et l'on a conservé beaucoup de légendes au sujet d'anciens diamants en provenance des Indes ; la plupart des grands diamants historiques n'ont été découverts qu'à partir du XVIIe siècle, tels le *Grand Mogol*, le *Florentin*, l'*Orlov*, le *Cullinam* ; le *Régent*, diamant indien découvert dans la région de Golgonde, est considéré comme l'un des plus gros du monde : 137 carats (le carat métrique est l'unité de mesure de masse – 2 dg – employée dans le commerce des diamants).

Le diamant cubique est du carbone pur cristallisé comme le graphite hexagonal : il en diffère par la répartition des atomes dans sa masse, d'où un aspect et des propriétés physiques totalement différents. Ce sont deux formes cristallines stables, mais le domaine de stabilité du diamant correspond aux fortes pressions, ce qui n'est pas le cas du graphite ; chauffé à l'abri de l'air à plus de 1000 °C, le diamant se couvre d'une fine couche de graphite. Ses propriétés physiques lui confèrent une valeur extrême parmi les pierres précieuses et une place unique dans le monde minéral. Sa nature est restée longtemps inconnue : en 1675, le physicien Isaac Newton émit l'idée que ce minéral était peut-être un combustible ; ce que démontrèrent 19 ans plus tard deux savants italiens, Averani et Targioni ; au cours du XIXe siècle, l'anglais Humphrey Davy en prouvera la véritable nature chimique.

30 Diamant brut (1 cm). Kimberley (Afrique du Sud).

31 Diamants taillés (∅ et poids du plus gros : 23,8 mm, 42,9 carats).
Kimberley (Afrique du Sud).

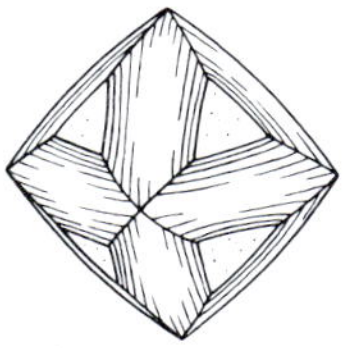

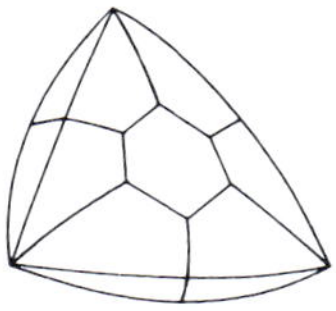

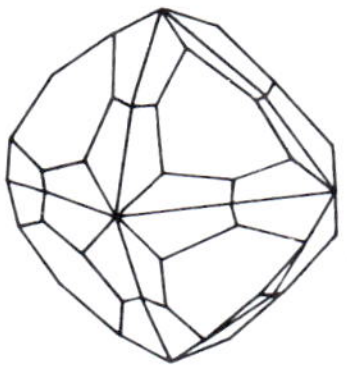

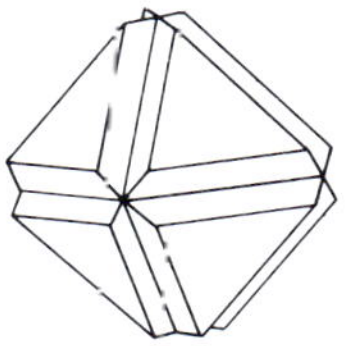

À l'état naturel, les diamants proviennent de roches éruptives ultrabasiques ; on les retrouve disséminés dans des alluvions sous forme de petits tétraèdres ou octaèdres émoussés, voire en grains ; rarement dans des météorites. On ne connaît que quatre grands gisements de diamants inclus dans la roche-mère : ceux de Golgonde, en Inde (le plus anciennement connu) et de Kimberley, en Afrique du Sud (une brèche de péridotite décomposée appelée kimberlite, remplissant des cheminées volcaniques) ; divers gîtes dans des vallées de Iakoutie en Sibérie orientale et, depuis 1961, dans une autre kimberlite, un gîte en Sierra Leone. Des alluvions sont exploitées en Afrique occidentale (Guinée, Liberia, Côte d'Ivoire, Ghana), dans le bassin du Congo, en Angola et en Tanzanie et, depuis 1728, dans l'État de Minas Gerais au Brésil.

Les plus célèbres gisements de gros diamants se trouvaient en Inde, où les pierres rares des mines revenaient de droit aux radjahs et maharadjahs, entassées de génération en génération dans des trésors privés ou reposant dans des temples, puis saisies comme butin et dispersées pour la plus grande part en Europe. La première étude de ces trésors indiens fut confiée en 1665 à un négociant et voyageur français, Jean-Baptiste Tavernier. De 1867 à 1920, les gisements d'Afrique du Sud ont produit plus de diamants que toutes autres mines du monde auparavant.

Le diamant, transparent et incolore lorsqu'il est très pur, est quelquefois coloré en jaune ou en jaunâtre, rarement dans d'autres couleurs ; ses faces sont souvent striées et il présente quatre clivages octaédriques ; c'est le plus dur de tous les minéraux (10 dans l'échelle de Mohs). Il existe trois variétés naturelles de diamants : le diamant incolore, considéré comme la première des pierres précieuses ; le bort, à faces courbes, qui sert au polissage du précédent ; le carbonado, de couleur noire, employé pour le forage des roches les plus dures. À peine un quart des diamants actuellement récoltés dans le monde sont utilisés en joaillerie, les plus grands taillés en brillants à plusieurs rangs, les plus petits en rose ; le reste sert dans l'industrie.

32 Diamant brut (1,5 cm).
Kimberley (Afrique du Sud).

Soufre

S, orthorhombique ; dureté 1,5–2 ; densité 2–2,1 ; jaune à brun ; éclat résineux à gras ; poudre incolore à jaune.

L'un des neuf éléments connus de l'Antiquité, le soufre, est un corps simple solide non métallique qui entre dans la composition de nombreux minéraux. On le trouve aussi à l'état pur : les Romains exploitaient déjà des gisements en Sicile, très productifs encore de nos jours. Les hommes lui ont longtemps attribué un pouvoir surnaturel en raison de son origine volcanique et de sa faculté de s'enflammer spontanément à l'air, en donnant une flamme bleuâtre et en dégageant une odeur forte provoquant larmes et toux. Au XVIIIe siècle, les savants avancèrent qu'il s'agissait d'un mélange de vitriol et d'une matière inflammable particulière, le phlogistique (du grec *phlogistos* = inflammable). Son caractère d'élément chimique fut affirmé par Lavoisier en 1777 avant d'être démontré expérimentalement par Gay-Lussac et Thenard vers 1810. D'origine essentiellement volcanique, le soufre peut aussi résulter d'une activité organique (bactéries du soufre) et se former spontanément par sublimation sur les terrils charbonniers.

33 Soufre natif (taille du plus gros cristal : 11 x 9 cm). Caltanisetta (Italie).

Souvent groupés en druses, on trouve les cristaux de soufre dans des cavités où ils peuvent atteindre 10 cm de long. Mais on en trouve le plus souvent en morceaux ou en incrustations, en agrégats granuleux et rayonnants formant des rognons ou des concrétions, ou encore en imprégnations terreuses. De forme pyramidale souvent parfaite, les cristaux de soufre ont un éclat adamantin et une couleur allant du jaune citron au jaune-brun couleur de miel. De faible densité et de peu de dureté, ils sont très fragiles : la chaleur de la main suffit à les faire craquer. Le soufre fond à partir de 113 °C en donnant un liquide jaune clair qui devient visqueux et brunit jusqu'à devenir noir à de plus hautes températures. On en connaît deux variétés cristallisées : la forme octaédrique du système orthorhombique, telle qu'on la trouve dans la nature, et la forme en aiguilles du système monoclinique, obtenue par refroidissement de soufre liquide ; le soufre mou est une variété amorphe instable obtenue en plongeant dans l'eau du soufre liquide à sa température de fusion (444,6 °C).

Le soufre représente 0,06 % de la lithosphère. Il s'y trouve combiné à des métaux (sulfures de fer, de cuivre, de plomb et de zinc) et sous forme de gypse (sulfate de calcium anhydre dont il existe d'importantes formations datant du Trias, au début de l'ère secondaire). Des gisements de soufre natif sont exploités en Amérique du Nord, au Japon, en Pologne et en Sicile (sur une bande de 50 km entre l'Etna et Agrigente, dans des formations calcaires et gypseuses). Jusqu'au début du siècle, le soufre sicilien représentait le quart de la production mondiale ; cette production a par la suite été dépassée par celle des États-Unis (Louisiane et Texas), dont les réserves représentent 75 % des réserves mondiales, estimées à 250 millions de tonnes. D'autres volcans italiens, notamment le Vésuve, fournissent de petits cristaux fort intéressants du point de vue minéralogique, de même que plusieurs cratères de l'île Volcano où des stalactites de soufre atteignent 15 cm de long. Les gisements de soufre natif sont particulièrement rentables parce que l'extraction n'exige qu'une simple fusion.

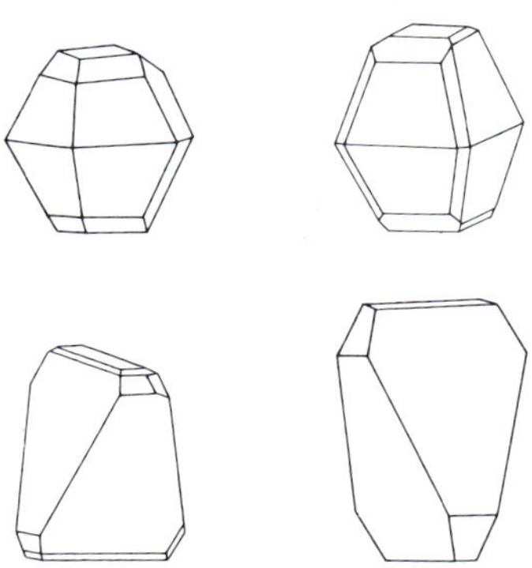

34 Soufre natif (bloc de 7 x 4 cm). Caltanisetta (Italie).

Chapitre 2

SULFURES ET COMPOSÉS DE MÊME TYPE

◁ 35 Antimonite (taille de l'agrégat fibroradié : 32 mm) Baia Sprie (Roumanie).

D'une manière générale, un sulfure est un corps résultant de l'union du soufre avec un autre corps ; en chimie, dans un sens plus précis, le terme désigne un sel de l'acide sulfhydrique (alors qu'un sulfate est un sel de l'acide sulfurique). Dans ce chapitre, on range avec les sulfures des composés analogues d'arsenic, d'antimoine, de tellure et de sélénium, éléments qui possèdent à peu près les mêmes caractéristiques que le soufre. La plupart des sulfures sont métalliques ; ils sont en général cristallisés, opaques, colorés, dotés d'un éclat métallique et facilement fusibles ; parmi eux les alcalino-terreux sont solubles dans l'eau ; les blendes (brunes ou noires mais à l'aspect non métallique), les galènes (noires et tendres) et les pyrites (claires et dures) sont des sulfures métalliques (respectivement à base de zinc, de plomb et de fer). Les autres sont des sulfures formés avec des métalloïdes, c'est-à-dire des non-métaux (carbone, phosphore, arsenic, bore). Des combinaisons plus complexes incluent avec le soufre et son principal associé d'autres éléments, métalliques ou non. La plupart des sulfures proviennent des solutions hydrothermales.

36 Hessite (10 cm). Botes (Roumanie).

Hessite, *tellurure d'argent*

Ag_2 [Te], monoclinique ; dureté 2 ; densité 8,31–8,45 ; gris plomb à gris acier ; éclat métallique ; poudre noire.

Tellurure d'argent que l'on trouve à l'état de masses ou sous forme de cristaux à nombreuses faces généralement déformés, fréquent dans les filons aurifères ou argentifères. Exploité en Roumanie (région de Botes, en Transylvanie), en Sibérie occidentale (mines de Zavadin, dans l'Altaï montagneux), aux États-Unis (Calaveras, en Californie) et au Chili (région portuaire de Coquimbo).

Parmi d'autres tellurures, citons : la **tellurobismuthite** (tellurure de bismuth) et la **tétradymite** (sulfotellurure de bismuth) ; le premier se présente sous forme d'agrégats feuilletés ou en morceaux légèrement jaunâtres sur des veines de quartz aurifère ; le second, qui doit son nom (du grec *tetradymos* = puissance quatre) au fait que dans certains gisements il forme des cristaux de quatre individus maclés, est gris acier, parfaitement clivable et possède un fort éclat métallique ; très rare, il accompagne des filons aurifères d'origine volcanique ou les tufs, notamment d'andésite, qui leurs sont associés.

Berzélianite, *sélénure de cuivre*

Cu_2 [Se], cubique ; dureté 2 ; densité 6,71 ; gris-blanc ; éclat métallique avec des passées bleu à noir ; poudre grise.

Sel de sélénium découvert en 1818 par le chimiste suédois Jöns Jacob Berzélius dans une mine de cuivre à Akrikerum, au sud-ouest de Stockholm. C'est une substance rare, dont on a trouvé de manière inattendue, il y a une trentaine d'années, des gisements intéressants en Bohême et en Moravie. Ce minéral d'origine hydrothermale y forme, dans des veines de calcite et avec d'autres sélénures, des agrégats finement granuleux.

37 Berzélianite (grandeur du détail : 18 mm). Bukov, Moravie (Rép. tchèque).

Chalcocite, *sulfure de cuivre*

Cu_2 [S], orthorhombique ; dureté 2,5–3 ; densité 5,7–5,8 ; gris ; éclat métallique ; poudre grise.

Bornite (ou érubescite), *sulfure de fer et de cuivre*

(Cu_3Fe) $[S_4]$, cubique ; dureté 3 ; densité 4,9–5,3 ; jaune de bronze à rouge de cuivre sombre ; éclat métallique ; poudre noire.

Chalcocite et bornite sont deux sulfures de cuivre habituellement associés, d'origine hydrothermale et propres aux veines de cuivre d'horizons superficiels. Le plus abondant est la **chalcocite** (du grec *khalkos* = cuivre) ; ses cristaux ont la forme de grosses plaquettes ou de prismes courts. Très beaux spécimens en provenance de mines américaines (Butte, Montana) et anglaises (cristaux de 4,5 cm à Redruth, Cornouailles).

D'aspect métallique, la **bornite** est presque toujours massive, compacte et grenue, avec des variations de couleur caractéristiques (parfois appelée, pour cette raison, “pyrite de cuivre bigarrée”) et une ternissure en pourpre irisé (d'où l'autre nom d'**érubescite** : du latin *erubescens, -entis* = rougissant). Importants gisements aux États-Unis (Butte, dans le Montana) et au Mexique ; en Europe, très beaux échantillons en provenance d'Autriche (province de Salzbourg) et de la République tchèque (à Vrančice, région de Příbram, en Bohême centrale) ; de la bornite cristallisée a été découverte en Grande-Bretagne (à Redruth, en Cornouailles).

38 Chalcocite (taille du plus grand cristal : 7 mm). Redruth (Grande-Bretagne).

Argentite (ou argyrite ou argyrose), *sulfure d'argent*

Ag_2 [S], orthorhombique ; dureté 2 ; densité 7–7,4 ; gris de plomb noirâtre ; éclat métallique sur les surfaces fraîches, avec des passées ternes bleutées ; poudre gris à noir.

Encore appelée "galène argentifère", l'**argentite** a été, à la grande époque d'exploitation des innombrables filons de surface des Monts Métallifères (Europe Centrale), le principal minerai d'argent. Georgius Agricola, le "père de la minéralogie", la signalait dès 1529 dans les mines de Jáchymov (Bohême), remarquant que ce minéral, qui ressemblait beaucoup à la galène (sulfure de plomb), n'était pas connu des Anciens. En 1598, Lazare Ercker, de Schreckenfels, en Saxe célèbre intendant des Monnaies de Prague, décrivait ce minéral plus en détail.

L'argentite, qui contient jusqu'à 87 % d'argent, se trouve en masse dans des filons ou bien sous forme de pseudomorphoses arborescentes de l'argent natif (la forme initiale du minéral d'origine est conservée par le minéral de substitution). Les rares cristaux d'argyrose que l'on connaisse sont imparfaits, irréguliers. Très semblable à la galène, elle s'en distingue pourtant aisément par divers caractères : sa plus forte densité, sa cassure nette en crochet, son caractère non clivable, son noircissement et la perte rapide de son éclat, sa grande malléabilité (on peut facilement la couper au couteau).

On la trouve dans les filons, en compagnie d'autres minerais d'argent. Les principaux gisements européens se trouvent en Saxe (Freiberg, Schneeberg) et en Slovaquie (Banská Štiavnica), les gisements américains aux États-Unis (Nevada), au Mexique (Guanajuato), au Pérou et au Chili. En Saxe, on a trouvé des agrégats d'argyrose entrelacés et des blocs pesant 4 kg, et dans le Nevada (Comstock Lode), des concrétions richement imprégnées d'autres minerais argentifères nobles.

39 Argentite (taille des cristaux : 4 mm). Jáchymov (Rép. tchèque).

40 Sphalérite (taille des cristaux : 1 cm). Banská · Štiavnica (Slovaquie).

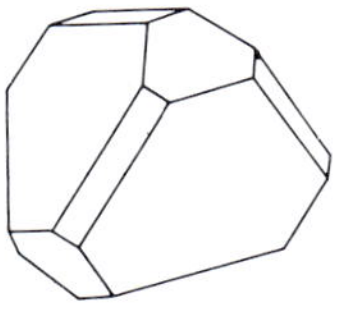

Sphalérite (ou blende), *sulfure de zinc*

Zn [S], cubique ; dureté 3–4 ; densité 3,5–4,2 ; noir ou brun, quelquefois jaune, verdâtre à rougeâtre, rarement incolore (cléiophane) ; éclat gras à adamantin ; poudre jaune ou brune.

Le sulfure de zinc se présente dans la nature sous des couleurs très différentes, si bien que même des mineurs expérimentés pouvaient se tromper ; c'est ce caractère trompeur qui lui a valu les noms synonymes de **blende** (de l'allemand *blenden* = éblouir, tromper) et de **sphalérite** (du grec *sphaleros* = trompeur, incertain). Ce n'est que vers 1860 que fut trouvé un procédé d'extraction du zinc ; auparavant, la blende était considérée comme inutile, et même gênante vu l'addition indésirable du plomb.

Ordinairement granuleuse, la blende peut former, dans les fissures, des cristaux à l'éclat métallique prononcé et au clivage parfait. C'est l'un des sulfures les plus abondants, communs dans de nombreux filons de profondeur du complexe B. P. G. (blende, plomb, galène). Les plus grands gisements de blende sont situés aux États-Unis, sur le cours supérieur du Mississippi, et en Europe, dans la région frontalière commune de Belgique et d'Allemagne et plus à l'est en Autriche (à Bleiberg, en Carinthie), République tchèque (à Příbram, en Bohême) et en Pologne (à Bytom, en Silésie polonaise) ; de très beaux cristaux jaunes, récoltés en Espagne (Picos de Europa, dans les Asturies), sont taillés comme pierres précieuses.

La blende contient de fréquentes impuretés (fer, cadmium, manganèse, germanium, gallium, indium, dont certains sont de remarquables semi-conducteurs), ce qui lui vaut de présenter des phénomènes de triboluminescence (émission de lumière provoquée par un frottement, un choc ou une rupture) et de phosphorescence (persistance de la lumière après qu'a cessé l'excitation) ; c'est pourquoi les substances phosphorescentes les plus employées sont des sulfures de zinc ou de calcium au sein desquels les atomes étrangers jouent le rôle d'activateurs de la luminescence.

Un minéral voisin, la **wurtzite**, de même composition mais très rare, cristallise dans le système hexagonal ; de couleur brun ou brun-jaune, il se présente en rognons ou en disques avec des branches rayonnantes.

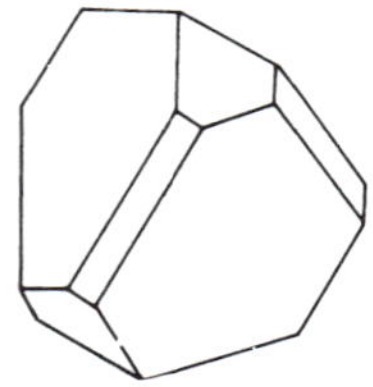

41 Chalcopyrite (bloc de 8 x 7 cm). Baia Sprie (Roumanie).

Chalcopyrite, *sulfure de cuivre et de fer*

CuFe [S_2], quadratique ; dureté 3–4 ; densité 4,1–4,3 ; jaune laiton à jaune d'or ; éclat métallique ; poudre gris-vert.

La **chalcopyrite** attirait déjà l'attention des anciens mineurs par sa belle couleur cuivrée et ses irisations aux belles nuances violettes, bleues ou rougeâtres dues à la réfraction et à la décomposition de la lumière sur la mince couche oxydée à la surface du minéral. Les surfaces fraîches ont une teinte encore plus franchement cuivrée que la pyrite, allant au jaune d'or avec de vagues reflets verdâtres. Pour différencier ces deux minéraux, on se base sur les couleurs de la ternissure (les irisations de la chalcopyrite lui valent les jolies désignations de pyrite à gorge de pigeon, pyrite à queue de paon) ; la différence de forme des cristaux (la chalcopyrite cristallise sous des formes très variées du système quadratique, et non cubique comme la pyrite ; le plus souvent des sphénoèdres, c'est-à-dire des tétraèdres un peu allongés ; les faces en sont striées ou gondolées) ; enfin la dureté (la chalcopyrite est rayable au couteau, contrairement à la pyrite).

La chalcopyrite est le minerai de cuivre le plus abondant, avec une teneur inférieure à 35 % ; l'extraction du métal pur est assez difficile. Dans les filons, elle se présente le plus souvent sous forme de masses plus ou moins compactes ou granuleuses. Les gisements les plus connus se trouvent en Autriche (à Mitterberg près de Salzbourg), en Allemagne (schistes cuivreux de Mannsfeld ; très beaux cristaux à Siegerland), en France (magnifiques cristaux du filon de la Gardette, dans l'Isère), en Angleterre (Cornouailles) et aux États-Unis (Pennsylvanie).

Tétraédrites (ou panabases), *antimoniosulfures de cuivre*

$(Cu,Fe)_{12}$ [Sb_4S_{13}],cubique ; dureté 3–4,5 ; densité 4,4–5,1 ; noir à gris ; éclat métallique, gras à l'état frais ; poudre normalement grise, noire olivâtre ou rouge cerise pour certaines variétés métalloïdes.

Le vocable "tétraédrite" est en fait la désignation d'ensemble de divers complexes de sulfures d'antimoine, de cuivre, de fer, d'arsenic et de zinc, souvent très riches en argent ou en mercure et communément appelés cuivres gris. Les **tétraédrites**, qui doivent leur nom à la forme caractéristique de leurs cristaux, se rencontrent dans des filons, sous forme de masses à grains fins ou grossiers, à cassure inégale ou conchoïdale, en association avec la galène, la bornite, la chalcopyrite, l'argent natif et les argents rouges ; plus rarement dans des cavités avec de l'arsenic natif en fils ou dans des schistes cuivreux. Certaines d'entre elles ont été nommées en tant que minéraux indépendants : la **tennantite** britannique, riche en arsenic ; la **schwatzite** autrichienne, riche en mercure et en zinc ; la **freibergite** saxonne, riche en argent. Selon le métal dominant, les tétraédrites sont plus ou moins claires (arsenic) ou foncées (antimoine) ; gris métallique en profondeur, elles sont souvent oxydées superficiellement en carbonates de cuivre (azurite et malachite).

Les grands gisements de tétraédrites se trouvent en Saxe (Freiberg), en Slovaquie (Rudohorí) et dans les cordillères américaines. De riches druses de beaux cristaux ont été trouvées en Roumanie (Botes, Capnic), en Autriche (Schwaz et Brixleg, dans le Tyrol), en Angleterre (Cornouailles), en Algérie

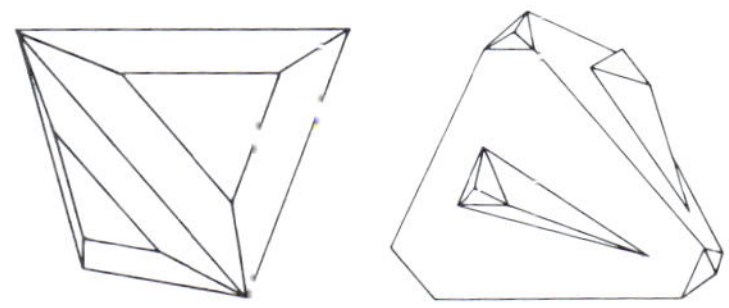

42 Tétraédrite (taille du cristal : 8,5 mm). Cavnic (Roumanie).

et aux États-Unis (Idaho). Le plus gros cristal connu (plus de 25 cm) vient de France (de la mine d'Irazein, dans l'Ariège, aujourd'hui abandonnée).

Pyrrhotite (ou magnétopyrite), *sulfure de fer*

Fe [S], hexagonal ; dureté 4 ; densité 4,6 ; jaune de bronze à reflets rosés ; éclat métallique ; poudre noire.

La **pyrrhotite** (du grec *purrhos* = roux) doit son nom à sa couleur ; la cassure fraîche en est blanc jaunâtre, mais elle fonce rapidement. Rarement grenue, la pyrrhotite est souvent massive et ne forme que rarement des cristaux en tablettes hexagonales. Également connue sous le nom de pyrite magnétique, elle doit cette appellation au fait qu'à la différence de la pyrite et de la marcassite, elle est assez fortement magnétique.

C'est un sulfure présent dans certaines roches magmatiques, où il accompagne souvent d'autres sulfures concentrés dans des veines d'origine hydrothermale ; il peut aussi provenir de la pyrite présente dans les schistes cristallins d'auréoles métamorphiques. C'est à Sudbury, au Canada, que se trouvent les plus grands gisements ; de très beaux cristaux ont été récoltés au Brésil, en France, en Autriche (Carinthie), en Roumanie (Herja) et, très récemment, dans le nord de la Sibérie (région de Norilsk). On exploite la pyrrhotite pour la fabrication du soufre et de ses composés. Dans certains gisements des monts Oural et de l'Ontario (Sudbury), elle est aussi exploitée en raison de sa richesse en divers métaux, en particulier le nickel, le cobalt, l'or et le platine ; la pyrrhotite de Sudbury, connue sous le nom de pentlandite, est en fait un sulfure de nickel et de fer appartenant au système cubique ; c'est l'un des plus importants gisements de nickel connus.

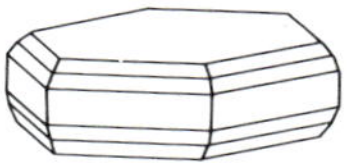

43 Pyrrhotite (taille de cristaux : 4 cm). Chiusbaia (Roumanie).

44 Millérite (taille des pelotes fibroradiées : 2 cm). Rapice, près de Kladno (Rép. tchèque).

Millérite, *sulfure de nickel*

Ni [S], rhomboédrique ; dureté 3 ; densité 5,3 ; jaune laiton à vert-jaune éclat métallique ; poudre noire.

La **millérite** est exploitée depuis un peu plus d'un siècle par les mineurs de Kladno, en Bohême centrale, où ils la recherchent dans des fissures au sein de terrains houillers. Elle se présente sous forme de petites aiguilles souples, pouvant atteindre 6 cm de long et de couleur jaune laiton (d'où le nom évocateur de "cheveux d'or"). Les plus beaux échantillons actuellement trouvés proviennent de fentes dans lesquelles sont accumulées des boules d'une sidérite alumineuse particulière appelée pélosidérite ; la millérite se trouve à l'intérieur des boules, sous forme de petites touffes rayonnantes de cristaux aciculaires. Des gisements se trouvent dans lle bassin du Rhin (Oberlara : cristaux de 7 cm), en Saxe (Freiberg et Johanngeorgenstadt), au Canada et aux États-Unis (des échantillons provenant de cavités calcaires du Missouri, près de Saint-Louis, sont particulièrement beaux). Bien que sa teneur en nickel soit d'environ 65 %, la millérite ne constitue pas un minerai exploitable pour ce métal, ses gisements n'étant pas assez importants.

45 Galène (taille des cristaux : 2 cm). Freiberg, Saxe (Allemagne).

46 Cinabre (taille des cristaux : d'environ 2 cm). Almaden (Espagne). ▷

Galène, *sulfure de plomb*

Pb [S], cubique ; dureté 2,5–3 ; densité 7,2–7,6 ; gris-noir à gris de plomb ; éclat intensément métallique ; poudre grise.

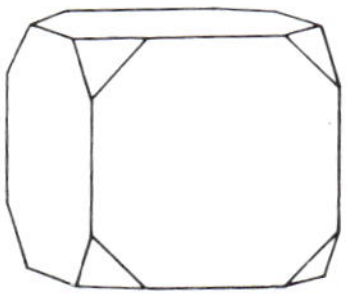

La **galène** (en latin *galena*, du grec *galênê* = plomb) est connue depuis la plus haute Antiquité ; on savait déjà en extraire facilement le plomb. Les Babyloniens s'en servaient dans la confection de leurs vases et les Romains l'utilisaient pour la fabrication de canalisations d'eau. Après l'invention de l'imprimerie, le plomb est devenu la matière première de base pour la fabrication des caractères.

La galène se présente soit sous forme cristallisée en cubes ou en octaèdres, avec des clivages parallèles aux faces du cube ; soit sous forme de galène poudreuse, compacte, concrétionnée, granulaire, laminaire, palmée ou striée, à surfaces ternes (pellicule superficielle pulvérulente) ou à l'inverse spéculaires (aspect de miroir). Elle forme des filons, des gîtes stratiformes ou de contact, voire des nodules ou des amas de dissolution. C'est le seul minerai de plomb dont la nature offre des gisements considérables à haute teneur (jusqu'à 87 %) : en Amérique du Nord (Canada ; Wisconsin, Missouri, Mississippi ; Mexique), en Amérique du Sud (Pérou, Brésil), en Afrique (Maroc, Afrique du Sud), en Europe (Portugal, Espagne, France, Suède, Allemagne, Autriche, Pologne, Bohême, Yougoslavie), dans l'ex-URSS (Kazakhstan et Caucase), en Chine, au Japon, en Australie ; les plus grands cristaux (25 cm) proviennent de l'île de Man en mer d'Irlande. Usages modernes du plomb : colorants, émaux, verres plombés, revêtements de câbles, plaques de protection contre les rayons.

Cinabre, *sulfure de mercure*

Hg [S], rhomboédrique ou pseudocubique ; dureté 2–2,5 ; densité 8,2 ; rougeâtre ; éclat adamantin à métallique ; poudre rouge.

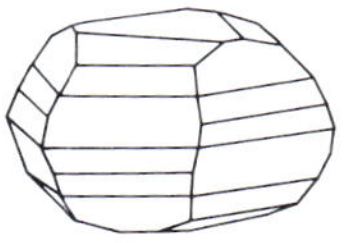

Sept siècles avant notre ère, les Grecs extrayaient déjà le cinabre, exploité dans le sud de l'Espagne (région d'Almadén) et utilisé comme colorant d'un beau rouge de cochenille (*kinnabari*, d'abord oriental et grec, puis en latin *cinnabaris* = vermillon) ; puis les Romains en ont tiré un noir intense et en ont extrait le "vif-argent" ; les alchimistes enfin, au Moyen Âge, ont tenté d'en obtenir de l'or.

Le **cinabre** est translucide, avec un éclat adamantin et une cassure inégale, imparfaitement conchoïdale ; il se présente en masses grenues ou compactes, à l'état fibreux ou pulvérulent, en incrustations, plus rarement en petits cristaux qui dérivent d'un rhomboèdre aigu ; il en existe une variété cubique, le métacinabre, que l'on obtient par distillation du cinabre. On le trouve en filons dans des massifs schisteux ou cristallins, avec une teneur en mercure de l'ordre de 86 % ; outre l'Espagne (splendides géodes dans des bancs verticaux de grès), des gîtes sont exploités en Italie (Toscane), en Yougoslavie (Serbie), en Ukraine (Nikitovka), en Chine (cristaux de plusieurs centimètres dans le Yunan) et aux États-Unis (Californie) ; il y est parfois associé à l'arsenic et à l'antimoine ; par décomposition, il peut donner des gouttelettes ou des flaques de mercure natif. Obtenu par grillage du cinabre à l'air chaud, le mercure est utilisé dans la construction de nombreux appareils tels que thermomètres, baromètres, lampes à vapeur de mercure (excitée par une décharge électrique, cette vapeur produit de la lumière) et pour la fabrication de peintures et d'explosifs ; il sert à l'étamage des glaces, à l'extraction de l'or et de l'argent, à la fabrication de colorants et d'amalgames ; il est également utilisé en médecine.

Antimonite (ou stibnite ou stibine), *sulfure d'antimoine*

Sb_2 $[S_3]$, orthorhombique ; dureté 2–2,5 ; densité 4,63 ; gris bleuté à gris d'acier avec des irisations ; éclat métallique ; poudre grise.

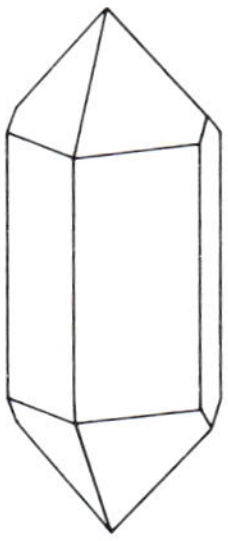

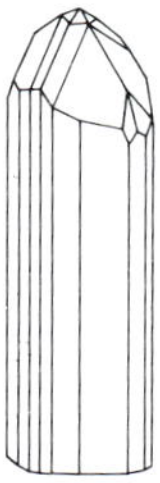

La **stibine** était un matériau déjà très connu dans l'Antiquité : selon Pline l'Ancien, elle était alors utilisée comme cosmétique et sa poudre broyée servait de fard palpébral gris argent (pour les paupières des belles Romaines...).

La **stibine** (de *stibium* = antimoine) est le principal sulfure naturel d'antimoine. Sa couleur gris de plomb est souvent ternie en bleu noirâtre. Elle se présente couramment en masses lamellaires fibreuses, en agrégats aciculaires radiés cachés dans des fissures (oursins d'aiguilles) ou en fines aiguilles disséminées dans la gangue (délicats chevelus de cristaux effilés) ; elle peut former, dans des géodes, de longs cristaux striés terminés en pyramides courbes. Des cristaux fort renommés, provenant de l'île japonaise de Shikoku, sont encore utilisés de nos jours comme bijoux et comme éléments de décoration d'intérieur ; les plus grands (plusieurs décimètres) servent de tuteurs pour des fleurs ou de clôtures pour les fameux jardins miniatures ; leur clivage parfait donne des lames flexibles et non élastiques. Malheureusement, la stibine s'oxyde assez facilement en sulfates très instables.

C'est au Mexique et en Chine (dans la province du Kiang-Si) que se trouvent les plus importants gisements de stibine ; en Europe, les plus riches

47 Antimonite (taille des cristaux d'environ 4 cm). Cavnic (Roumanie).

se trouvent en ex-Tchécoslovaquie (Bohême centrale et Carpates slovaques), en Italie (Sardaigne et Toscane), en ex-Yougoslavie (Bosnie-Herzégovine) et en Roumanie. Les cristaux les plus remarquables ont été découverts en grand nombre au Japon, sur des parois de grottes naturelles tapissées de riches druses et d'étoiles à l'aspect d'acier poli (aujourd'hui, dans certains musées, sont exposés des cristaux atteignant 1 m de long) ; il en a aussi été trouvé à Bornéo, en Nouvelle-Zélande et même en France (La Lucette, en Mayenne ; Le Dahu, en Haute-Loire). Les trois quarts de l extraction mondiale de stibine servent à la préparation d'alliages qui jouent un grand rôle dans l'industrie, l'antimoine leur conférant plus de dureté.

Berthiérite, *sulfure de fer et d'antimoine*

(Fe,Sb_2) $[S_4]$, orthorhombique ; dureté 2–3 ; densité 4,6 ; gris-noir d'acier avec des reflets de bronze ; éclat métallique ; poudre brun-gris sombre.

Sulfure ainsi nommé en l'honneur du chimiste français François Berthier. C'est un minéral assez peu connu que l'on trouve en association avec la stibine, à laquelle elle ressemble généralement par ses agrégats tubulaires ou massifs ; elle s'en distingue cependant, par sa couleur gris acier foncé et ses reflets bronze ou irisés. Les principaux gisements se trouvent en Saxe (Freiberg), en République tchèque (Bohutín près de Příbram), en Roumanie (Baia Sprie et Chiusbaia), ainsi qu'en Bolivie (gisement d'Oruro).

La **miargyrite** est un sulfure voisin d'argent et d'antimoine $Ag_2Sb_2S_4$; on la trouve en compagnie d'autres minerais argentifères, mais elle est moins riche qu'eux en argent,

48 Berthiérite (plage représentée : 9 x 6 cm). Herja (Roumanie).

d'où son nom (*meion* = moins et *argyrion* = argent). On la trouve sous forme de petits cristaux monocliniques, en microplaquettes et dans des agrégats grenus. Rouge foncé quand elle est fraîche, elle devient gris foncé à presque noir à l'air. C'est un minéral rare présent dans certaines veines hydrothermales du Mexique (Zacatecas), de Saxe (Braunsdorf) et de Bohême (Příbram).

Bournonite, *sulfure de plomb, de cuivre et d'antimoine*

(Pb,Cu,Sb) [S_3], orthorhombique ; dureté 2,5–3 ; densité 5,7–5,9 ; gris foncé ; éclat métallique ; poudre gris acier à noirâtre.

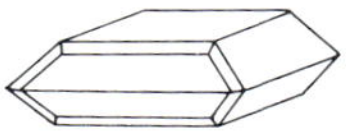

Ce sulfosel, l'un des plus répandus et constituant parfois un minerai, est un antimoniosulfure de cuivre (13 %) et de plomb (plus de 40 %) ; il est depuis longtemps exploité dans les cavités de filons anglais (Endellion en Cornouailles, où il est appelé endellionite), allemands (minerais du Harz), tchèques (Příbram) et autrichiens (Carinthie). C'est le cristallographe et minéralogiste français Jacques Louis, comte de Bournon, qui en a révélé la formule chimique. La bournonite se trouve dans certains filons métallifères, où elle peut être massive, grenue ou compacte, trahissant sa présence par un fort brillant ; elle se présente aussi fréquemment à l'état de cristaux bien développés, la plupart aplatis dans le système pseudo-quadratique et souvent maclés ; la macle multiple forme des figures cruciformes et des "pignons" caractéristiques. Massive, la bourbonite est gris de plomb et ressemble beaucoup aux cuivres gris, dont elle se distingue par ses produits d'altération, jaunâtres, à éclat gras, d'aspect caractéristique.

49 Bournonite (taille des cristaux d'environ 1 cm). Hornhausen (Allemagne).

50 Boulangérite (plage représentée : 8 x 6 cm). Příbram (Rép. tchèque).

Boulangérite, *sulfure de plomb et d'antimoine*

(Pb_5,Sb_4) $[S_{11}]$, monoclinique ; dureté 2,5 ; densité 5,8–6,2 ; gris de plomb bleuté à noir de fer ; éclat métallique ; poudre gris-brun à brun.

La **boulangérite** (hommage à C.R. Boulanger, ingénieur français du siècle passé) est un minéral gris de plomb à noir de fer qui ne forme que très exceptionnellement des concentrations exploitables (teneur voisine de 55 %) ; mais son aspect très particulier en fait un objet d'intérêt pour les collectionneurs. Elle se rencontre en masses compactes, souvent fibro-radiées, ou en agrégats chevelus parfois fibreux comme de l'amiante, aspect feutré qui lui vaut d'appartenir à la catégorie des minerais tomenteux (du latin *tomentum* = bourre). On la trouve dans les filons d'origine hydrothermale. Principaux gisements : Molières en France, Wolfsberg en Allemagne, Příbram en République tchèque, en Haute-Silésie (Pologne), et dans l'Oural à Nerchinsk (Russie).

La **semseyite** est un sulfure similaire gris noir à cristaux tabulaires ou prismatiques à clivage parfait, mais qu'on rencontre surtout à l'état de masses fibro-radiées. La **jamesonite** en est un autre, qui se rencontre principalement en cristaux aciculaires très fins (jusqu'à 20 cm de long), en masses fibreuses et même en filaments soyeux, presque cotonneux ; de couleur gris de plomb avec un éclat métallique, elle se rencontre dans des filons hydrothermaux ou de quartz aurifère. Gisements à Wolfberg dans le Harz, Freiberg en Saxe, Arnsberg en Westphalie (Allemagne), à Kasajovice et Příbram (République tchèque) et Zlatá Ida (Slovaquie).

Proustite, *arséniosulfure d'argent*

Ag_3 [As,S_3], rhomboédrique ; dureté 2,5 ; densité 5,57 ; gris-rouge passant au gris et au noir à la lumière ; éclat adamantin ; poudre vermillon à écarlate vif.

Arséniosulfure naturel d'argent (teneur atteignant 65 %), la **proustite** (de Joseph Louis Proust, chimiste et pharmacien français), fait partie des minerais d'argent "nobles". De très belle couleur rouge vermillon à rouge groseille (on l'appelle aussi argent rouge arsenical), transparente ou translucide à l'état frais, elle devient noirâtre à la lumière, opacifiée par une mince pellicule d'argent métallique. Elle se présente le plus souvent sous forme grenue, massive ou dendritique, plus rarement en cristaux prismatiques aigus, scalénoédraux (limités par douze triangles égaux). Elle se trouve dans les filons métallifères, en particulier les filons d'arsenic. Principaux gisements : en Allemagne (Freiberg et Annaberg en Saxe), en République tchèque (Jáchymov, en Bohême occidentale), au Mexique (État de Chihuahua) et au Chili (cristaux de 6 cm trouvés dans le gisement de Chanarcillo).

La **pyrargyrite** est un sulfosel d'argent voisin que l'on trouve fréquemment à l'état granulaire en masses, enduits, inclusions, agrégats compacts, mais formant également des cristaux en colonnes ; les cristaux prismatiques se terminent généralement par

51 Proustite (taille du cristal : 7 cm). Chañarcillo (Chili).

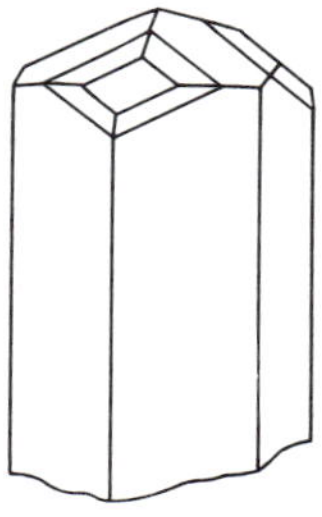

52 Pyrite (taille du cristal : 4 cm). Utah (États-Unis).

des faces rhomboédriques. De couleur rouge cochenille foncé (d'où son nom : du grec pûr, puros = feu), elle a un éclat métallique à adamantin, ternit à la lumière comme la proustite ; sa poussière est nettement carminée.

Pyrite, *disulfure de fer*

Fe $[S_2]$, cubique ; dureté 6–6,5 ; densité 4,83–5,2 ; jaune laiton pâle avec des passées jaune d'or, brunâtres ou grisâtres ; éclat métallique ; poudre noire avec des nuances de brun.

La pyrite était connue des Anciens qui la baptisèrent ainsi (du grec purit's = étincelant, de *pûr, puros* = feu) parce qu'elle produit des étincelles quand on la casse (les cristaux font feu au briquet) ; les Grecs la considéraient comme un remède contre la "pourriture du sang" et on la portait en amulette ; les Incas en faisaient des miroirs, grandes feuilles luisantes qu'ils plaçaient dans les tombeaux (d'où le nom de "pierre des Incas") ;

53 Pyrite (plage représentée : 5,5 x 5,5 cm). Rio Marina, île d'Elbe (Italie).

les savants du Moyen Âge avaient sur la pyrite des connaissances essentiellement pratiques qu'ils tenaient des mineurs. Beaucoup de gens prennent de petits morceaux de pyrite pour de l'or en raison de sa couleur jaune laiton pâle avec des irisations fréquentes, voire jaune laiton vif, à fort éclat métallique (55 % de réflectivité) : mais cet “or des fous” n'est pas malléable comme le métal-roi, sa densité est plus faible et sa poudre est d'un noir verdâtre qui ne peut tromper.

La pyrite se trouve en très grande quantité dans les roches métamorphiques d'origine sédimentaire où elle a pris naissance à l'abri de l'air ; elle s'y présente en masses grenues, parfois radiées et fibreuses, en formations réniformes, mamelonnées, stalactitiques, dendritiques, etc. Le cube est la forme la plus caractéristique de ses cristaux (cubes parfois striés, de quelques millimètres à plusieurs décimètres, et même 1 m pour un cristal de Kassándhra en Grèce) ; certains cristaux sont dodécaédriques (Rio Marina, dans l'île d'Elbe), plus rarement octaédriques (Piémont, Mexique, Pérou), les cristaux parfaits provenant de filons. On trouve aussi de la pyrite en grains ou en morceaux. Ses clivages sont imparfaits, sa cassure conchoïdale.

La pyrite s'oxyde facilement. Sous climat aride, cette oxydation donne des sulfates hydratés, parfois aux couleurs vives : gypse (sulfate de calcium), aluminite et alun (sulfates d'aluminium) ; sous climat tempéré, des oxydes hydratés : limonite, encore appelé hématite brune (oxyde de fer formé de goethite et de lépidocrocite). In fine, on aboutit à la formation d'acide sulfurique, phénomène à l'origine de certaines mésaventures dans les collections où supports et spécimens voisins peuvent être chimiquement

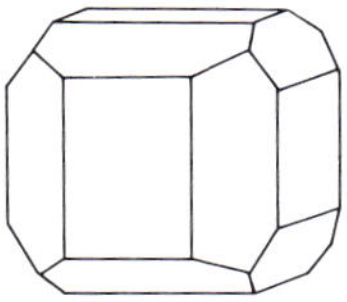

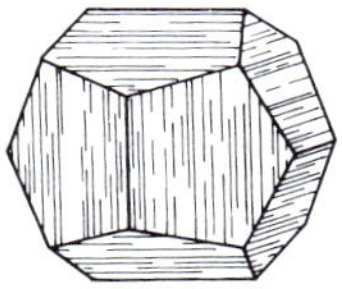

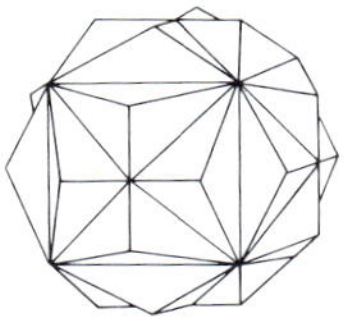

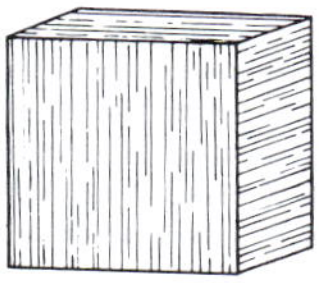

54 Pyrite (taille du cristal : 2 cm). Navajum (Espagne).

attaqués. La pyrite résiste à l'acide chlorhydrique mais elle est sensible à l'acide nitrique ; son point de fusion n'est pas très élevé. Ses propriétés chimiques rendent sa présence inopportune dans les pierres utilisées dans la construction, où apparaissent vite des taches et des veines de rouille.

Les plus grands producteurs de pyrite sont l'Espagne (Rio Tinto) et le Japon. Les plus beaux cristaux viennent d'Italie (île d'Elbe et Gavorrano), de Grèce (Xanthi en Thrace, presqu'île de Chalcidique en Macédoine), de Suède (Gällivare) et de l'Utah (États-Unis). La pyrite est pour l'industrie une matière première très importante ; on l'utilise pour la fabrication de colorants et de vernis, d'acide sulfurique, de sulfates et de soufre (mais l'extraction de soufre natif et la récupération du soufre de charbon des gaz industriels deviennent plus rentables). On traite essentiellement la pyrite par grillage ; les déchets constituent un minerai de fer de médiocre qualité. Certaines pyrites contiennent de l'or et du cuivre et constituent alors un minerai intéressant pour ces métaux. La pyrite est aussi utilisée dans certaines applications artistiques.

Marcassite, *disulfure de fer*

$Fe[S_2]$, orthorhombique ; dureté 5–6 ; densité 4,6–4,9 ; jaune de bronze pâle ; éclat métallique ; poudre noire avec des nuances de brun, plus pâle que la poudre de pyrite.

Dans l'Antiquité, on confondait la marcassite et la pyrite sous le même vocable de pyrite (= étincelant) en raison de leur coloration quasi identique et de nombreuses propriétés communes ; au Moyen Âge, on utilisait indistinctement l'une et l'autre comme remède ; ce n'est qu'en 1814 que les recherches d'un minéralogiste français, l'abbé René Just Haüy (considéré comme le père de la cristallographie), ont permis de les distinguer.

La **marcassite** (de l'arabe *marqachita*, devenu *marchasita* en latin médiéval), se présente sous des faciès variés. Elle a une structure interne différente de celle de la pyrite et s'en distingue très visiblement par la forme de ses cristaux : point de cubes, mais des cristaux aplatis, alvéolés, à contours losangiques incurvés, se développant en ensembles complexes ; on observe souvent des cristaux de forme lancéolée se groupant cycliquement par 5 (quintuplés), disposition qui se complique encore du fait que d'autres cristaux plus minces se plaquent parallèlement par-dessus ; on observe également

55 Marcassite (7 x 5,5 cm). Komořany, près de Most (Rép. tchèque).

des associations de cristaux jumelés qui sont en fait des macles multiples en "crêtes de coq" ou en "pointes de flèches".

La marcassite se présente sous des aspects variés, boules ou agrégats multiformes dispersés dans la roche ou la revêtant localement de minces couches plus ou moins épaisses. C'est ainsi qu'on la trouve dans les terrains houillers ; comblant les fissures, elle y forme des couches à surface mamelonnée ou encore des concrétions ou des agrégats rayonnants que les mineurs appelaient "foie de pyrite" et "oranges". La marcassite est aussi très commune dans les craies de Champagne et de Dieppe et dans les argiles des environs de Paris ; elle s'y trouve sous forme de "rognons" fibroradiés et mamelonnés, extérieurement jaune de bronze avec une teinte grisâtre ou verdâtre, à cassure fraîche blanc d'étain.

56 Marcassite (6 cm). Spata, Illinois (États-Unis)

Marcassite et pyrite se trouvent ensemble dans des roches sédimentaires carbonatées ou carbonées, et dans certaines roches métamorphiques d'origine sédimentaire. Mais la marcassite est beaucoup moins abondante que la pyrite ; elle peut néanmoins, localement, fournir des gîtes exploitables. Elle se trouve dans les parties superficielles de la lithosphère où, à la différence de la pyrite, elle se forme à partir de solutions hydrothermales de basse température ou à partir de matière organique, débris animaux et végétaux, à l'abri de l'air. De fait, marcassite et pyrite ont la même composition, mais la première est plus pâle que la seconde : pour cette raison, on l'appelle parfois pyrite blanche ; elle est aussi plus altérable que la pyrite, s'oxydant très facilement en un sulfate de fer hydraté blanc verdâtre, la mélantérite ; il semble que la présence de pyrite accélère cette altération. Si on conserve de la marcassite dans une boîte, on ne retrouve au bout d'un certain temps qu'une poudre grise et une tache à odeur d'acide sulfurique ; comme la pyrite, la marcassite s'est oxydée, transformée en sulfates, gypse et limonite essentiellement.

On trouve de nombreux gisements de marcassite dans les terrains calcaires du bassin anglo-parisien datés du Crétacé supérieur (fin de l'ère Secondaire) : craies de Fokelstone et de Douvres, dans le sud de l'Angleterre, craies de Picardie et de Champagne dans le nord de la France, ainsi que dans la région de Freiberg en Saxe, avec de beaux rognons de sulfures lancéolés. On en trouve aussi en assez grande quantité dans les bassins de lignites au pied des Monts Métallifères, surtout aux environs de Sokolov, sur la bordure nord-est du quadrilatère de Bohême, aux confins de la Pologne et de la République tchèque ; incorporée au lignite, la marcassite s'y trouve souvent en rognons ou en druses de beaux cristaux en crête de coq, fréquemment tapissés de petites pyrites hexaédriques ; tous ces cristaux sont hélas vite altérés dès qu'ils sont exposés à l'air.

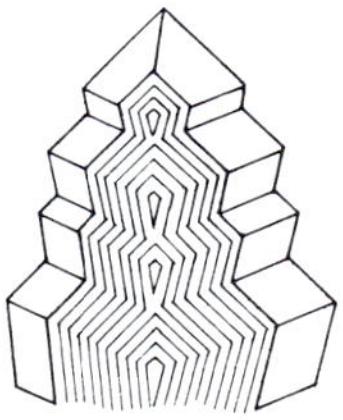

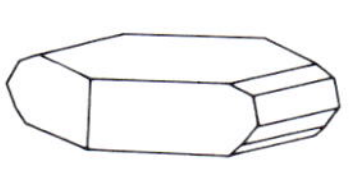

Étant donné sa moindre répartition et sa moindre abondance, la marcassite ne joue pas un rôle économique aussi important que la pyrite. Seuls, quelques gisements sont assez riches pour que son extraction en soit rentable en tant que matière première pour la fabrication d'acide sulfurique.

57 Arsénopyrite (6,5 x 5 cm). Lingau (Autriche).

Arsénopyrite (ou mispickel), *sulfure d'arsenic*

FeAs [S], monoclinique, pseudo-orthorhombique ; dureté 5,5 ; densité 6,07–6,15 ; gris d'acier à blanc d'étain, souvent nuancé d'ombres ; éclat métallique ; poudre gris foncé à noir.

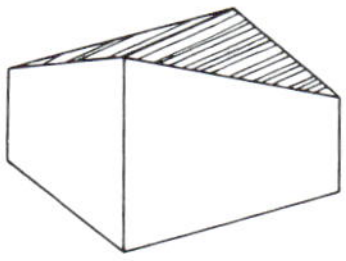

Connu depuis fort longtemps par les mineurs qui ne le distinguaient cependant pas d'autres pyrites de couleur bronze clair, ce minéral a été décrit pour la première fois en 1546 par Georgius Agricola, qui l'appelait la "pyrite vénéneuse". C'est un sulfure naturel d'arsenic dont la composition chimique n'a été trouvée qu'en 1812.

L'**arsénopyrite** est caractéristique de filons où elle se trouve seule ou en compagnie d'autres minerais sulfureux (filons polymétalliques). Par son aspect, elle ressemble à la pyrite, avec sa couleur jaune de bronze, sa ternissure noirâtre, sa cassure fraîche blanc d'étain ou gris d'acier. On la trouve en masses compactes ou sous forme de cristaux, octaèdres orthorhombiques ou prismes allongés à faces striées ; les macles sont fréquentes et donnent des associations cruciformes. Elle dégage au choc une légère odeur alliacée et une odeur arsenicale un peu sulfureuse au chalumeau.

Les plus grands gisements de mispickel se trouvent en Suède, en France (en Montagne Noire dans le département de l'Aude), en Allemagne (dans la région de Freiberg en Saxe), en Autriche (diverses localités près de Salzbourg), également au Mexique. Le mispickel peut contenir de fortes proportions de cobalt par remplacement isomorphique du fer, et de l'or sous forme d'inclusions microscopiques, ce qui en fait alors un minerai intéressant pour ces deux métaux.

Molybdénite, *sulfure de molybdène*

Mo $[S_2]$, hexagonal ; dureté 1–1,5 ; densité 4,7–4,8 ; gris de plomb ; éclat métallique ; poudre gris-vert.

Le nom de **molybdénite** a été donné par erreur à ce minerai : du latin *molybdaena* = veine d'argent mêlée de plomb, en grec m*olubdaina* = masse de plomb, de *molubdos*, nom de ce métal ! Dans la Grèce Antique, le terme désignait non seulement tous les minéraux contenant de l'antimoine ou du plomb, mais aussi le graphite, toutes matières utilisées pour écrire. C'est au chimiste suédois Carl Wilhelm Scheele (nom attaché à un arsénite de cuivre, le *vert de Scheele*, et dont dérivera aussi celui d'un tungstate naturel de calcium, la scheelite) que l'on doit d'avoir bien distingué la molybdénite, en 1778. La molybdénite se présente soit en masses foliacées, en écailles ou en agrégats lamellaires, soit en cristaux souvent imparfaits, tabulaires ou en barillets ; elle forme des cristaux lamellaires hexagonaux à clivage basal parfait donnant des feuillets flexibles et sectiles. Elle ressemble très souvent à du graphite, mais son toucher est gras, son net éclat métallique, ses reflets bleu à violet. Avec une teneur de 60 %, c'est le seul minerai de molybdène exploité ; on le trouve surtout dans les granites et les pegmatites transformés par l'action des solutions hydrothermales, en compagnie de cassitérite et de wolframite. Près de 90 % du tonnage mondial extrait proviennent du gisement de Climax au Colorado ; autres gisements importants au Chili et en Europe (Bosnie-Herzégovine et Bohême).

58 Molybdénite (taille de l'agrégat : 4 x 2,5 cm). Krupka (Rép. tchèque).

Réalgar, *sulfure d'arsenic*

As [S], monoclinique ; dureté 1,5 ; densité 3,5–3,6 ; rouge orangé à rouge vermillon ; éclat gras vitreux à adamantin ; poudre un peu plus claire que sa couleur.

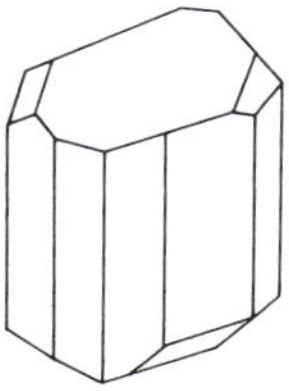

Le **réalgar** (de l'espagnol *rejalgar*, de l'arabe *rahdj al-rhâr* = poudre de la mine) fait partie des composés de l'arsenic utilisés depuis longtemps comme colorants ; on le vendait sous des appellations variées : rubis arsenical, blende arsenicale, verre arsenical ou encore sandaraque (du grec *sandarakê* = arsenic rouge). Ce minéral provient de la décomposition de minerais filoniens arsenicaux tels que l'arsénopyrite. Il se présente le plus souvent en masses compactes terreuses allant du rouge orangé au rouge vermillon, ou sous forme de grains ou de petits cristaux rouges en prismes monocliniques, courts ou allongés, striés verticalement. C'est un minéral sectile, à bon clivage, qui se décompose à la lumière en donnant de l'orpiment et un oxyde d'arsenic, l'arsénolite.

Avec une teneur de 70 %, le réalgar est le principal minerai d'arsenic ; on le trouve avec l'orpiment, mélange parfois accompagné de faisceaux de minces cristaux allongés de stibine non encore décomposée ; c'est le cas dans le site d'Allchar, au nord-ouest de Salonique, en Grèce, où l'on a récolté les plus beaux échantillons connus ; ces minéraux associés sont extraordinairement bigarrés, avec de remarquables contrastes de couleurs, jaune d'or, rouge sang et bleu métallique. Autres gisements réputés : ceux de Cavnic et de Baia Sprie en Roumanie, de Luchumi dans le Caucase et de Humbolt County dans le Nevada. On utilise le réalgar en pyrotechnie et en tannerie.

59 Réalgar (taille du plus gros gristal : 6 mm). Baia Sprie (Roumanie).

60 Orpiment et réalgar (10 x 8 cm). Baia Sprie (Roumanie).

61 Orpiment (10 cm). Allchar Grèce).

Orpiment (ou orpin), *trisulfure d'arsenic*

As_2 $[S_3]$, monoclinique pseudo-orthorhombique ; dureté 1,5–2 ; densité 3 48 ; jaune citron à jaune d'or ou jaune-orangé ; éclat gras à perlé ; poudre incolore.

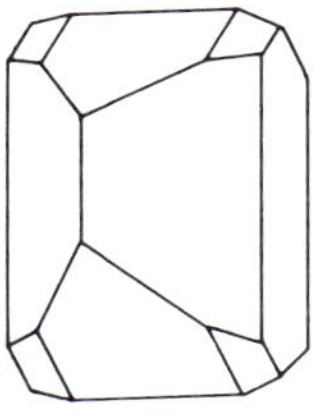

L'**orpiment** (ou orpin) dont le nom signifie "couleur d'or" (du latin *aurum* = or et *pigmentum* = couleur) était autrefois utilisé par les peintres ; sous le nom d'"orpiment turc", l'Europe l'importait d'Orient (très précisément du Kurdistan), en grandes feuilles qui pouvaient atteindre plusieurs décimètres ; à des temps encore plus anciens remonte aussi l'utilisation en tannerie des orpins de Chine et également de Perse.

Dans les cavités, l'orpiment se présente en agrégats foliacés fibreux ou en rognons à structure rayonnante, rarement sous forme cristallisée ; il peut former une poudre jaune née de l'altération d'autres minerais d'arsenic. Gisements : Cavnic et Baia Sprie en Roumanie, Djoulamerk au Kurdistan, Minkiule en Sibérie orientale (cristaux de 60 cm) ; en Macédoine grecque, la région d'Allchar recèle, dans les creux de minerais arsénifères, des échantillons faits de délicats chevelus dorés d'orpiment entremêlés de réalgar en grains rouges.

62 Halite (plus grand cristal : 2,1 cm). Salzkammergut (Autriche).

Chapitre 3 HALOGÉNURES

Les halogénures sont des combinaisons de métaux ou de métalloïdes avec certains éléments dits halogènes tels que le chlore, le brome, l'iode et le fluor. Ce dernier a des propriétés nettement distinctes de celles des trois autres ; c'est pourquoi les minéraux qui en contiennent se trouvent dans des associations autres que celles qui contiennent du chlore, du brome ou de l'iode. Les plus importants minéraux fluorés sont concentrés dans les roches calcaires. Par contre, les magmas basiques et leurs exhalaisons étant pauvres en fluor mais riches en chlore, c'est sur les volcans riches en laves basiques que l'on trouve la majeure partie des chlorures et seulement des traces de fluorures. On trouve également les chlorures, bromures et iodures dans les sédiments inorganiques des formations marines. D'une manière générale, les gisements riches en halogénures sont relativement peu représentés par rapport aux sulfures et autres groupes de minéraux ; seuls la fluorine et le sel gemme sont abondants.

Halite * (ou sel gemme), *chlorure de sodium*

Na [Cl], cubique ; dureté 2 ; densité 3,1–3,2 ; incolore, gris, rarement rougeâtre ou bleu ; éclat vitreux ou aspect terne ; pas de poudre. 2,1–2,55

En terme savant, le sel de cuisine (dont nous consommons annuellement 7,5 kg) porte le nom d'**halite** (du grec *hals, halos* = sel), encore appelé **sel gemme**. Aux temps préhistoriques, l'halite faisait déjà l'objet d'un commerce important, des rivages marins vers le cœur des continents ; minéral indispensable à l'homme, ce sel répond en effet à un besoin physiologique constant. Pline l'Ancien décrivait déjà les différents procédés de son obtention par évaporation de l'eau de mer ou des sources salées. Sur le pourtour méditerranéen, on extrayait du sel à Cardona, dans la région de Barcelone, en Espagne ; à l'époque des campagnes d'Alexandre de Macédoine, on exploitait des mines de sel en Inde ; quinze siècles avant notre ère, on extrayait le sel dans des mines du Salzkammergut en Autriche ; dans la région d'Hallstadt, on a repéré des galeries creusées par des mineurs du début de l'âge du fer et, parfaitement conservés dans le sel lui-même, des pelles, des échelles et divers instruments ; un autre gisement, près de Wieliczka, en Pologne, recèle dans l'argile de grandes quantités d'halite et de gypse.

La composition chimique du sel gemme n'a été établie qu'en 1810 par le chimiste et physicien anglais sir Humphry Davy. L'eau de mer renferme en moyenne 3,7 % des différents sels, ce qui conduit à une estimation de 20 millions de km^3 pour la seule halite. Depuis très longtemps, on récolte le sel par simple évaporation de l'eau retenue dans des bassins côtiers peu profonds, mode d'extraction communément pratiqué dans certains pays riverains de la Méditerranée et de la mer Noire.

L'halite fossile à l'état solide se trouve dans de nombreuses formations géologiques à l'intérieur des continents. Par suite d'un abaissement relatif du niveau marin, ses gisements se sont formés sous climat chaud et sec par évaporation de l'eau salée des

* Le h initial de ce mot n'étant pas "aspiré", il convient de respecter à la fois les liaisons et les élisions (l'halite) ; toutefois, l'usage incorrect du h aspiré s'est répandu dans les ouvrages scientifiques (la halite). Liaisons et élisions sont par contre respectées dans les autres mots composés avec la même racine.

63 Halite (cristaux d'environ 9 cm). Wieliczka (Pologne).

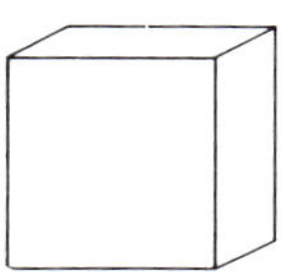

golfes ou des mers fermées en voie d'assèchement. Surconcentré, le sel a précipité et s'est progressivement cristallisé, formant d'abord des couches horizontales pouvant atteindre plusieurs centaines de mètres d'épaisseur, souvent plissées ultérieurement sous l'effet de contraintes tectoniques. En raison de sa relative légèreté et surtout de sa plasticité, le sel finit par former de puissants dômes ascendants susceptibles de tenir un rôle important en tectonique, de telles masses jouant alors le rôle de "couches savon" sur laquelle pourront glisser nappes de charriage et chevauchements. L'halite est fréquemment accompagnée de gypse ou d'anhydrite (sulfates de calcium, l'un hydraté, l'autre non), parfois de sylvinite (chlorure double de sodium et de potassium).

L'halite se trouve sous forme massive ou granulaire et, dans les fissures, sous forme de beaux cristaux cubiques ; un simple coup de marteau fractionne une masse cristalline de sel en une quantité de petits cubes ; les cubes montrent trois clivages parfaits orthogonaux, en trémies ; on trouve aussi des stalactites et des stalagmites de sel dans certaines mines de charbon. Chimiquement pure, l'halite est limpide ; sa coloration a des origines diverses : le gris est dû à la présence d'argile, le rouge à l'hématite, le bleu à du sodium métallique, le brun à de la matière organique. L'halite contient aussi fréquemment des traces de chlorure de calcium et de magnésium. Et elle se caractérise par son extrême solubilité dans l'eau.

Les principaux producteurs d'halite sont les États-Unis, la Grande-Bretagne et l'Allemagne ; les gisements les plus connus se trouvent en Autriche et en Pologne. On trouve de curieuses efflorescences de sel sur les rivages de mers intérieures et de lacs salés (mer Morte, Grand Lac salé de l'Utah, chotts ou sebkhas d'Afrique du Nord) ou sur les sels des steppes. De nos jours, les plus beaux cristaux de sel gemme proviennent des célèbres mines de Iletskaïa Zachtchita, au Kazakhstan, dans la terminaison méridionale des plaines de Sibérie, et de plusieurs sites des États-Unis, tels que celui de San Bernardino County sur les rives du Searles Lake, en Californie : les cristaux agglomérés y atteignent 2 à 6 cm, les cristaux séparés allant jusqu'à 30 cm.

De nos jours, l'extraction du sel est essentiellement minière, l'activité des salines régressant progressivement. Tonnage mondial annuel : de l'ordre de 35 millions de tonnes. L'halite est une matière première indispensable à l'industrie chimique qui en consomme d'énormes quantités : le sel gemme entre dans la fabrication du chlore, du sodium et des lessives alcalines, il est utilisé dans l'industrie des phosphates, des verres, des cyanures et des sels organiques ; les grands cristaux incolores sont utilisés en optique.

La **sylvite** ou **sylvine**,(du latin [*sal*], Sylvii, [*sel*] de Sylvius, nom latinisé de J. Dubois, médecin français), chlorure de potassium de formule KCl, cristallise de la même façon que l'halite, souvent avec adjonction de chlorures de sodium et de magnésium. Elle forme des agrégats grenus et des cristaux octaédriques facilement clivables ; elle est limpide, de couleur variable : blanchâtre, bleuâtre, rougeâtre, voire parfaitement rouge. Elle est présente dans les mines de sel de Stassfurt (Allemagne) et de Kalusz

64 Halite (10 x 8 cm). Hallstadt Salzkammergut (Autriche).

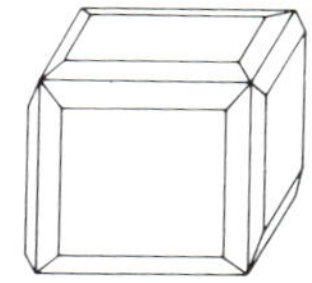

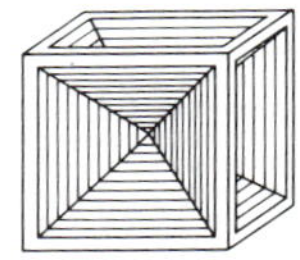

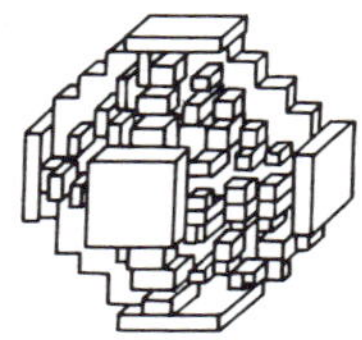

65 Fluorite (cristaux de 0,5 à 1,5 cm). Sarentina (Italie).

(Pologne). C'est un sel de potassium utilisé comme catalyseur dans la production de caoutchouc synthétique ; il entre dans la préparation de savons et sert directement d'engrais pour les cultures peu sensibles et après transformation en sulfate pour les cultures délicates.

Parmi les halogénures les plus remarquables pour un collectionneur, citons la **cumengéite** (de E. Cumenge), chlorure basique de plomb et de cuivre hydraté naturel, dont la formation nécessite une altération des gîtes cuivreux sous climat aride. Tel est le cas réalisé sur le site du Boleo, en Basse-Californie mexicaine ; dans ce gisement, la cumengéite est quadratique mais, associée à la **boléite** (de formule voisine), ce minéral prend l'aspect d'un cube au bleu profond dont chaque face serait surmontée d'une pyramide ; les deux plus beaux et plus gros cristaux (3,5 cm) connus au monde sont exposés à Paris, au musée de l'université Pierre et Marie Curie.

Fluorite (ou fluorine ou spath-fluor), *fluorure de calcium*

Ca $[F_2]$, cubique ; dureté 4 ; densité 3,1–3,2 ; colorations diverses, le plus souvent violet, vert ou jaune, rarement incolore ; éclat vitreux; poudre incolore.

Il y a longtemps que ce minéral a été remarqué pour la beauté et les vives couleurs de ses cristaux, les mineurs des Monts Métallifères, en Bohême, comme ceux de Gran-

* La murrhe [du latin murrha, dérivé du grec myrrha] désignait diverses matières irisées [verre irisé, agate laiteuse, calcédoine brune, fluorine, etc..] dont les anciens fabriquaient effectivement des vases précieux ; l'appellation "vases de murrhe" ou "vase murrhin" est accordée à des vases de grands prix, déjà mentionnés par les écrivains de l'Antiquité, et que l'on suppose avoir été, pour la plupart, des porcelaines de Chine importées en Égypte puis à Rome.

66 Fluorite (cristaux de 2 à 3 cm). Durham (Grande-Bretagne).

de-Bretagne, au Moyen Âge, lui ayant même donné le nom poétique de “fleur de minerai”. Bien avant eux, les Grecs le taillaient déjà comme une pierre précieuse et fabriquaient d'admirables vases multicolores, réputés plus tard sous le nom de vases murrhins * ; la fluorine était importée de l'Empire parthe (l'Iran actuel) ; dans la Rome impériale, la précieuse matière étant devenue rare, on imita ces vases en employant du verre, ce qui, du même coup, donna naissance aux techniques d'imitation des pierres précieuses.

La fluorine se rencontre en agrégats massifs ou granuleux c'est aussi l'un des rares minéraux se présentant relativement souvent en échantillons parfaitement cristallisés et de coloration remarquable ; le clivage de ses cristaux est parfait ; un même agrégat ou un même cristal peut présenter plusieurs couleurs.

67 Agate (morceau de 4 cm). Železnice (Rép. tchèque).

Chapitre 4

OXYDES ET HYDROXYDES NATURELS

Les oxydes anhydres et les hydroxydes, respectivement à base d'anions O^{2-} et $(OH)^-$, sont des composés d'oxygène et d'éléments métalliques ou métalloïdes. La plupart d'entre eux, très importants au point de vue économique, sont concentrés dans les zones superficielles de la lithosphère. Leur genèse est souvent endogène ou sédimentaire ; mais, dans la zone d'altération de certaines roches et dans la zone d'oxydation des gîtes métallifères, il se produit des réactions chimiques qui aboutissent à leur néoformation. Presque tous ont une structure cristalline : les anions forment des assemblages cubiques à faces centrées ou hexagonaux compacts, les cations occupant les sites tétraédriques et octaédriques ; ce sont ces derniers qui donnent leurs caractéristiques aux minéraux, les hydroxydes ayant par exemple tendance à posséder une structure lamellaire. On distingue les oxydes anhydres, simples (cations de même nature) ou complexes (cations de nature différente), et les hydroxydes.

Cuprite, *oxyde de cuivre*

$Cu_2 [O_2]$, cubique ; dureté 3,5–4 ; densité 5,8–6,2 ; rouge sombre ; éclat adamantin à semi-métallique ; poudre rouge clair.

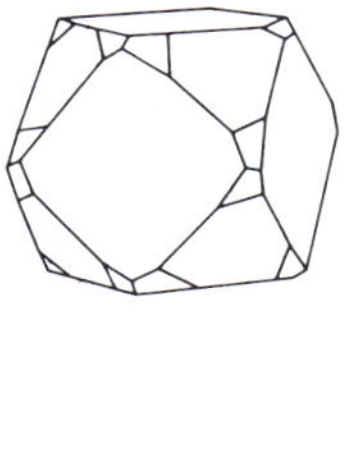

68 Cuprite (cristal de 8 mm). Liskeard, Cornouailles (Grande-Bretagne).

Décrite pour la première fois en 1546 par Georgius Agricola, la **cuprite** est fréquente dans les affleurements de gîtes métallifères, en particulier à la base des zones d'oxydation des gisements cuprifères, d'où son association fréquente avec le cuivre natif, en inclusions ou sous forme d'un chevelu d'acicules qui sont de petites cuprites hexagonales étirées ; c'est un minéral supergène formé aux dépens des sulfures primaires ou de la chalcocite. Son nom (du latin *cuprum* = cuivre) lui a été donné par le minéralogiste autrichien W. von Haidinger (à qui a été dédiée l'haidingérite, arséniate naturel de calcium hydraté). Le minéralogiste français Romé de l'Isle l'a étudiée en 1783 d'après des échantillons provenant de Cornouailles (Grande-Bretagne) et du Banat (Roumanie).

La cuprite est soit massive, grenue ou compacte, soit cristallisée ; fraîche, elle est d'un beau rouge sombre, avec des reflets adamantins, mais vire rapidement au gris ; facilement altérable, elle finit par se recouvrir d'un enduit de carbonates de cuivre hydraté, malachite ou exceptionnellement azurite, responsables de fréquentes pseudomorphoses. Ses cristaux sont le plus souvent des octaèdres, plus rarement des dodécaèdres rhomboïdaux ; une variété appelée chalcotrichite (du grec *chalcos* = cuivre et *thrix* = cheveu) se présente sous forme de cristaux aciculaires ou filiformes.

Principaux gisements : la rivière Moldava, en Roumanie, à l'est des Carpates, dans le bassin du Rhin à Siegen (Allemagne), en Cornouailles (Grande-Bretagne), dans le Rhône à Chessy (France), en Bosnie à Sinjako (ex-Yougoslavie), à Bisbee en Arizona (États-Unis), ainsi que dans l'Oural, en Bolivie, en Australie méridionale, etc. De superbes cristaux groupés ont été récoltés en Cornouailles (Redruth, Liskeard) et, en France (Chessy), des cristaux libres de 3 cm noyés dans de l'argile et couverts de malachite ; de grands cristaux (10 cm) ont été récemment découverts dans la petite mine d'Onganda, dans le sud-ouest africain.

La **mélaconite** (du grec *melas, -anos* = noir et *konis* = poussière), encore appelée **ténorite** (du nom d'un botaniste italien de Naples, M. Tenore), est l'oxyde de cuivre anhydre CuO. Elle forme des agrégats terreux noirs à la surface des minerais de cuivre ; ses cristaux en petites plaques pseudo-hexagonales et à vif éclat métallique sont d'une grande rareté. Des gisements de mélaconite se trouvent sur les pentes du Vésuve (Italie), à Siegen et à Daaden (Allemagne occidentale), à Jáchymov en Bohême (République tchèque) et en Roumanie ; les plus grands sont situés aux États-Unis, notamment près du Lac Supérieur, et à Bisbee dans l'Arizona, où la mélaconite forme des grandes nappes semblables à de l'asphalte.

Spinelle, *oxyde d'aluminium et de magnésium*

$MgAl_2[O_4]$, cubique ; dureté 8 ; densité 3,5 ; colorations diverses, le plus souvent rouge, rouge-brun, jaunâtre, rose, bleu-violet, bleu-gris, grisâtre ou verdâtre ; éclat vitreux à adamantin ; poudre blanche.

69 Spinelles taillés (échantillon le plus gros : 13,8 x 11,7 mm, 9,77 carats). Sri Lanka.

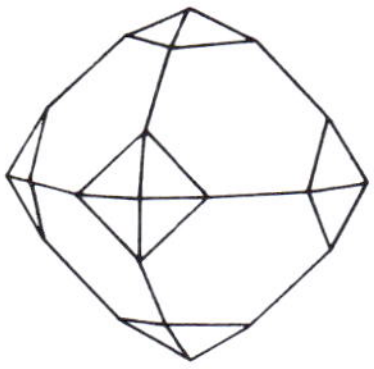

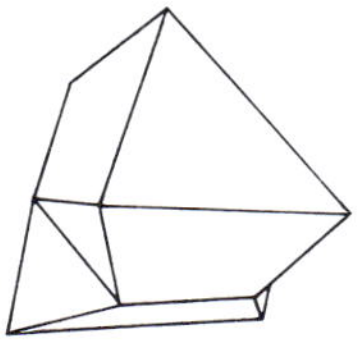

70 Pléonaste (spinelle noir de 11 mm). New-York (États-Unis).

Les **spinelles** (du grec *spinos*, latinisé en *spinella* = étincelle) sont un groupe d'oxydes doubles à base de métaux bi- ou trivalents (fer, zinc, magnésium, manganèse, aluminium, chrome). Le spinelle *sensu stricto* est un oxyde d'aluminium et de magnésium qui se présente sous forme de petits grains ou d'octaèdres parfois maclés ; sa couleur est variable : **pléonaste** noir (présence de chrome), **rubis-balai** rouge-rosâtre (fer trivalent), **spinelle almandin** rouge-bleuâtre (fer bivalent); le plus utilisé est franchement rouge : il peut passer pour du rubis bien que ces deux minéraux n'aient rien de commun (l'appellation "rubis spinelle" est interdite en joaillerie). Les grandes pièces sont rares : le Trésor d'État soviétique possédait un spinelle de 400 carats, un grand spinelle rouge est serti dans la couronne britannique et les plus beaux sont ceux de la couronne saint Venceslas du royaume de Bohême.

Le spinelle prend naissance dans les roches plutoniques renfermant un excès d'oxyde d'aluminium et se rencontre aussi dans les calcaires et dolomites métamorphiques riches en magnésium (souvent associé au rubis), ou dans d'autres roches métamorphiques telles que schistes et gneiss ; c'est par excellence un minéral concentré dans des alluvions dérivées de la désagrégation de ces roches. Des gisements de spinelle sont exploités en Suède, dans l'Oural, en Afghanistan, au Sri Lanka (alluvions de Ratnapura), en Birmanie, à Madagascar, en Australie et dans l'État de New-York.

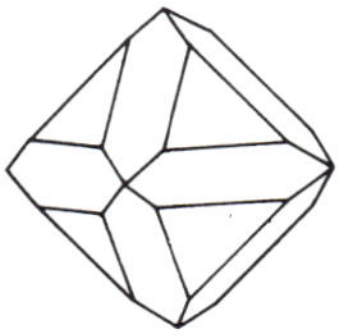

71 Magnétite (cristal de 2 cm). Alpes suisses.

Magnétite (ou fer oxydulé), *oxyde de fer magnétique*

$Fe_3 [O_4]$, cubique ; dureté 5,5 ; densité 5,2 ; noir à reflets bleus ; éclat métallique ; poudre noire.

La "pierre d'aimant" était déjà connue des Chinois, deux siècles avant notre ère ; l'origine de son nom (du grec *magnês, -êtos* = aimant) est mystérieuse ; selon Pline, un pâtre nommé Magnès aurait foulé, sur une colline près des rives du fleuve Indus, des pierres qui auraient attiré ses chaussures et son bâton ferrés ; autre version : la magnétite aurait été découverte dans une province de Macédoine et, pour cette raison, appelée "pierre de Magnésie".

La **magnétite** est un spinelle noir ferromagnétique, excellent minerai de fer avec une teneur atteignant 72 % ; elle forme des masses compactes ou granuleuses, cristallisant parfois en octaèdres ; on la trouve essentiellement dans les roches éruptives et dans des skarns (mot norvégien), roches du métamorphisme de contact des granites caractérisées par une texture largement grenue avec de grands cristaux pouvant atteindre 20 cm (cornéenne pegmatitique). Dans les masses de skarn, on note souvent des niveaux qui ne comportent qu'un, deux ou trois minéraux (andradite, haidinbergite, grenatite, diopside, etc.) ou encore une zonalité avec des lits diversement enrichis (en grenat, pyroxène, amphibole, épidote, calcite, etc.). Les gisements riches en magnétites se trouvent dans les zones montagneuses du nord de la Suède, en Norvège et aux États-Unis ; les plus beaux cristaux proviennent de Suisse.

Autre minéral du groupe des spinelles, la **chromite** est un oxyde de fer et de chrome contenant un peu de magnésium ; noir de fer à brun à éclat submétallique, elle a l'apparence de la magnétite, mais elle n'est pas magnétique et sa poudre est brune ;

elle forme des masses grenues dans les serpentines et les péridotites (dunites surtout) ; c'est l'unique minerai exploité pour le chrome ; on en trouve au Zimbabwe, en Afrique du Sud, aux Philippines et aux États-Unis. La franklinite est un oxyde de fer et de zinc contenant du manganèse ; c'est un spinelle noir faiblement magnétique que l'on trouve sous forme d'octaèdres réguliers arrondis, noyés dans de la calcite blanche ; ses principaux gisements sont aux États-Unis (Franklin et Ogdenburg, New-Jersey).

Chrysobéryl (ou cymophane), *oxyde de béryllium et d'aluminium*

$BeAl_2[O_4]$, orthorhombique ; dureté 8,5 ; densité 3,7 ; vert-jaune à jaune ou brun, variété alexandrine verte ; éclat vitreux ; poudre incolore.

Peu connu, le **chrysobéryl** (du grec *khrusos* = or) est pourtant une pierre précieuse très recherchée de nos jours. On le rencontre habituellement dans les pegmatites (Brésil, Madagascar) ou dans des micaschistes (Oural et Rhodésie) ; du fait de sa forte densité et de sa dureté, c'est un minéral alluvionnaire qui peut servir d'indicateur du diamant lorsque les sites primaires de ces deux minéraux coexistent.

Ce minéral a une formule de type spinelle mais sa structure est différente ; il est généralement jaune, verdâtre ou brunâtre avec des reflets adamantins ; sa variété

72 Chrysobéryl (cristaux de 15 mm). Maršíkov, Moravie (Rép. tchèque).

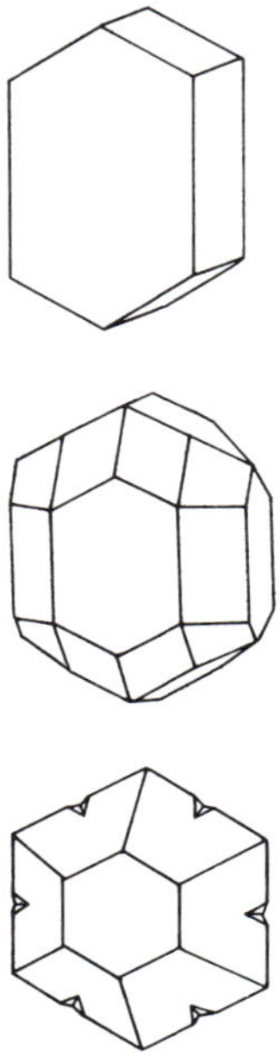

73 Chrysobéryl taillé (18,8 x 17,4 mm, 27,81 carats). Sri Lanka.

chromifère "**alexandrite**" (ainsi nommée en l'honneur du tsar Alexandre II de Russie) est utilisée comme gemme (dureté 8,5) ; "émeraude" le jour, elle devient "améthyste" dans les salons nocturnes : de couleur vert mordoré en lumière naturelle, elle devient rouge-violet par transparence en lumière artificielle...

Le chrysobéryl se trouve à l'état grenu ou sous forme de cristaux aplatis, parfois en tonnelets ou pseudo-hexagonaux : une macle assez fréquente de trois individus simule en effet une symétrie hexagonale ; les cristaux de grande taille sont assez rares. Des gisements réputés existent en de nombreuses régions du globe, chacun ayant livré des cristaux particuliers et magnifiques : cristaux très plats et d'un jaune intense provenant de Maršíkov près de Sobotín, en Moravie (République tchèque) – cristaux de 10 cm parfaitement transparents à Miakanjovata et en divers sites du grand marais d'Alaotra, à Madagascar – cristaux d'alexandrite très sombre de 2 cm, au Zimbabwe (ex-Rhodésie du Sud), en Afrique australe – des cristaux de couleurs variées, notamment de l'alexandrite, dans l'État d'Espirito Santo (Minas Gerais) au Brésil, où ils sont souvent associés à la topaze, au quartz, au spinelle, à la tourmaline – les plus grands cristaux connus (18 cm) ont été trouvés dans des pegmatites aux États-Unis, près de Golden dans le Colorado – des cristaux d'alexandrite, réputés dans le monde entier, trouvés en 1833 en compagnie d'émeraudes dans la vallée de la Tokovaya, dans l'Oural ; on y a récolté une druse de 22 cristaux, mesurant 25 x 15 cm et pesant près de 5 kg (échantillon conservé au Musée minéralogique de l'Académie des sciences à Moscou) – un cristal taillé d'alexandrite provenant du Sri Lanka pèse 66 carats ; il est conservé à la Smithsonian Institution à Washington. Les chrysobéryls ont une très grande valeur : l'alexandrite de première qualité, d'un poids de 10 carats, coûte jusqu'à 30 000 dollars.

L'"œil-de-chat" est une variété dont l'effet chatoyant (astérisme) est dû à des inclusions de minéraux fibreux ; cette particularité explique le nom synonyme de **cymophane** (du grec *kuma, -atos* = flou, vague, et *phanos* = visible, brillant) encore donné au chrysobéryl ; de grosses pépites à l'éclat soyeux ont été découvertes au Sri Lanka et au Brésil : après avoir été façonnées en forme de lentille, les jeux de lumière y sont admirables.

Corindon, *oxyde d'aluminium*

Al_2 $[O_3]$, rhomboédrique ; dureté 9 ; densité 3,9–4,1 ; incolore (leucosaphir), rouge (rubis), bleu (saphir) et nombreuses autres couleurs ; éclat adamantin ou gras ; poudre blanche.

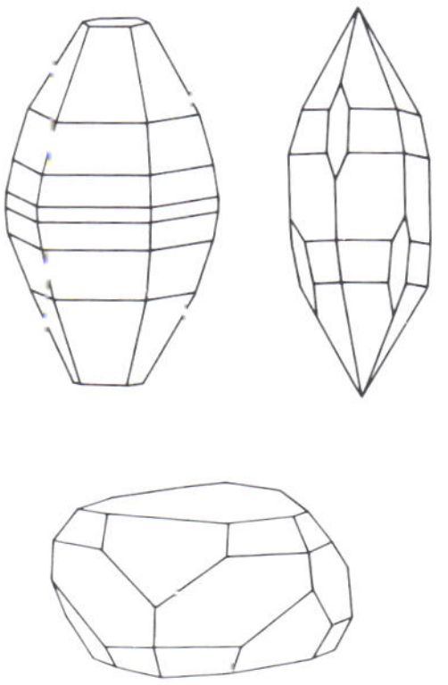

Le **corindon** et ses variétés colorées et transparentes, au premier rang desquelles le rubis (du latin *rubeus* = roux, rouge) et le saphir (bas latin *sapphirus*, du grec *sappheiros*), font partie des pierres précieuses utilisées depuis la plus haute Antiquité. Dans la ville fameuse de Ratnapura au sud-ouest de Colombo, capitale du Sri Lanka (ex-Ceylan), l'extraction du saphir est plusieurs fois millénaire et, dans des temps très anciens, les princes indiens en ornaient déjà leurs tuniques ; le nom de corindon (du tamoul *corundum*) en est d'ailleurs un témoignage. Les documents écrits les plus anciens relatifs au rubis datent du VIe siècle et concernent les mines de Mogok, en Birmanie ; ils sont évidemment très postérieurs à la première période d'extraction de cette pierre précieuse.

Au Moyen Âge, saphirs et rubis étaient employés en grande quantité pour fabriquer des bijoux ; on taillait alors les pierres en cabochons, c'est-à-dire en forme de tête arrondie et polie, ce qui convient parfaitement aux pierres opaques ou semi-transparentes ; d'une part, les connaissances techniques de l'époque n'étaient guère étendues, d'autre part, cela permettait d'utiliser la plus grande partie de chaque pierre. La couronne de saint Venceslas, roi de Bohême (1346), porte ainsi des saphirs et un rubis en cabochons ; ce rubis est le plus grand rubis serti dans un bijou que l'on connaisse : de forme irrégulière, il mesure 39,5 x 36,5 x 14 mm et pèse 250 carats. Les plus importantes collections de grands rubis et saphirs

74 Rubis (plage représentée : 9 x 6 cm). Tanzanie.

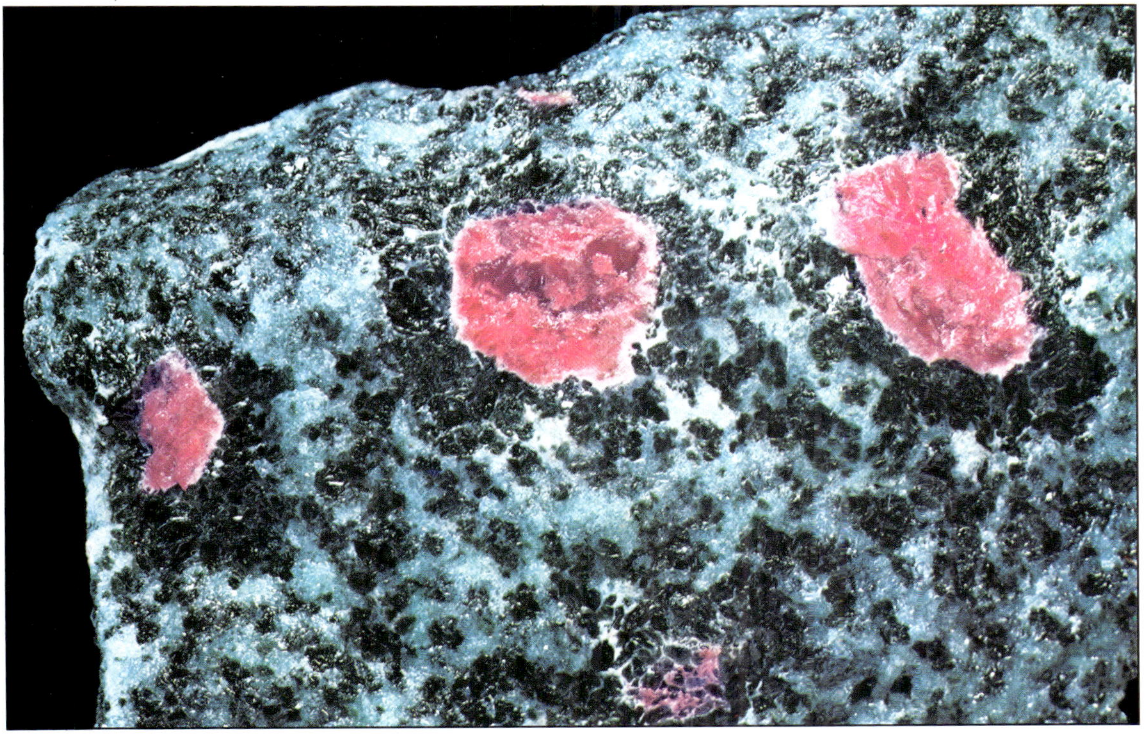

sont celles des princes indiens et du shah d'Iran ; ce sont pour la plupart des cabochons irréguliers.

Le corindon – le plus dur des minéraux après le diamant (9 dans l'échelle de Mohs) – est de l'alumine naturelle utilisée comme abrasif (émeri). C'est un minéral de haute température et de haute pression ; il se rencontre dans les roches cristallines riches en alumine et pauvres en silice, telles les syénites et les anorthosites (Ontario) et dans des roches résultant du métam ›rphisme de sédiments riches en alumine comme les bauxites (Grèce), dans les cipolins (calcaires cristallins) ainsi que dans les gîtes détritiques alluvionnaires d'où on l'extrait à la batée (Sri Lanka). Transparent ou translucide, il cristallise en double pyramide hexagonale ; les cristaux columnaires ou tabulaires sont en général assez bien formés, légèrement biréfringents ; les plus beaux – transparence et couleur – sont utilisés comme gemmes. Les pierres rouges (présence d'oxyde chromeux dans les **rubis**) et bleues (oxyde de fer et de titane dans les **saphirs**) sont les plus appréciées ; il existe cependant d'autres colorations réputées : le blanc (**leucosaphir**, utilisé en imitation du diamant), le vert ("émeraude orientale"), le jaune ("topaze orientale") et le violet ("améthyste orientale").

On trouve des gisements de rubis à Madagascar, en Inde, en Thaïlande, en Birmanie (Mogok), au Cambodge (gisement de Pailin), à Bornéo, en Australie, au Brésil, aux États-Unis (Caroline du Nord), au Kenya et en Tanzanie, en Grèce (Samos et Naxos), en Macédoine yougoslave (dans des marnes dolomitiques aux environs de Prilep) et en Norvège. Les saphirs sont recherchés au Cachemire, en Chine, en Thaïlande, au Cambodge, en Australie, à Madagascar, aux États-Unis (Montana), et pour l'Europe en République tchèque (gîte de Jizerská louka).

75 Corindons : saphir jaune taillé et leucosaphir taillé (saphir jaune 14,4 x 8,7 mm et 10,69 carats). Sri Lanka.

76 Corindon : rubis taillé (14,5 mm et 27,12 carats). Mogok (Birmanie).

Certains rubis et saphirs présentent le phénomène d'astérisme, très apprécié en joaillerie : vu de haut et en lumière réfractée, on découvre dans le cristal travaillé en forme de lentille un chatoiement dessinant une étoile six ou trois branches, dû à la présence de fins canalicules internes ou à des inclusions de rutile.

Hématite (ou oligiste), *oxyde de fer*

$Fe_2 [O_3]$, rhomboédrique ; dureté 6,5 ; densité 5,2–5,3 ; souvent gris d'acier avec des veines colorées ; éclat métallique ou semi-métallique ; poudre rouge.

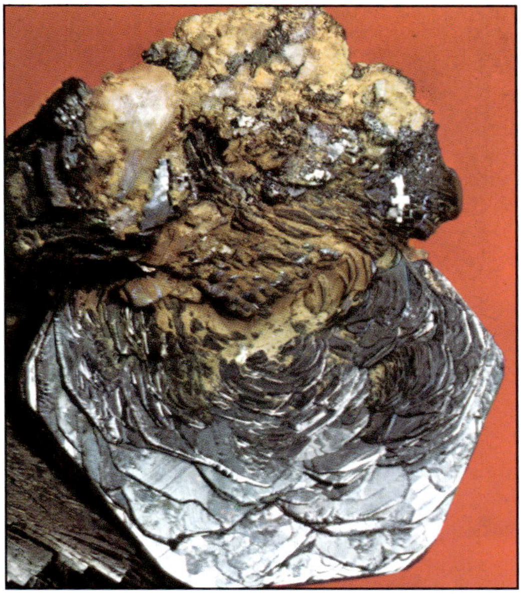

Connue et exploitée depuis l'Antiquité, l'**hématite** a même inspiré un poète ancien comme Virgile (1er siècle av. J-C.) qui en fait mention dans l'Énéide, célébrant la beauté de cristaux aux nuances variées provenant de l'île d'Elbe ; les Babyloniens et les Égyptiens l'utilisaient déjà comme pierre précieuse.

On désigne sous le nom d'hématite aussi bien les formes cristallines les plus dures, de couleur gris d'acier à noir, à éclat métallique assez vif (hématite "spéculaire"), et ses variétés compactes grises, rouges ou écailleuses à reflets violacés, que la forme la plus commune à grains fins mélangée à de l'argile appelée ocre rouge (le nom d'hématite, donné au XIIe siècle, vient du grec *haematites* = sanguine). Le nom synonyme d'oligiste (du grec *oligistos* = très peu) a été donné en 1801 par Haüy en raison de

77 Hématite (7 cm).
St. Gotthard (Suisse).

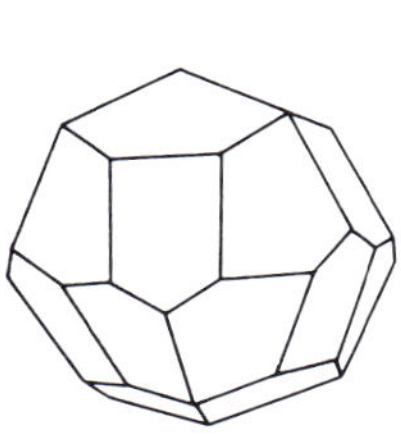

78 Hématite (7 x 6 cm).
Bludná (Rép. tchèque).

la relative faiblesse de sa teneur en fer. L'hématite peut former des masses concrétionnées terreuses, fibreuses, réniformes, oolitiques, etc... La cristallisation est bipyramidée à lenticulaire, tabulaire ("roses alpines" des gisements alpins) ou même lamellaire ; les cristaux sont parfois disposés en rosettes) ; dans l'hématite "micacée", les lamelles ou écailles sont rouges quand elles sont très minces, bleu foncé quand elles sont plus épaisses.

L'hématite est commune en imprégnations, massifs et filons dans de nombreuses roches alcalines, comme minéral accessoire des roches plutoniques acides ou neutres et de leurs auréoles métamorphiques, comme produit de sublimation de certaines laves, et sous climat sec dans la zone d'oxydation de gîtes métallifères et dans les sols et sédiments qu'elle colore en rouge.

Il existe de très nombreux gisements, dont les plus riches se trouvent en Suède. Citons les taconites, énormes accumulations de quartzite ferrifère, minerais très purs des vieux socles du globe : l'itabirite est l'un d'eux (du nom de son gisement dans le plateau d'Itabira, Brésil) ; les minerais à hématites riches (plus de 65 % de fer) dérivent des taconites par lessivage de la silice (Canada, Venezuela, Brésil, ex-URSS, Liberia, Mauritanie, Australie, Inde). Les minerais de fer oolithiques sont des dépôts marins atteignant 20 m d'épaisseur et pouvant couvrir plusieurs dizaines de milliers d'hectares ; les gisements français (Lorraine, Normandie, Anjou) appartiennent à ce type.

Le quartz

Si [O_2], système cristallin hexagonal-rhomboédrique ; dureté 7 ; densité 2,6 ; incolore quand il est pur, colorations diverses suivant les impuretés ; éclat gras à vitreux ; poudre incolore, blanche à grise.

L'oxygène et le silicium, constituants essentiels du **dioxyde de silicium** ou **silice**, représentant pratiquement à eux deux les trois quarts des éléments de notre globe terrestre. De nombreuses roches comportent de la silice et certaines en sont même presque exclusivement constituées. Les gisements de silice sont innombrables et il existe un très grand nombre de formes de ce minéral, chacune cristallisant dans son propre système. Trois sont très communes : le **quartz** (hexagonal), la **calcédonite** (microcristalline et fibreuse), avec ses variétés impures (jaspes, agates, onyx), et l'**opale** (microcristalline d'aspect amorphe).

79 Quartz (plus gros cristal : 16 x 10 cm). Cínovec près de Teplice (Rép. tchèque).

80 Quartz améthyste (taille des plus grands cristaux : 3,5 cm). Cavnic (Roumanie).

LE QUARTZ DANS LE PASSÉ

Le quartz est connu depuis l'Antiquité, surtout les cristaux de sa variété la plus pure, le cristal de roche ; cette dénomination fondée sur le mot cristal, qui dérive d'un mot grec : *krustallos* désignant la glace, est à l'origine du nom quartz introduit par Buffon en 1749 (de l'allemand *Quarz*, un nom déjà employé au XIVe siècle dans le sens de

81 Quartz enfumé (plus gros cristal : 11 cm). St. Gotthard (Suisse).

“verre spécial plus lourd”, et même prêté à Roland en 1080) : les cristaux de quartz ressemblent en effet à des cristaux de glace et demeurent très longtemps froids, même dans une atmosphère chaude ; ainsi les riches patriciens romains possédaient-ils de grosses boules de quartz dont ils se rafraîchissaient les mains par temps de canicule. Les Grecs et les Romains en connaissaient un grand nombre de variétés, sans savoir qu'il s'agissait du même minéral.

Les hommes ont de tout temps utilisé le quartz en raison de sa résistance exceptionnelle à l'oxydation et à toutes les influences extérieures ; c'est le premier minéral dont il se soit servi comme arme et comme instrument très tôt dans l'histoire de l'humanité, depuis le début du Paléolithique jusqu'à la fin du Néolithique, au début du IIe millénaire avant notre ère. L'homme préhistorique a en effet découvert l'utilité du silex, qu'il a taillé puis poli, matériau dur et tranchant qui ne s'use pas ; depuis le début du XVe siècle, les mineurs l'ont utilisé dans un grand nombre de pays.

L'aspect esthétique du quartz n'avait d'ailleurs pas échappé aux mineurs ; à mesure que se développaient les civilisations, le quartz et ses nombreuses variétés ont été de plus en plus recherchés, servant à de nombreux usages décoratifs ; on peut encore admirer de nos jours des vases en cristal de roche datant du Moyen Âge et dont les maîtres les plus fameux étaient italiens et allemands ; les œuvres d'art modernes parviennent difficilement à en égaler la beauté. La matière première de ces vases provenait surtout de gisements alpins; des marchands entreprenants transportaient les plus gros et les plus purs à Prague, à la cour de l'empereur Rodolphe, généreux mécène qui savait les apprécier ; on peut encore voir quelques-uns des joyaux de l'art de cette époque dans plusieurs musées du monde, en particulier à Vienne. Le Moyen Âge et la Renaissance ont également apprécié le quartz et ses variétés pour en fabriquer des bijoux et des objets précieux ; la transparence parfaite et le grand éclat de certains cristaux leur permettaient de l'utiliser à la place de pierres plus précieuses, et donc trop onéreuses, tout en donnant la même impression de richesse.

Le quartz est de la silice cristallisée plus ou moins pure présente dans certaines catégories de roches : en premier lieu, les roches endogènes saturées en silice (55 à 60 % du poids de la roche), les unes magmatiques, qu'elles soient plutoniques (granites et diorites) ou volcaniques (rhyolites et dacites), les autres métamorphiques (gneiss, micaschistes, quartzites) ; d'autre part, les roches exogènes sédimentaires détritiques (sables, grès). Dans la roche, le quartz se présente ordinairement sous forme de cristaux xénomorphes, limpides ou troublés par des inclusions, à cassure conchoïdale un peu grasse (aspect de gros sel) ; beaucoup sont aplatis, tordus dans toutes les directions. Il peut aussi former des cristaux automorphes à éclat vitreux, sans clivage visible mais à faces parfois finement striées transversalement ; si les cristaux automorphes sont typiquement formés d'un prisme hexagonal surmonté d'une double pyramide,

82 Quartz rose (bloc de 12 x 9 cm). Brésil.

une centaine d'autres formes ont été décrites. Le quartz peut être incolore ou diversement coloré, transparent, translucide, laiteux ou opaque ; il est transparent dans l'infrarouge et l'ultraviolet et faiblement biréfringent ; sa biréfringence se traduit par des teintes de polarisation grises dans les lames minces, avec un phénomène de polarisation rotatoire (extinction "roulante" des plages claires). Les macles sont fréquentes : la plus célèbre (deux cristaux pratiquement à angle droit) est celle dite "du Japon" ou "de la Gardette", nom des lieux où elle a été trouvée. Enfin, le quartz contient fréquemment des inclusions ; les unes sont solides (rutile, tourmaline par exemple) et correspondent à des minéraux antérieurs au cristal qui les a englobés (leur extrémité peut en sortir); les autres, contemporaines de la genèse même des cristaux, sont liquides ou gazeuses et leur contenu est représentatif des solutions génératrices.

Les cristaux de quartz autmorphes, nous l'avons vu, ont une très jolie forme : ce sont des prismes hexagonaux terminés à chaque extrémité par deux rhomboèdres de taille souvent inégale ; les rayures horizontales des faces marquent les étapes de sa crois-

83 Quartz ferrugineux (fragment de 7 x 6,5 cm). Hořovice (Rép. tchèque).

84 Quartz œil-de-tigre (9 x 6 cm). Griquatown (Afrique du Sud).

sance : elles sont dues à la répétition de l'angle que font entre eux le prisme et ses deux rhomboèdres ; l'angle interne des surfaces prismatiques est toujours égal à 60°, quel que soit l'état de développement du cristal ; cette caractéristique a été mise en évidence en 1669 par le médecin et physicien danois Nicolaus Stensen, qui établit la loi sur la constance des angles pour chaque espèce minérale, devenant ainsi le père de la cristallographie. Lorsque les deux rhomboèdres d'un cristal de quartz sont parfaitement équilibrés, le cristal prend une forme de pyramide double hexagonale et sa symétrie passe pour hexagonale ; c'est le cas dans certains porphyres dont le quartz a cristallisé à haute température (plus de 573°) et a conservé sa forme après refroidissement : on peut parler dans ce cas de quartz pseudo-hexagonal ; à plus basse température, les cristaux qui se forment sont trapus, réduits pour l'essentiel à leurs rhomboèdres ; on les appelle dihexaèdres.

Quant à la taille des cristaux de quartz, elle va de l'échelle microscopique de la silice cryptocristalline à l'échelle métrique de quartz isolés. On rencontre dans la nature des cristaux plus ou moins gros, par exemple sur des schistes ardoisiers (en France, on les appelle "chailloux"), ou encore dans des cavités de schistes cristallins ou de granites à grains grossiers appelés pegmatites ; ces cavités géodiques sont tapissées de beaux cristaux de quartz, le plus souvent incolores, bruns ou violets (Brésil, Madagascar, Colorado) ; des cristaux géants mis à jour à Madagascar ont une circonférence de plusieurs mètres ; il y a une vingtaine d'années, un cristal de quartz de plus de 2 m de haut a été découvert en France dans le Limousin.

Les plus beaux ensembles de cristaux de quartz, notamment incolore, proviennent des schistes cristallins des Alpes. En 1719, sur les pentes du Zinggenstock, aux environs du Grimsel dans les Alpes bernoises (Suisse), on a découvert une grotte dite "cave au cristal de roche", de laquelle on a extrait plus de cent tonnes de cristaux, dont certains d'une exceptionnelle beauté ; quelques pièces pesaient plus de 800 kg !

85 Quartz aventurine (8 x 5,5 cm) – Styrie (Autriche).

LES VARIÉTÉS DU QUARTZ

Le quartz se présente sous de multiples variétés de gemmes. On trouve le **quartz hyalin** (ou **cristal de roche**), incolore et limpide, dans les cavités géodiques de schistes cristallins et de roches magmatiques sombres, les mélaphyres ; il peut renfermes des inclusions et d'autres noms évocateurs lui sont alors données. Le **quartz laiteux** (ou **girasol**) est incolore mais trouble, aspect qui résulte de la réfraction de la lumière à travers de nombreuses microfissures.

L'**améthyste**, ainsi nommée par les Grecs en raison d'un pouvoir surnaturel qu'ils lui attribuaient (*amethustos* = qui préserve de l'ivresse), est la plus connue des gemmes

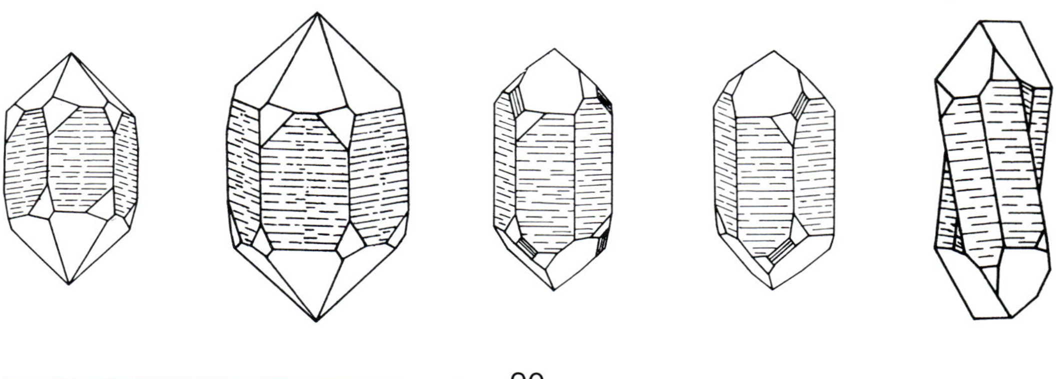

de quartz ; sa couleur qui va du pourpre au violet le plus intense, est due à sa richesse en fer et à une irradiation naturelle ; elle est fréquente dans les géodes ; les cristaux de certains gisements pâlissent progressivement à la lumière. Le **quartz rose** doit sa délicate coloration, parfois nuancée de reflets violets ou montant vers le rouge vif, à des traces d'oxyde de titane, de fer, de manganèse, de bore ou de lithium ; l'exposition à la lumière le fait également pâlir; sa forme cristallisée n'a été que très récemment découverte au Brésil ; on le trouve dans les pegmatites.

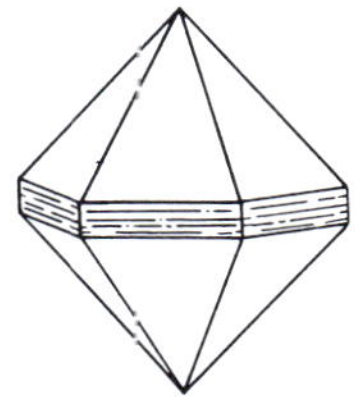

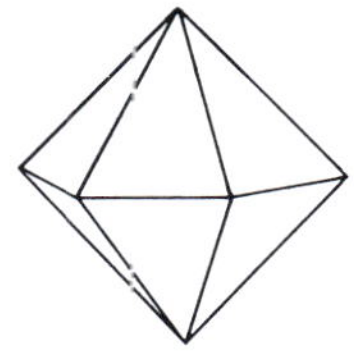

La **citrine** (ou **topaze d'Espagne**), jaune à orangé, le **quartz ferrugineux**, rouge, brun ou jaune, et le **quartz hématoïde** (ou **hyacinthe de Compostelle**), opaque et rouge sang, sont des variétés colorées par des traces ou des inclusions d'hématite ou d'hydroxyde ferrique.

86 Quartz améthyste (7 cm chaque cristal) – Banská Štiavnica (Slovaquie).

La coloration du **quartz enfumé**, gris fumée à brun foncé, ou du **morion**, noir et presque opaque, semble due à la libération d'atomes de silice sous une irradiation naturelle qui a provoqué des défauts dans la structure cristalline ; le quartz noir doit aussi sa couleur à la présence d'aluminium ou d'éléments radio-actifs ; ces variétés sont fréquentes dans les géodes.

Le **prase** (latin *prasius*, du grec *prasios* = vert tendre, de *prason* = poireau), doit sa couleur verte à la présence de très aiguilles d'actinolite (amphibole vert olive à vert foncé) ; très prisée au Moyen Âge pour les bijoux et comme pierre ornementale dans les mosaïques, on considérait cette variété comme la "roche-mère" de l'émeraude. Le **quartz bleu** cache des aiguilles de rutile et le **"saphir" quartzeux** doit sa coloration vert-bleu à de minuscules filaments d'asbeste.

L'**œil-de-chat**, gris-vert, a des inclusions fibreuses d'amphibole (trémolite ou actionote) et l'**œil-de-faucon**, gris-bleu, des inclusions de fibres d'asbeste verte ou bleue. L'**œil-de-tigre**, marron, a des pseudomorphoses de crocidolite altérée en limonite, les **flèches d'amour**, des aiguilles de rutile ou d'actinote. Les cristaux limpides du **quartz à sagénite** sont parcourus par un réseau ténu d'inclusions de rutile ou de sagénite ("cheveux de Vénus").

Ce sont de nombreuses particules de mica ou d'hématite qui donnent à l'**aventurine** son chatoiement caractéristique. Fait remarquable, on a imité cette pierre, en quelque sorte, avant de la connaître et c'est une étrangeté du destin qui est à l'origine de son nom. Un verrier italien des fameux ateliers de Murano ayant fabriqué par hasard (en italien *per avventura*) un objet en verre contenant de nombreuses particules de cuivre qui lui conféraient un aspect tout à fait particulier, on vendit cet objet sous le nom d'aventurine ; plus tard, lorsque l'on découvrit le minéral, on lui donna le même nom. Les aventurines vertes de l'Inde possèdent des inclusions de mica fuschite (muscovite chromifère vert émeraude). L'aventurine orientale, ou "pierre de soleil", aux reflets métalliques rouges, n'est pas un quartz mais un feldspath plagioclase.

87 Quartz améthyste (cristaux de 3 cm) – Porcura (Roumanie).

88 Améthystes taillées (diamètre de la plus grosse : 5,15 cm pour 361,5 carats). Brésil.

Outre les variétés mentionnées plus haut, qu'elles soient en cristaux, en grains ou en masses, il en est d'autres qui résultent d'un processus de formation différent ; il s'agit très souvent de cristaux individuels ou d'agrégats cristallins, d'origine fréquemment hydrothermale. Le **quartz porphyrique** est ainsi fait de grands cristaux apparus dans la masse en fusion de certaines roches magmatiques et limités par des surfaces losangiques. Le **quartz veineux**, répandu dans la nature en tant que matière de veines indépendantes, est ordinairement blanc-gris, parfois d'aspect gras, souvent formé de granules microscopiques retombant les uns sur les autres comme des lobes ; il remplit notamment des fissures au voisinage de roches volcaniques souterraines sombres, de type basalte (mélaphyres), dont les composants ont été dissous par les eaux très chaudes, abandonnant dans les creux de la silice colloïdale ; il contient souvent de l'or ou divers minerais. Le **quartz coiffé**, qu'un simple choc suffit à déliter en plusieurs "coiffes", est un quartz cristallisé qui a été recouvert de plusieurs pellicules minérales, en particulier de mica, lors d'interruption dans sa croissance. Le **quartz en capuchon** est une pseudomorphose sous forme d'enveloppes nées après la dissolution de minéraux d'origine auxquels s'est substitué le quartz.

LES GISEMENTS DE QUARTZ

– *Cristal de roche*. Il existe dans le monde d'innombrables gisements de quartz. Les gisements actuels les plus riches en cristal de roche se trouvent dans le nord et le nord-ouest de Madagascar (on y a trouvé des cristaux pesant près de 50 kg), dans le sud du Brésil, aux environs de Cristallina, dans la Serra dos Cristaes de l'État de Goyaz (des cristaux de 50 cm d'épaisseur) et dans l'Arkansas aux États-Unis (d'une grotte mesurant 2 x 10 m, on a extrait plusieurs wagons de cristal de roche). Dans l'ouest de l'Ukraine, les flyschs gréso-schisteux cénozoïques des Carpates recèlent de l'Italie, ce sont des cavités dans le fameux marbre blanc de Carrare qui en ont livré de plus gros, comparables aux "diamants de Herkimer" découverts près de New-York. Les cristaux qui se sont formés et nourris en surface, sur un fond de grotte ou dans une cavité, sont le

89 Quartz citrine (bloc de 14 x 9 cm). Rio Grande do Sul (Brésil).

plus souvent allongés et ornés de motifs naturels ; les uns sont parfaitement limpides, les autres ont des nuances tirant sur le brun, rappelant une fausse topaze, la “topaze enfumée”; ils peuvent renfermer des inclusions telles que des écailles de chlorite verte, des aiguilles d’actinote ou de rutile (“flèches d’amour”); sur les fissures de beaucoup d’entre eux, la lumière réfractée se disperse en de vives couleurs d’arc-en-ciel. Le plus grand cristal de roche taillé en pierre précieuse provient du Brésil et pèse 7 000 carats (il appartient aux collections de la Smithsonian Institution à Washington).
– *Améthyste.* C’est au Brésil que la plus grande géode d’améthyste a été découverte en 1900 : elle mesurait 10 x 5 x 3 m et pesait sept tonnes ! Ses fragments sont aujourd’hui dispersés dans de nombreux musées. Des géodes plus petites mais fort belles sont connues près d’Idar-Oberstein en Allemagne et au pied des monts des Géants en République tchèque. C’est dans l’extrême sud du Brésil, dans l’État du Rio Grande do Sul, et dans la Serra do Mar de l’Uruguay voisin, qu’ont été faites les plus riches trouvailles (l’un des plus importants gisements fut découvert en 1823 par des tailleurs allemands venus précisément d’Idar-Oberstein). Des druses d’améthyste, avec des cristaux parfaitement formés et d’intenses colorations de pierres précieuses, se présentent dans les creux de mélaphyres ; des cristaux entiers ou fragmentés sont enrobés dans les alluvions de rivière ou dans la terre arable, libérés lors de la désagrégation des roches mères ; de très grosses géodes sont garnies de cristaux d’une grandeur inhabituelle. La recherche et l’extraction d’améthystes est simple : il suffit aux chercheurs de piquer des pierres d’éboulements volcaniques avec de longues barres de fer ; cela exige néan-

moins beaucoup d'habileté et d'expérience. Dans l'État de Baya, certaines roches sillonnées de veines quartzitiques ont des creux tapissés de magnifiques améthystes intensément violettes, très appréciées en bijouterie. Les plus grands gisements actuellement exploités se trouvent, non seulement dans le sud du Brésil et en Uruguay, mais aussi au Mexique et à Madagascar (Befato) ; en Europe, les plus belles améthystes se trouvent dans l'Oural (Mourzinka), en Roumanie (Capnic) et en République slovaque (Banská Štiavnica) ; les pierres de ce dernier site passent malheureusement très vite à la lumière.

– *Quartz enfumé et morion.* Leurs gisements les plus réputés se trouvent dans les Alpes dans la région du Saint-Gothard, où il se sont formés dans des cavités de roches granitiques. En 1868, on avait découvert aux environs du col de Furka (canton d'Uri, Suisse), une cavité de 6 x 4 x 2 m dont on a extrait 30 tonnes de quartz enfumé (certains cristaux, dont le plus gros mesure 70 cm et pèse 130 kg, sont encore exposés au Muséum d'Histoire naturelle de Berne).

– *Citrine naturelle.* Elle est assez rare ; les plus beaux spécimens viennent du Brésil et de l'Oural. La plupart de celles qui sont en circulation sur les marchés sont des améthystes ou des quartz enfumés qui ont subi une cuisson et son proposés sous des noms de "topazes" dorées ou espagnoles, "topazes" de Madère ou de l'Oural ; il suffit en effet de porter des améthystes à 250 °C pour qu'elles prennent une belle couleur jaune; les marchands comprirent vite l'intérêt par de nombreuses fausses citrines ; toute ambiguïté est levée si l'on soumet une supposée citrine à un rayonnement radio-actif : fausse, elle reprend sa couleur d'origine.

– *Quartz rose.* Les plus beaux cristaux proviennent de Madagascar (quartz roses massifs) et du Brésil (cristallisés) ; en Europe, on en trouve d'assez grandes quantités dans des pegmatites de Bavière et dans l'Oural.

– *Quartz ferrugineux.* On en trouve à Hořovice en Bohême (massif) et à Iserlohn en Westphalie (cristallisé).

– *Les quartz fibreux.* Le quartz présentant des inclusions fibreuses de minéraux divers sont relativement rares. On trouve l'œil de chat et l'œil de faucon au Sri Lanka, l'œil de tigre dans le Doorn en Afrique du Sud et dans divers gisements de Chine, d'Australie et d'Ukraine (Krivoi Rog).

– *Quartz étoilé.* Cette variété était une rareté de Bohême, recherchée à Peřimov près

90 Citrines taillées (la plus grosse : 5,46 x 4,91 cm pour 374 carats). Brésil.

91 Quartz étoilé (15 x 13 cm). Pelhřimov, près de Jilemnice (Rép. tchèque).

de Jilemnice où elle formait de beaux cristaux disposés en étoile ; ce gisement unique au monde étant épuisé, on ne trouve plus de quartz étoilé que dans les collections.
– *Quartz coiffé*. Les plus gros échantillons de cette variété proviennent de Horní Slavkov, en Bohême.
– *Aventurine*. On en faisait autrefois des objets d'ornement et beaucoup ont été importés en Europe. La "pierre impériale Yü", telle que la nommaient les Chinois, se trouve en abondance dans la province de Styrie en Autriche, à Miass dans l'Oural, en Sibérie, au Tibet et en Inde.

D'audacieux et adroits chasseurs de cristaux, que l'on appelle Strahlers en allemand, escaladent les pentes parfois dangereuses sur lesquelles courent des filons de quartz ; à coups de pioche ou de marteau, ils y décèlent du quartz et ouvrent des cavités ; certains ont la chance de découvrir de véritables cavernes dont les parois sont tapissées de cristal de roche, d'améthyste ou de quartz enfumé d'une beauté féerique ; c'est en Suisse que les Strahlers sont les plus nombreux.

De nos jours, les quartz, aussi bien naturels que synthétiques, jouent un grand rôle dans la technique radio et dans l'industrie du verre, notamment celle des verres optiques, filtres, prismes et lentilles, utilisés dans un grand nombre de domaines (microscopes polarisants, détermination des minéraux, spectroscopie, télescopes, etc.). Les cristaux synthétiques (dont les États-Unis produisent 3 000 tonnes par an), sont employés exclusivement dans l'industrie, laquelle exige un matériau parfaitement pur et une structure de type monocristal, conditions que ne réalisent pratiquement jamais les cristaux naturels ; ils sont obtenus par voie hydrothermale, à des températures comprises entre 400 et 500 °C et sous des pressions d'eau de l'ordre de 1 000 bars ; ils conviennent également pour la fabrication de bijoux, bien que leur valeur ne soit pas aussi appréciée que dans le cas de pierres naturelles.

Les jaspes

Si [O_2], mélanges de calcédoine cryptocristalline à quartz rhomboédrique, de matières colorantes et autres impuretés ; dureté voisine de 7 ; densité très variable ; colorations diverses, dont rouge, ocre jaune et vert ; éclat mat à vitreux ; poudre blanche à grise.

En tant que matière, la calcédoine (en latin *chalcedonius*, du grec *Khalkêdôn*, ville de Bithynie, ancien royaume au nord-ouest de l'Asie Mineure ; aujourd'hui Kalkidoy, près d'Istanbul) est une variété micro- ou cryptocristalline de silice selon la nomenclature systématique, on doit appeler ce minéral **calcédonite** (en réservant le nom de calcédoine à des roches). Il contient de 90 à 99 % de quartz, le reste étant de l'eau et différents oxydes qui la colorent. On trouve la calcédonite en sphérolites, nodules ou concrétions ; elle est formée de fibres par empilement hélicoïdal de cristallites de quartz auxquels s'ajoute parfois un peu d'opale. À cette forme microcristalline du quartz, appartiennent divers types de roches appelés jaspes, calcédoines, agates et onyx, d'une manière qui n'est pas toujours bien définie du point de vue minéralogique mais qui répond à un usage universel dans le monde des collectionneurs.

Les **jaspes** (du latin et du grec *iaspis*) ont pour caractéristique essentielle, d'un point de vue pratique, d'être bariolées. Les Anciens, Égyptiens, Grecs et Romains, connaissaient bien ces pierres très décoratives et de prix élevé ; ils les faisaient venir de l'Inde pour en confectionner des ornements et des amulettes ; la rareté de ces pierres, la difficulté de leur polissage et de leur taille les rendaient fort précieuses. Par différents procédés, ils les creusaient et y gravaient des symboles, des signes et plus tardivement des portraits : c'est l'origine de la glyptique. L'écusson du Grand Prêtre des Juifs était orné de jaspe, et Pline n'a pas manqué de souligner la beauté colorée de cette pierre. En Inde, les maharadjahs possédaient aussi dans leurs collections de très beaux jaspes travaillés.

La vogue du jaspe s'est prolongée au Moyen Âge : utilisé en bijouterie, il servit à la confection de cassolettes, de drageoirs, de hanaps (grands vases à boire) et de gobelets et, plus tard au XVIIe siècle, de coupes, de vases, d'écritoires et d'objets divers. La galerie d'Apollon, au Louvre, présente une collection de jaspes provenant de la Couronne. Les murs des chapelles de Karlštejn et de la chapelle de saint Venceslas au château de Prague sont ornés de jaspe rouge sang datant de l'époque où le roi de Bohême Charles IV était empereur du Saint Empire Romain Germanique. Au XIVe siècle, jaspes et améthystes étaient extraits d'un filon situé sur le versant saxon des monts Métallifères, près de Ciboušov, et acheminés auprès des lapidaires de Prague ; on scellait dans les murs des plaques de jaspe que l'on entourait d'une bordure d'or.

92 Jaspe (9,5 x 5,5 cm). Mokkatam (Égypte).

93 Jaspe (15 x 9 cm). Kozákov (Rép. tchèque).

L'ouvrage de de Boot, médecin de l'empereur Rodolphe II, *Gemmarum et lapidum historia*, fournit de nombreux renseignements sur cet engouement en faveur du jaspe pendant la Renaissance. L'auteur décrit une table appartenant aux collections impériales et représentant un paysage composé de jaspes de différentes couleurs provenant des monts des Géants : on la considérait alors comme l'une des sept merveilles du monde.

L'annexe du Musée de l'Ermitage, au Palais d'Hiver de Saint-Pétersbourg (Leningrad), ancienne réserve des tsars, abrite une fabuleuse collection d'objets en jaspe ; on y trouve des colonnes et des vases mesurant parfois plusieurs mètres, souvent taillés dans un seul bloc. Ils furent fabriqués par des maîtres polisseurs dans les fameux ateliers de Petrodvorets, résidence d'été de Pierre le Grand sur la côte sud du golfe de Finlande, à l'ouest de Saint-Pétersbourg, et ceux d'Iekaterinbourg (Sverdlovsk), sur le versant oriental de l'Oural, devenue siège de la Direction des mines (ville où furent mis à mort, en 1918, Nicolas II et sa famille) ; les jaspes, encore réputés de nos jours pour la variété extraordinaire de leurs couleurs, venaient de riches gisements des environs d'Orsk dans l'Oural.

Le jaspe est assez courant dans la nature ; on le trouve toujours en compagnie d'agate et de formes plus banales de calcédoine. D'origine hydrothermale, il cristallise dans des fissures de roches magmatiques, généralement des mélaphyres ; certains minéraux appartenant à ces roches ont été à nouveau repris par des solutions chaudes et le gel siliceux ainsi formé s'est trouvé entraîné dans les fissures ; au quartz et à la calcédoine ont été adjoints une grande variété de colorants minéraux naturels, à l'origine de la riche palette de couleurs des jaspes : l'hématite pulvérulente donne le rouge, la limonite, les nuances de jaune et de brun, les agrégats de chlorite, le vert. Mais le jaspe prend aussi naissance en milieu sédimentaire : on peut le trouver à l'état de fragments dans des éboulis d'érosion ou sous forme de rognons dans des formations calcaires ; tel est le cas des "quartz du Nil" que l'on trouve dans des calcaires égyptiens, tubercules plats à surface lisse de couleur châtaigne ou café, nés d'une action érosive des grains de sable transportés par le vent ; poli et taillé, ce jaspe montre de très jolies rayures et de fines arborisations noires dendritiques.

De nombreux gisements de jaspe sont exploités dans la région de Kozákov en Bohême (au pied des monts des Géants), dans le sud de l'Oural, en Autriche (dans le Tyrol) et en Allemagne (en particulier dans la vallée du Rhin et en divers sites de Saxe). Il existe aussi d'importants gisements au Brésil, en Inde, à Madagascar et le long de la vallée du Nil dans les déserts d'Égypte.

Le jaspe est utilisé non seulement pour confectionner des objets décoratifs (coupes, vases, colonnes, etc.), des bijoux quelquefois agrémentés de gravures (broches, bagues portant un cachet, boucles d'oreille, colliers, pendentifs, etc.), mais aussi pour fabriquer des objets d'usage courant mais esthétiques (boutons, boucles, poignées). En Europe, cette industrie a d'abord été florissante, et de réputation mondiale, en Bohême, grâce aux gisements des monts des Géants et aux lapidaires de Prague ; puis les importations massives de jaspes, d'agates et d'améthystes en provenance du Brésil et de l'Uruguay, ont fini par détourner cette activité au profit du Rhin et du centre d'Idar Oberstein ; de nos jours, c'est aux États-Unis et en Russie que l'on utilise le plus le jaspe : on en fabrique des plats, des coupes, des presse-papiers, des mosaïques, les plus beaux échantillons servant en joaillerie.

94 Jaspe (fragment de 10 x 7 cm). Kalamba (Madagascar).

Les calcédoines

Si $[O_2]$, rhomboédrique, cryptocristalline ; dureté 6,5 ; densité 2,59–2,61 ; colorations diverses, notamment gris, jaune-rouge et vert ; éclat mat à vitreux ; poudre blanche à grise.

Les **calcédoines** sont des roches qui, à première vue, semblent compactes ; en fait, on aperçoit au microscope des amas de filaments accolés, formant soit des couches, soit des agrégats en boules nommés sphérolites ; les spécialistes distinguent d'ailleurs plusieurs variétés de calcédoines en fonction de leurs propriétés optiques (quartzite, lutécite, lussatite). Les variétés distinguées pour leur beauté décorative sont très nombreuses ; une caractéristique notable à leur sujet est de pouvoir être colorées artificiellement par imprégnation pigmentaire des pores situeés entre les filaments.

Les calcédoines sont toujours translucides et de couleur trouble. Parmi elles, les **lydiennes** (de la Lydie, région d'Asie Mineure) sont d'anciennes boues à radiolaires cimentées par de la calcédoine, colorées en gris ou en noir par de la matière charbonneuse et contenant souvent un peu de pyrite et des grains phosphatés ; elles sont fréquentes dans les formations du système Carbonifère où, en bancs réguliers de 5 à 20 cm d'épaisseur, elles alternent avec des calcaires et des schistes.

Durant l'Antiquité, les calcédoines étaient très recherchées en Égypte, en Grèce et en Asie Mineure où elles étaient utilisées comme pierres précieuses ; à l'époque des pharaons, les Égyptiens surpassaient déjà tout le monde par leur art de la taille, de la gravure et du polissage des calcédoines. Leurs artisans nous ont laissé d'innombrables pièces de 1 à 12 cm, percées et couvertes d'hiéroglyphes, représentant le scarabée

95 Calcédoine (longueur de plage : 15 x 12 cm). Tri Vody (Slovaquie).

96 Plasma (plage représentée : 6 x 6 cm). Hrubšice, Moravie (Rép. tchèque).

Ateuchus sacer (les ateuchus [du grec *Ateukhês* = non armé] sont des scarabées communs de la région circumméditerranéenne) ; en tant que cachets, elles étaient utilisées pour imposer une marque officielle sur des scellés d'argile apposés sur des verrous, des lettres, des récipients ; comme amulettes, elles étaient mises à la place du cœur des momies pour lui servir de conscience lors du jugement, le scarabée étant le symbole du devenir et de la renaissance (beaucoup ont été trouvées dans des tombeaux aux environs de Thèbes) ; elles servaient aussi de pendentifs, entraient dans la composition de colliers et étaient montées en bagues ; c'est sur leur "plat" (le ventre de l'insecte), que l'on gravait des textes hiéroglyphiques : noms royaux, titres de fonctionnaires, proverbes, souhaits, textes commémoratifs, etc. ; la production de scarabées fut pratiquement "industrielle" aux basses époques.

97 Agate mousseuse (9 cm). Železnice, près de Jičín (Rép. tchèque).

Les calcédoines sont naturellement très diversement colorées. Certaines présentent de délicates arborisations appelées dendrites, colorées en brun, en noir, en vert, par des oxydes de fer et de manganèse (hématite, limonite, chlorite). Parmi toutes les variétés homogènes ou zonées, citons :

– La **cornaline** (du latin *corna*, pluriel féminisé de *cornum* = cornouille, pour rappeler la couleur de ce fruit), rouge cerise : agate translucide, employée en bijouterie pour la fabrication d'intailles et de cachets ; et la **sardoine** (du latin *sardonyx* = onyx de Sardaigne ? ou dérivé de *sardô*, *sardion* = cornaline, peut-être de la ville de *Sardeis*, située sur le Pactole, en Lydie), variété orange de cornaline ; ces variétés doivent leur couleur à de l'oxyde de fer.

– Le **prase** (latin *prasius*, du grec *prasios* = vert tendre, de *prason* = poireau), variété verte colorée par la présence d'un silicate, l'**actinote**, le **chrysoprase** (latin *chrysoprasus*, du grec *khrusos* = or et *prason* = poireau), de couleur vert pomme due à la présence de nickel, et l'**héliotrope** (latin *heliotropium*, du grec *helios* = soleil et *trepein* = tourner : dans l'Antiquité, on s'en servait pour observer les mouvements du soleil), encore appelé **jaspe sanguin**, vert foncé, taché de rouge et opaque, qui servit au XVIIe siècle à faire des vases précieux.

– La **saphirine** (de saphir), bleu ciel, la **calcédoine s. s.**, blanc laiteux

98 Agate mousseuse (plage photographiée : 12 x 9 cm). Collyer, Kansas (États-Unis).

99 Agate (28 x 17 cm). Inde.

légèrement bleuâtre, et le **chalcolong**, blanc comme de la porcelaine (qui trouve mieux sa place dans le groupe des opales).

Artificiellement, on colore les calcédoines avec des colorants inorganiques ou anilinés ; les pierres sont plongées quelques semaines dans une solution colorante, puis portées à une température de 50 à 60 °C. ; on obtient ainsi les colorations et les nuances diverses recherchées en bijouterie ; par exemple le rouge avec une solution de vitriol vert et un bain d'ammoniaque, la cuisson finale provoquant la formation d'un oxyde de fer proche de l'hématite naturelle ; le jaune à l'aide d'acide chlorhydrique ; ce sont les calcédoines du Brésil et de l'Uruguay, à structure fibreuse lâche, qui se prêtent le mieux aux colorations artificielles ; celles de Bohême, aux couleurs naturelles stables, ont une structure fibreuse trop dense qui ne convient pas. Le secret des colorations artificielles, jalousement gardé par les lapidaires italiens, fut découvert par hasard au début du siècle dernier par les tailleurs de pierre des villes concurrentes rhénanes d'Idar et d'Oberstein ; cette découverte fut à l'origine de nombreuses améliorations dans l'obtention de teintes nouvelles. Bénéficiant d'une force hydraulique bon marché, l'industrie allemande de ces pierres connut alors un essor considérable et ses productions se répandirent dans le monde entier ; d'abord de petits objets courants tels que poignées et manches gravés, broches et agrafes ; puis vinrent des objets plus rares souvent ornés de gravures : boucles d'oreille, colliers, pendentifs, chevalières portant un sceau.

Les plus riches et les plus grandes concentrations de calcédoines se trouvent dans des fissures ou cavités de laves sombres (mélaphyres) et amygdaloïdes (à éléments figurés en forme d'amandes), refroidies à la surface du sol (les solutions siliceuses ayant envahi ces creux après disparition des gaz magmatiques). On trouve des gisements de ce type au Brésil, en Uruguay, au Panama, au Mexique (Julimes, près de Chihuahua), en Inde (dans les fameux trapps du Dekkan, immenses étendues d'épanchements basaltiques), en Allemagne (sites réputés de la Rhénanie), aux confins de la Pologne et de la République tchèque (au pied des monts des Géants), ainsi que dans les puissantes falaises de basalte d'Islande et des îles Feroë (archipel danois de l'Atlantique nord).

La calcédoine se forme aussi par décomposition de silicates altérés et érodés présents dans les terrains les plus divers : gîtes minéraux en Autriche (Erzberg, en Styrie), Slovaquie, Sardaigne (La Speranza) ; on y trouve de minuscules grottes tapissées de calcédoine blanche ou bleuâtre ou de plasma et d'opale nés de l'oxydation de serpentines. On trouve encore des calcédoines dans des sidérites terreuses (pélosidérites) de gisements miniers. Les plus belles cornalines viennent du Brésil et surtout de l'Inde (aux environs de Bombay), de Bohême en République tchèque (monts des Géants) et de Transylvanie en Roumanie (Carpates) ; dans l'Antiquité, les cornalines venaient d'Arabie et d'Égypte, les sardoines d'Asie Mineure, gisements toujours exploités ; les plus beaux gîtes de chrysoprase proviennent de Pologne (Kozmice et Zabkowice en Haute-Silésie) et d'Australie. On a découvert en Uruguay des calcédoines, dites enhydres (grec *enudros*, de *en* = dans et *hydôr* = eau), qui renferment des cavités emplies d'eau, vestiges de leurs solutions originelles. On ne peut enfin passer sous silence les splendeurs que constituent les bois fossiles silicifiés ; des gisements réputés se trouvent au Canada (Alberta), aux États-Unis (Wyoming et Arizona), en Argentine (Patagonie), à Madagascar et en Australie.

100 Agate (10 x 6,5 cm). Brésil.

Aux calcédoines zonées sont généralement attribués les noms d'agates et d'onyx.

Les **agates** (en latin *achates*, du grec *Akhatês*, ancien nom d'une rivière de Sicile près de laquelle cette pierre fut trouvée) sont constituées de calcédoine cryptocristalline et d'opale amorphe, présentant des zones concentriques ou simplement sinueuses diversement colorées ; leur dureté est voisine de 7, la poudre blanche ou grise.

La plus ancienne mention écrite de l'agate est due au philosophe et naturaliste grec Théophraste (376–287 av. J-C.); de fait, cette pierre très dure en partie transparente était déjà utilisée par les Sumériens, les Égyptiens et les Hébreux, avant de l'être par les Grecs puis les Romains, pour fabriquer des objets précieux tels que scarabées, camées et bijoux divers et, plus tard, des vases et des coupes montés en vermeil et en or ; la coupe dite "des Ptolémées" et le Grand Camée, conservés à la Bibliothèque Nationale à Paris, sont les plus beaux exemples d'agates antiques. L'agate et ses variétés d'onyx conviennent très bien à ce genre de travail car la variété de leurs couleurs et de leurs dessins donnent à chaque pièce son cachet d'originalité. Les plus belles gemmes ont d'abord servi à la fabrication d'objets religieux dont la valeur et le pouvoir symbolique étaient d'autant plus grands qu'elles étaient rares ; mais les maîtres grecs de la taille en vinrent à fabriquer des objets profanes, sceaux et bijoux d'une exceptionnelle perfection ; Pyrgoteles, joaillier d'Alexandre le Grand, est le plus célèbre d'entre eux et, de tout temps, son monogramme a été contrefait par de nombreux faussaires.

Héritiers de la civilisation grecque, les Romains ont continué le travail de l'agate, fabriquant surtout des bagues à cachet que seuls portaient les patriciens ; quand Hannibal remporta sur les légions romaines la victoire de Cannes en 216 avant notre ère,

101 Agate (10,5 x 7,5 cm). Kozákov (Rép. tchèque).

102 Onyx (10,5 x 7,5). Brésil.

il put se rendre compte du nombre et du rang des officiers tués d'après le cachet de leurs bagues ; ces dernières furent ensuite envoyées à Carthage comme trophées de guerre. Les plus anciennes gemmes romaines en agate, en forme de scarabée, ont été trouvées sur le territoire autrefois occupé par les Étrusques et c'est à Rome, en 85 av. J-C. que fut créée la première dactyliothèque (du grec *dactulios* = anneau), collection de bagues et de pierres gravées en agate ; une autre collection, constituée par le butin de guerre de Pompée lors de sa guerre contre Mithridate, fut exposée au Capitole en 61 av. J-C. en guise de remerciements aux dieux pour la victoire.

Après la chute de l'Empire Romain, la tradition du travail de l agate se poursuivit à Byzance, grâce à la présence et au talent d'artistes grecs ; à Constantinople, le procédé de coloration artificielle des agates en noir et en rouge atteignit une rare perfection et, pendant des générations, les lapidaires affinèrent leur art, transmis de génération en génération dans le plus grand secret ; certains secrets techniques des artistes de cette époque nous sont toujours inconnus. Après la chute de Constantinople par les Turcs, la glyptique périclita et la vogue des agates et de pierres fines déclina elle aussi. Ce n'est que bien plus tard en Europe, du XIVe au XVIIIe siècles, que l'agate servit à nouveau à la confection de nombreux objets décoratifs.

On trouve surtout les agates dans les gisements de mélaphyres amygdaloïdes ; les innombrables cavités qui, lors du refroidissement des laves, restèrent après la disparition des gaz formés lors de leur épanchement, furent remplies par des solutions hydrothermales qui y abandonnèrent la silice en couches régulières, sous forme d'agate et d'onyx, dessins et couleurs magiques résultant du relief des cavités et de la

103 Agate (12 x 9,5 cm). Horní Halže, près de Měděnec (Rép. tchèque).

diversité des sels minéraux ; quelquefois, sur des sections polies d'agate, on peut repérer l'ouverture par laquelle les solutions pénétraient dans la cavité ; certaines agates creuses recèlent des cristaux d'améthyste, de cristal de roche ou de quartz enfumé. Selon leur couleur et leur dessin, les agates sont dites dendritiques (ou mousseuses), arborisées, étoilées, tachetées, œillées, ponctuées, nébuleuses, etc.

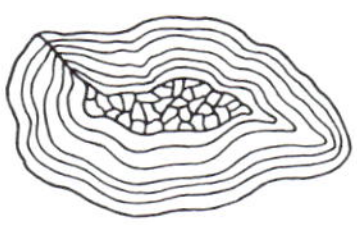

Les plus belles pièces d'agate rayées de noir et de blanc, à zones régulières, peu nombreuses et bien nuancées, sont appelées **onyx**, nom évoquant la transparence de la pierre (en latin, *onyx*, du grec *onuks*, -ukhos = ongle). Le **sardonyx** (en latin *sardonyx*, du grec *sardonuks*, de *sardion* = cornaline et *onuks* = ongle, onyx), encore appelé sardoine onyx ou cornaline onyx, est une sardoine rubanée à bandes blanches et brunes, dont ont été tirés camées et objets variés. Le minéral appelé onyx calcaire (ou onyx d'Algérie ou albâtre onychite) est en fait une variété de calcite dont l'aspect rappelle effectivement l'onyx siliceux.

Certaines agates sont microporeuses, ce qui permet leur coloration artificielle ; c'est le cas des agates brésiliennes dont la porosité varie d'une couche à l'autre, ce qui permet de jouer sur différents degrés de prise de coloration, certaines bandes demeurant quasiment blanches. L'onyx est ainsi une agate à bandes noires et blanches obtenue par les Anciens à partir d'échantillons judicieusement choisis ; les pierres étaient mises à tremper pendant plusieurs semaines dans du miel ou dans un sirop de sucre chaud ; le liquide sirupeux imprégnait lentement les seules zones poreuses ; on plongeait ensuite ces pierres dans de l'acide sulfurique, ce qui avait pour effet de carboniser la matière organique ; le carbone noir ainsi produit restait collé dans les pores des bandes imprégnées.

Les gisements d'agate les plus importants se trouvent au Brésil dans l'État du Rio Grande do Sul. Les agates de la Chine, de l'Inde, de la Sibérie, de l'Oural et de l'Islande sont de moindre qualité. En Europe, les gisements les plus connus sont ceux d'Idar Oberstein dans le bassin du Rhin (mais ils sont pratiquement épuisés), de Schlottwitz en Saxe (principalement exploités au XIVe siècle), des monts des Géants (aux XVIe et XVIIe siècles) et de Roumanie.

C'est au temps de l'empereur Rodolphe II (il est mort en 1612) que les agates ont connu leur plus grande vogue. De nos jours, elles servent à la fabrication d'objets d'art tels que vases, coupes, coffres, presse-papiers et autres garnitures de bureau ; les bagues à cachet, surtout en onyx et en cornaline, sont toujours très appréciées. Quant à leur utilisation industrielle, c'est à leur résistance et à leur dureté qu'elles doivent de servir de matière première, tout comme les calcédoines, pour la fabrication de pièces mécaniques telles que les articulations des appareils de laiterie ou les coussinets et pivots pour les balances de précision, pour les râpes utilisées en chimie ou encore pour les boussoles et divers autres instruments.

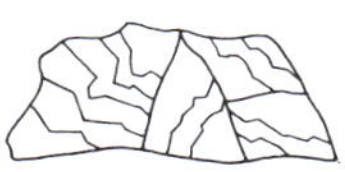

104 Agate fissurée (plage représentée : 5 x 5 cm). Schlottwitz, Saxe (Allemagne).

L'opale

Si $[O_2]$. nH_2O, amorphe, cryptocristalline ; dureté 5,5–6,5 ; densité 1,9–2,3 ; colorations diverses ; éclat mat à vitreux ; poudre blanche à incolore.

Les plus vieux objets en opale connus datent de cinq siècles avant notre ère et Pline l'Ancien décrivait ainsi ce minéral : “La précieuse pierre plate nommée opalus est de toutes les pierres celle qui a le prix le plus élevé, mais elle est difficile à identifier et à décrire. Elle a le feu adouci du rubis, le merveilleux violet de l'améthyste et le vert marin de l'émeraude et, dans son chatoiement, toutes ces couleurs se mêlent de façon extraordinaire.” On raconte que le sénateur romain Nonius, qui possédait une opale finement gravée de la taille d'une noisette, dut s'exiler parce qu'il avait refusé de la céder au général et triumvir romain Marc-Antoine, amant de Cléopâtre... Le succès des opales, surtout parmi les plus nuancées, ne s'est jamais estompé. La plus célèbre de toutes porte le nom de “Feu troyen” : ancien joyau de l'impératrice Joséphine, elle appartient au Trésor de la Couronne de France et est aujourd'hui conservée au Muséum national d'Histoire naturelle à Paris.

Du point de vue minéralogique, l'opale (du latin *opalus*) est une substance comprenant toutes les variétés hydratées ou gélatineuses de la silice ; sa composition chimique la rapproche de la calcédoine ; sa structure atomique est un arrangement plus ou moins ordonné de strates de tétraèdres, ce qui l'apparente aussi à la tridymite et à la cristobalite ; sa cassure est conchoïdale et elle est amorphe aux rayons X ; massive ou réniforme, elle se présente généralement en nodules ou en concrétions, forme des veines et parfois des stalactites ; elle peut aussi pseudomorphoser d'autres minéraux,

105 Opale noble (10 x 9,5 cm). Barraco River, Queensland (Australie).

106 Opale noble (9 x 6 cm). Dubník (Slovaquie).

dont le quartz ; les agrégats d'opale sont souvent des états de transition où se mêlent quartz, calcédonite et opale en proportions variables. Du point de vue cristallographique, c'est une gemme laiteuse formée de très petits cristaux disposés sans ordre, et qui contient en moyenne de 3 à 13 % d'eau (mais la teneur peut atteindre 34 % ou approcher le zéro).

Les irisations qui font le charme de cette pierre sont dues au jeu de la lumière à la surface du minéral ; la décomposition des rayons lumineux résulte non seulement de la diffusion et de la réfraction sur les amas amorphes et reliefs cryptocristallins du dioxyde, mais aussi sur de fines particules d'éléments étrangers ou de minuscules gouttes d'eau piégées dans des microcavités, comme cela a pu être observé au microscope électronique. On peut d'ailleurs accroître ces effets d'optique en travaillant la pierre ; c'est pourquoi l'opale est considérée comme une pierre précieuse, bien que sa dureté soit relativement basse dans l'échelle de Mohs (entre 6,5 et 5, au lieu de 7 pour la silice pure). La beauté de ses reflets en fait une pierre très estimée en joaillerie (on la taille par exemple en cabochons) ; les couleurs vives et variées qu'elle diffuse lui ont valu des noms évocateurs tels que "opale à paillettes", "opale orientale", "opale de feu", "opale miellée", "opale flamboyante" ; plusieurs de ces noms sont donnés dans le commerce à une variété du Mexique rouge orangé ou jaune verdâtre qui présente des reflets irisés dans lesquels domine le rouge de feu.

On distingue chez l'opale différentes variétés fondées sur la coloration, la transparence et la structure. La variété la plus répandue, l'**opale commune**, est compacte, opaque ou translucide, de couleurs variées plutôt sombres, voire bariolée, et fortement irisée ; on la trouve dans certains silicates, notamment dans les serpentines dont l'altération et la désagrégation donnent souvent naissance à de magnifiques tubercules irréguliers. L'**opale noble**, translucide et irisée, en est la forme la plus recherchée, surtout s'il s'agit de l'**opale noire**, trouvée pour la première fois au XIXe siècle en Australie, et à laquelle on accorda un temps autant de valeur qu'au diamant. L'**opale de feu**, transparente, brun-jaune à brun-rouge intense quand ce n'est pas d'un beau rouge profond, est particulièrement mise en valeur par le polissage ; c'est le naturaliste allemand Alexandre de Humboldt qui, au siècle dernier, la découvrit au Mexique dans des formations volcaniques. L'**opale laiteuse** est un mélange d'opale et d'agrégats microscopiques de cristaux de quartz ; des dendrites de manganèse peuvent y dessiner dans la masse de délicates arborisations noires à allure de mousse. L'**hydrophane** est une opale qui perd son eau, et par conséquent son irisation, quand elle est exposée à l'air, mais qui la retrouve si on la plonge dans l'eau ; d'un point de vue minéralogique, cette pierre est fort intéressante, mais les bijoutiers sont perplexes quant à sa valeur marchande. Une autre variété, transparente ou translucide, à éclat gras résineux et dépourvue de toute irisation, est parfaitement incolore : c'est l'**opale vitreuse** ou **hyalite** (du grec *hualos* = pierre transparente) ; son aspect froid de glace est caractéristique ; elle se présente en petits grains ou en agrégats de stalactites avec une surface en rognons. Le **cacholong** (de Cach, nom d'un fleuve de Mongolie, et du kalmouk *cholon* = pierre) a l'aspect de la porcelaine ; on trouve en rognons ou en enduits. Citons encore l'**opale verte**, colorée par de nombreuses particules de serpentine ; la **forchérite**, colorée en jaune orange par de l'orpiment, présente dans des fissures du gneiss à Knittelfeld en Styrie ; la **fiorite**, brun-jaune, connue dans des fissures de trachytes à Santa Fiora en Toscane ; la **prasopale**, colorée en vert par des silicates de nickel

107 Opale de feu (9 x 7,5 cm). Zimapan (Mexique).

108 Opales de feu taillées (pierre ovale : 19 x 15 mm pour 25 carats). Zimapan (Mexique).

hydratés, connue en Silésie et en Nouvelle-Calédonie ; ou encore l'**opale ligneuse**, produite par la présence de bois dans la masse opaline (le tabachir, qui contient du bambou, en est une variété). D'autres variétés d'un moindre intérêt sont néanmoins connues des collectionneurs : le **silex résinite**, qui doit ses diverses colorations à des hydrocarbues ; la **ménilite** (de Ménilmontant, quartier de Paris), silex particulier aux marnes à gypse de la région parisienne ; la **geysérite** ou silice des geysers, variété d'opale peu cohérente formée par des dépôts de sources chaudes.

Le plus ancien gisement d'opales nobles (connues sous le nom d'"opales hongroises") se trouve à Dubnik, près de Prešov en Slovaquie : c'est de là qu'est issu le "Feu Troyen" déjà cité. Au début du siècle, on a extrait des andésites et des trachytes de cette région des quantités de minerai telles qu'on a pu tailler plus de 1600 carats d'opales aux magnifiques irisations rouges, bleu-violet et bleu-vert ; l'opale noble s'y trouve en compagnie d'une hyalite remarquablement pure, d'opales laiteuses et d'hydrophanes. En 1775, y fut découverte dans un ruisseau la plus grosse opale brute : 12,5 x 5,7 cm pour un poids de 600 g (elle est exposée au Muséum de Vienne) ; la plus riche collection d'opales de Dubnik réunit plus de 360 000 pièces représentant un total de près de 60 000 carats (elle se trouve au Muséum de Budapest). La célébrité des opales slovaques s'estompa après la découverte des opales australiennes et mexicaines, plus diversement colorées.

Les plus riches gisements actuels se trouvent en Australie (on y trouve notamment l'opale noire et la variété bigarrée dite "arlequine") ; la plus grosse opale brute qui y ait été découverte mesure 50 x 15 cm (elle est exposée au Muséum de New-York) et la plus grosse une fois taillée pèse 155 carats (Smithsonian Institution, Washington). D'autres gisements se trouvent aux États-Unis (Alberta, Idaho, Oregon), au Mexique (notamment des arlequins), en Russie, en Asie Mineure et en Inde. On connaît aussi aux États-Unis (Nevada, Oregon, Utah, État de Washington) d'extraordinaires gisements d'opales encastrées dans des troncs de chênes et autres bois fossiles ; les opales y offrent une intense palette de couleurs, rouge feu, bleu-violet et bleu-vert qui tranchent sur le brun sombre du bois. Les plus gros troncs à opales connus se trouvent en Tasmanie.

109 Opale vitreuse ou hyalite (agrégat de 3,5 cm). San Louis Potosi (Mexique)

Depuis plus d'un siècle, l'opale noble, et particulièrement sa variété noire, a fait rêver maints chercheurs et collectionneurs. C'est dans la seconde moitié du XIXe siècle qu'ont été découverts les fabuleux spécimens d'Australie : des documents historiques datent de 1875 les débuts de leur extraction. On raconte à leur propos une intéressante légende. Un chasseur venait d'abattre dans le désert un grand kangourou ; s'approchant de l'animal moribond qui labourait furieusement le sol de ses pattes, il aperçut des lueurs colorées dans la terre projetée en tous sens ; intrigué, il découvrit une multitude de petits fragments de pierres dont il emplit ses poches. Il les montra plus tard à un orfèvre d'Adélaïde ; ce dernier identifia les pierres sans hésitation aucune et les acheta sur le champ : c'était de l'opale noble. Le désert se peupla de chercheurs qui fondèrent la petite ville de White Cliffs, en Nouvelle-Galles du Sud. Le gisement de White Cliffs a livré non seulement de magnifiques spécimens d'opale noire, mais aussi des pseudomorphoses provenant de cristaux de glaubérite (sulfate de sodium et de calcium) et de coquillages, ossements ou autres débris organiques fossiles emplis d'opales.

Sans atteindre l'importance des gisements australiens, les gisements mexicains sont répartis sur un gigantesque territoire allant de San Luis Potosi jusqu'au-delà de Guerrero, notamment dans le secteur de Jalisco où ont été récoltés les plus beaux spécimens ; les opales bigarrées dites arlequines sont particulièrement admirables par l'intensité de leurs couleurs changeantes. C'est aussi au Mexique que, depuis 1870, on trouve les plus belles opales de feu, dans les mines de Zimapan ; elles sont cachées dans les cavités et les fissures des trachytes porphyroïdes. Il existe d'autres gisements d'opales nobles au Honduras et au Brésil.

L'opale vitreuse, elle aussi, a suscité beaucoup d'engouement parmi les collectionneurs. Autrefois, les gisements de Valc, en Bohême, étaient réputés pour leur teneur élevée en hyalite ; ils sont depuis longtemps épuisés. À présent, c'est principalement au Mexique qu'on en trouve, ainsi qu'au Japon sous la forme de billes minuscules nées dans des solutions hydrothermales circulant dans les fissures de roches volcaniques, formant parfois des grappes d'une exceptionnelle beauté à proximité de la surface. Les collectionneurs du monde entier apprécient également les opales vitreuses du gisement de Cerro del Tepozan, près de San Luis Potosi ; l'hyalite y forme des dépôts fortement comprimés dans les creux de roches volcaniques (des liparites). De semblables formations sont connues dans les basaltes des environs de Klamath Falls, dans l'Oregon. Ailleurs, aux États-Unis, les opales vitreuses de Nouvelle-Angleterre et de Caroline du Nord sont connues pour leur intense luminescence verte sous rayonnement ultraviolet, effet dû à la présence de traces d'uranium colloïdal ; ces hyalites luminescentes forment des dépôts dans des crevasses de pegmatites.

On utilise comme pierres fines les opales offrant les plus belles irisations, les opales plus ordinaires servant à la confection d'objets décoratifs. Les opales dendritiques sont particulièrement appréciées, la taille et le polissage faisant apparaître les dessins des arborisations noires de manganèse dans leurs plus petits détails ; les variétés ligneuses sont pareillement utilisées. Les opales sont le plus souvent taillées en cabochons, rarement en facettes : même lorsqu'il s'agit d'opales nobles ou d'opales de feu, on tient compte davantage des jeux d'irisation que de la forme.

C'est en 1921 que fut accidentellement découvert, par le Français Bittner-Belangenay, gérant des mines de Dubnik, un procédé de coloration artificielle des opales : ayant renversé un encrier sur une table parsemée d'opales, il constata que certaines pièces, après séchage, rinçage et taille, brillaient d'un jeu de couleurs parfaitement inattendues. De telles pièces sont appelées opales "caméléon".

Citons enfin l'emploi industriel des diatomites, roches sédimentaires meubles ou consolidées formées par l'accumulation du squelette siliceux d'algues brunes microscopiques, les diatomées.

110 Opale ligneuse (15 x 9 cm). Clover Creek, Idaho (États-Unis).

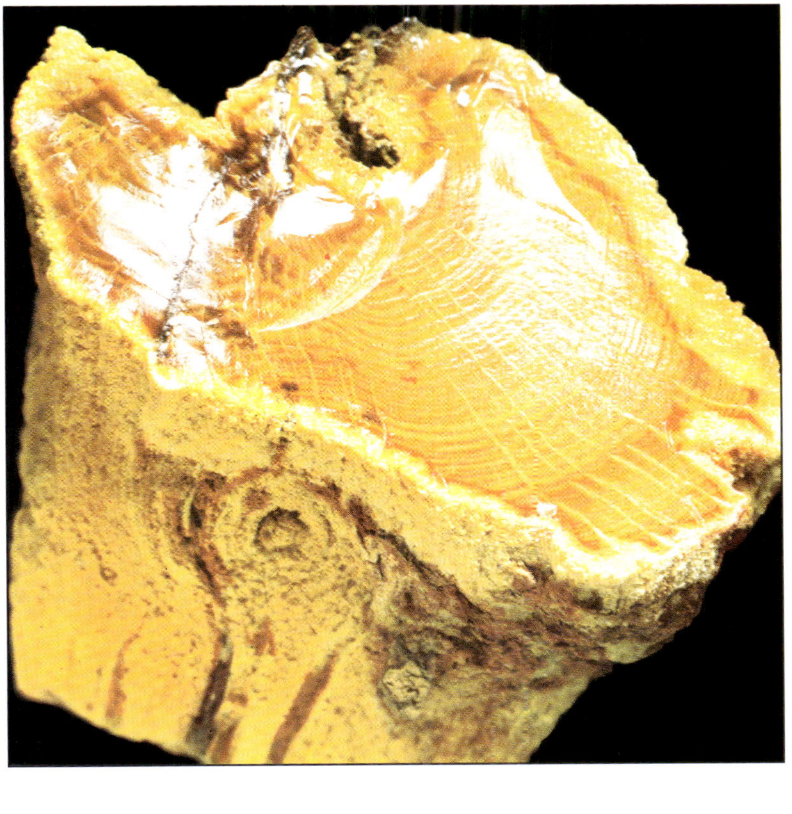

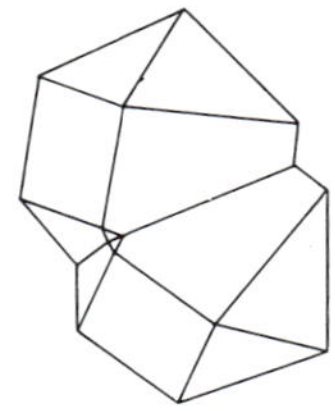

111 Cassitérite (6 cm). Bolivie.

Cassitérite, *dioxyde d'étain*

Sn $[O_2]$ quadratique ; dureté 6 à 7 ; densité 6,8 à 7,1 ; brun à noir, un peu translucide et à réflexions rougeâtres ; éclat adamantin à métallique ; poudre brun pâle à blanc.

La **cassitérite** (du grec *kassiteros* = étain) est un minerai d'étain que l'homme savait déjà fondre il y a 8 000 ans ; on le brûlait dans des fours de terre et de pierre avec du charbon de bois, à une température de 1 000 °C ; en fait, on obtenait souvent, à partir de minerais mixtes d'étain et de cuivre, un alliage très dur et jaunâtre, le bronze, avec lequel on fabriquait des objets d'usage quotidien.

La cassitérite se trouve sous forme d'inclusions dans de nombreuses roches magmatiques acides (granites, microgranites, greisens) et à la base des filons qui leur sont liés (en compagnie de wolfram, molybdénite, mispickel, etc.) ; c'est le seul minerai d'étain exploité, y compris dans des gîtes de remaniements alluvionnaires où elle se présente en grains ou en masses fibroradiées ("bois d'étain"). Elle cristallise en prismes inaltérables, souvent agglomérés et maclés, plus trapus que ceux du rutile dont elle est un isotope (macle du "bec de l'étain", parfois nommée "visière") ; ses cristaux, en provenance de gisements réputés (Modot, en Mongolie ; Oulmès, au Maroc : cristaux de 15 cm), sont exposés dans de nombreux musées.

La cassitérite est une matière de grande valeur : bien que sa teneur en étain puisse atteindre 78,6 %, on l'exploite aujourd'hui dans des filons et des roches mères à très faible teneur : 2 % en Bolivie et en Chine (Yunan) et jusqu'à 0,5 % dans des alluvions en Malaisie (Kuala Lumpur) et en Indonésie (îles de Bangka et de Belitung) ; la plupart des gisements sont hercyniens : en Bolivie et, pour l'Europe, en Cornouailles, en Bretagne et dans les monts Métallifères de Bohême (Erzgebirge).

Les minerais polymétalliques exploités sont enrichis, par préparation mécanique, jusqu'à 65 à 70 % ; on obtient une poudre brun chocolat (couleur due à la présence d'oxydes de fer), le "blacktin" ; les sulfures qu'elle contient sont transformés par grillage en sulfates qu'on élimine par lavage, tandis que le quartz, beaucoup plus léger, est entraîné par lévigation ; le grillage permet aussi de récupérer du wolfram, de grande valeur ; le minerai d'étain restant est ensuite réduit pour obtenir le métal. Métal non nocif, l'étain est employé de nos jours pour l'emballage des produits alimentaires (boîtes de conserves, papier d'étain).

Rutile, *dioxyde de titane*

Ti [O_2], quadratique ; dureté 6 ; densité 4,2–4,3 ; rouge, brun-rouge ou noir, plus rarement jaune-brun, souvent zoné ; éclat vitreux à adamantin ; poudre brun clair à jaunâtre, gris-noir à vert-noir.

Le **rutile** a longtemps été confondu avec la tourmaline (un borosilicate d'aluminium et d'un autre métal, fer ou lithium) ; ce n'est qu'en 1795 qu'un chimiste allemand, M. Klaproth, y décela la présence de titane, et qu'en 1831 que J. Liebig parvint à en extraire ; nul ne pressentait alors l'importance que prendrait plus tard ce minéral auquel le géologue allemand A. G. Werner avait donné, en 1820, le nom de rutile, en raison de sa couleur (en latin, *rutilus* = d'un rouge ardent, "rutilant"). Bien avant cela, on connaissait le rutile sous une forme bien différente ; de temps immémoriaux, dans les Alpes, on recherchait les cristaux incolores de quartz dans lesquels se trouvent incluses de fines aiguilles dorées : ces "cheveux de Vénus" dont on ornait déjà bagues et colliers des belles, ne sont autres que des inclusions de rutile.

Le rutile est un oxyde naturel de titane ; ses cristaux, normalement opaques et de couleur noire ou rouge sang, ont un faciès prismatique ou aciculaire et présentent des macles caractéristiques : les unes centrées, donnant des couronnes de rutile, les autres en zigzag, appelées macles "en genou", dessinant un réseau triangulaire dans les

112 Cristal de roche avec inclusions d'aiguilles de sagénite (3 x 3 cm). Modriach (Autriche).

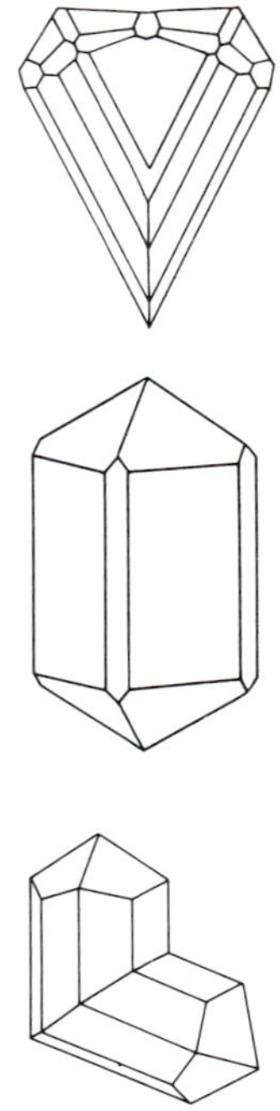

113 Rutile (plus grand cristal maclé : 1,3 cm). Alpes.

biotites, “flèches d'amour” des **sagénites** (du grec *sagênê* = sorte de filet) ; la **nigrine** est une variété noire particulièrement riche en fer. Le rutile existe aussi sous forme massive ou en grains isolés. C'est un minéral accessoire fréquent dans les roches magmatiques pauvres en silice (syénites, granites, diorites) et dans les filons de quartz traversant les roches métamorphiques (micaschistes, gneiss, granulites, éclogites) ; du fait de sa très grande résistance à l'oxydation, on en trouve aussi dans des alluvions résultant de leur désagrégation.

Les plus beaux cristaux de rutile exposés dans les collections proviennent de divers gisements européens, notamment d'Autriche (Modriach, en Styrie ; sagénites du Tyrol), de Suisse (Saint-Gothard), de la République tchèque (environs de Soběslav, en Bohême), de Russie (région d'Ilmen, dans l'Oural) et du sud de la Norvège (gisement de Krageroe) ; outre Atlantique, d'importants gisements sont exploités aux États-Unis (Arkansas et Géorgie) et au Brésil.

Le rutile est riche en titane (il en contient plus de 61 %), métal rare dont les atomes sont placés aux sommets et au centre de la maille cristalline ; ses propriétés le rapprochent du silicium. On l'emploie principalement dans l'industrie aérospatiale pour la construction des avions et des fusées (50 % du tonnage consommé en Europe) et dans l'industrie chimique. On se sert rarement du rutile naturel comme pierre fine, en raison de son opacité (taille de brillants dont on fait ressortir l'éclat par polissage) ; par contre, le rutile synthétique, parfaitement limpide, est l'une des plus belles pierres fines artificielles.

Anatase (ou oisanite ou octaédrite), *dioxyde de titane*

Ti $[O_2]$, quadratique ; dureté 5,5 à 6 ; densité 3,9 ; bleu indigo, noir, jaune de miel, souvent zoné ; éclat adamantin submétallique ; poudre incolore à jaune clair.

De même composition que le rutile, mais avec une disposition différente des atomes de titane et d'oxygène dans le réseau cristallin, l'**anatase** (du grec *anatasis* = extension vers le haut) doit son nom à la forme allongée de ses cristaux, minuscules pyramides aiguës à faces nettes et brillantes, clivages nets et cassure conchoïdale ; plus rare que le rutile, l'anatase est présente dans les druses de certaines roches métamorphiques (schistes, amphibolites) et dans les fentes des gneiss et micachistes ; c'est un minéral de basse température accompagné par la brookite et associé à l'albite, aux épidotes et aux chlorites.

Principaux gisements d'Europe : dans l'Oural (Russie), aux environs de Kutná Hora en Bohême (République tchèque) et en de nombreuses régions alpines d'Autriche (Rausis, province de Salzbourg), de Suisse (Saint-Gothard et vallées de Tavetsch, de Binn et de Maderan), de France (Bourg d'Oisans) et d'Italie ; en Amérique : au Brésil (cristaux transparents d'alluvions diamantifères dans l'État de Minas Gerais) et aux États-Unis (beaux cristaux bleus récemment découverts dans les diorites de Beaver Creek, au Colorado) ; en Afrique du Sud (à Bothaville, dans l'État libre d'Orange).

114 Anatase (cristal de 12 x 9 mm). Sonnblick (Autriche).

Brookite, *dioxyde de titane*

Ti $[O_2]$, orthorhombique ; dureté 5,5–6 ; densité 4,14 ; rougeâtre, brunâtre à noir ; éclat adamantin à métallique ; poudre incolore.

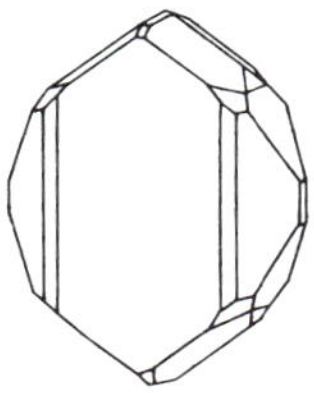

La **brookite** (de H.J. Brooke, minéralogiste et cristallographe britannique mort en 1857) est une espèce polymorphe orthorhombique de rutile, stable uniquement à basse température, constituée de chaînes d'octaèdres ayant en commun trois arêtes (alors que l'anatase en a quatre) ; ses cristaux sont aplatis et de petite taille. Toujours cristallisée, on en trouve occasionnellement dans les fissures des gneiss et très rarement dans des druses au sein de certaines pegmatites, spécialement riches en albite. Principaux gisements d'Europe : en Suisse (Pregratten, dans le Tyrol, Saint-Gothard et vallée de Maderan : beaux cristaux bruns atteignant 5 cm, très prisés des collectionneurs), en Russie (Miass, dans l'Oural) et en Angleterre ; en Amérique : aux États-Unis (Magnet Cove, dans l'Arkansas : cristaux pyramidaux pseudo-hexagonaux de la variété arcansite atteignant 3 cm, inclus dans des colonnes gris trouble de quartz).

115 Brookite (cristaux de 6 à 14 mm). Amsteg (Suisse).

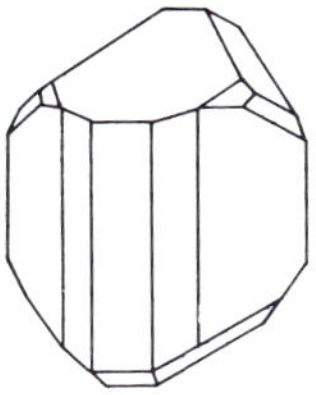

116 Wolframite (cristaux de 1,5 cm). Horní Slavkov (Rép. tchèque).

Wolframite, *oxyde de tungstène (ou wolfram)*

(Mn, Fe) [WO_4] monoclinique ; dureté 4,5–5,5 ; densité 7–7,5 ; noir de fer à reflets bruns ; éclat semi-métallique à métallique ; poudre noire.

Aujourd'hui matière première très recherchée, la **wolframite** était autrefois considérée comme une impureté qui gênait la fusion des minerais d étain auquels elle est associée ; les anciens mineurs allemands lui ont d'ailleurs donné ce nom (en allemand *Wolfram*, de *Wolf* = loup et *Rahm* = écume) parce qu'en faisant fondre l'étain auquel elle était mélangée, elle le "dévorait" littéralement. Le classement de la wolframite parmi les oxydes est assez récent ; elle était auparavant considérée comme un tungstate de fer et de manganèse et prenait place dans le groupe des composés analogues aux sulfates. Son élément constitutif caractéristique est le tungstène.

Souvent associée au quartz, en agrégats lamelleux ou ramifiés parfaitement clivables, la wolframite se présente le plus souvent dans des filons, au sein de granites et de leurs auréoles métamorphiques, avec les minerais de zinc (cassitérite) ; à l'état cristallisé, elle forme des prismes noirs aplatis souvent maclés, à clivage parfait.

Avec la scheelite, la wolframite est le principal minerai de tungstène. Des gisements importants se trouvent aux États-Unis (Boulder County, dans le Colorado), en Bolivie, en Corée du Sud, au Portugal (Panasqueira), en Allemagne (Oberwolfach) et en République tchèque (Erzgebirge, dans les monts Métallifères). Le tungstène est utilisé en sidérurgie pour la production d'aciers à coupe rapide de très haute qualité et pour la fabrication de filaments de lampes électriques de 0,01 mm d'épaisseur pouvant supporter de très hautes températures (le point de fusion du tungstène, le plus élevé de tous les métaux, est de 3 390 °C) ; il entre dans la composition de colorants pour tissus.

Autre oxyde anhydre, la **tantalite** est en fait un minerai complexe de tantalite-niobite (présence de niobium), extrait de gisements alluvionnaires en Australie, au Zaïre et en Allemagne. Le tantale est utilisé en électronique et pour la fabrication d'appareils de chimie, d'instruments chirurgicaux et de textiles synthétiques.

117 Uraninite (plage représentée : 37 x 27 mm). Jáchymov (Rép. tchèque).

Uraninite et thorianite, *oxydes d'uranium et de thorium*

(U,Th) [O_2], cubique ; dureté 5–6 ; densité moyenne entre 8 et 10 ; noir de jais ou de velours à reflets verdâtres, brunâtres ou grisâtres ; éclat gras, terne ou submétallique ; poudre brun-noir, grisâtre à vert olive.

Travaillant à l'extraction du minerai d'argent, les mineurs de Jáchymov, en Bohême, rejetaient sur les terrils un minerai vert foncé à noir qui avait l'aspect de la poix et qu'on appelait pechblende (de l'allemand *Pech* = poix et *Blende* = sulfure) : ils ne pouvaient imaginer la valeur économique et stratégique que prendrait ce minerai au cours du XXe siècle. En 1789, M. Klaproth découvrit dans la pechblende l'urane UO_2 (*Uran* en allemand, du latin *Uranus*, planète découverte à la même époque que ce minerai ; du grec *ouranos* = ciel nocturne), solide noir dont le chimiste français E. M. Peligot isola en 1841 le métal uranium, dernier des éléments naturels dans le tableau périodique ; en 1852, le fondeur tchèque A. Patera découvrit un procédé pour fabriquer des couleurs à base d'uranium. L'*uraninite* et son isotope la **thorianite** ThO_2 sont toujours associés, et de nos jours, on exploite des minerais dont la teneur en uranium est de l'ordre de 1 ‰. C'est à partir des impuretés de la pechblende que le physicien français Henri Becquerel découvrit la radioactivité de l'uranium en 1896.

Outre l'oxyde uraneux UO_2, il existe d'autres oxydes naturels d'uranium, tels l'oxyde salin U_3O_8, vert foncé, et l'anhydride uranique UO_3, de couleur orangée. On trouve des formes cryptocristallines ou massives d'uraninite UO_2 contenant toujours une proportion de UO_3.

L'uraninite remplit grossièrement des cavités de filons hydrothermaux, formant plus rarement des agrégats de rognons, exceptionnellement des cristaux ; on la trouve en filons dans les pegmatites granitiques et syénitiques où ils sont associés en particulier aux arséniures de nickel et de cobalt, et quelquefois dans des formations houillères. Instable, l'uraninite se décompose facilement en toute une série de minéraux secondaires (oxydes, carbonates, phosphates, silicates), remarquables par leurs couleurs verte, jaune ou orangée ; les parties superficielles, au contact de l'eau et de l'air, sont particulièrement riches. L'uraninite, dont les gisements les plus importants sont situés au Canada (au nord du lac Huron) et au Zaïre (à Chingolobwé, Katanga), contient de 75 à 96 % d'uranium, et des traces de radium et de polonium dont elle est la source principale.

On trouve de grands cristaux d'uraninite (arêtes pouvant atteindre 4 cm), en Norvège et en Suède, et de plus grands encore (cubes ou dodécaèdres de 10 cm) au Canada (dans l'Ontario à Wilberforce, Renfrew County).

Goethite, *hydroxyde de fer*

Fe [O (OH)], orthorhombique ; dureté 5–5,5 ; densité 4,3 (à 3,3 dans les agrégats) ; brun-noir, brun-rouge et translucide ; éclat adamantin à métallique ; poudre jaune brun à jaune orange.

Autrefois considérée comme une simple variété de limonite, la goethite a été identifiée en 1806 et nommée en l'honneur du poète et dramaturge allemand J. W. Goethe, qui était un grand collectionneur de minéraux. Elle se présente généralement en agrégats fibreux ou concrétionnés et se forme dans la zone d'oxydation des gîtes de sulfures, constituant la phase essentielle des "chapeaux de fer" et des gîtes de fer sédimentaire ; elle prend aussi naissance, à l'état cristallisé, dans de nombreux sols tropicaux ou tempérés qu'elle colore en ocre. Les cristaux de goethite sont tabulaires, avec un clivage parfait, mais on les trouve aussi sous forme de lamelles, de prismes courts et d'aiguilles. La variété dite "ruban de velours", qu'on trouve à Příbram en Bohême, se distingue par sa couleur brun rouille et la douceur veloutée de ses cristaux.

118 Goethite, variété dite ruban de velours (16 x 11 cm). Příbram (Rép. tchèque).

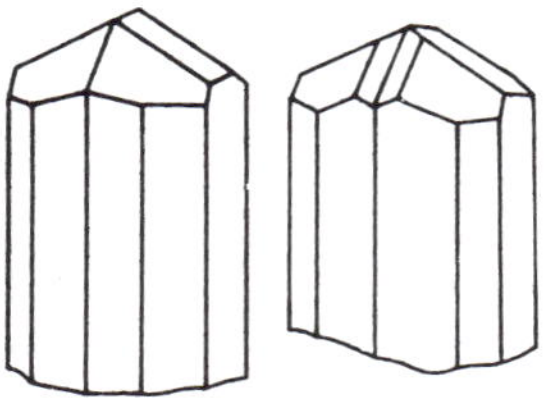

Dans la nature, il existe une quinzaine d'espèces d'oxydes hydratés qui prennent naissance à des températures plus basses que celle des oxydes anhydres. Ce sont des minéraux dont la structure en feuillets est due au caractère de l'ion $(OH)^-$, fortement lié d'un côté au cation, faiblement lié de l'autre avec les hydroxyles voisins. La goethite est l'un d'entre eux : elle se forme en même temps que la limonite par oxydation de la pyrite ou par déshydratation de la limonite elle-même ; par déshydratation, elle donne à son tour l'hématite (vers 300 °C). Les gisements les plus connus se trouvent en Angleterre (Cornouailles), en Allemagne (Siegerland) et en Slovaquie.

Limonite (ou fer limoneux ou hématite brune), *hydroxyde de fer*

Fe [O (OH)], colloïdal ; dureté variable, le plus souvent 4–4,5 ; densité 2,7–4,3 ; brun à jaune ; éclat vitreux à mat ; poudre brune.

Le fer, dont l'usage a commencé il y a 3 500 ans et qui est l'élément ayant permis l'essor de l'industrie moderne, figure à la quatrième place des éléments de l'écorce terrestre (5 % de son poids). La classification pratique des minerais de fer en distingue quatre types : 1. les minerais à hématite, rocheux ou pulvérulents, dont l'espèce dominante est l'oligiste ou hématite rouge ; 2. les limonites, scoriacées, poreuses ; 3. les minerais à magnétite, durs, massifs, compacts ; 4. les sidéroses, carbonates massifs, compacts, durs.

La **limonite** (de limon, dépôt détritique fin) est le plus répandu des minerais de fer. Elle se présente soit à

119 Limonite (13 x 8 cm). Rožňava (Slovaquie).

l'état pulvérulent, soit en variétés fibreuses ou granulaires d'aspect terreux, soit en masses amorphes, colloïdales ou cryptocristallines, ou encore sous forme de rognons concrétionnés à surface noire luisante ; des variétés compactes et morcelées à l'aspect poisseux sont appelées **stilpnosidérites** (du grec *stilpnos* = brillant, et *sideros* = fer).

En Suède et en Finlande où se trouvent les plus importants gisements, la limonite est appelée "fer des lacs" parce qu'elle se forme au fond de certains lacs sous l'action de micro-organismes. En France, on exploite à Vicdessos (Ariège) une limonite contenant jusqu'à 82 % d'oxyde ferrique (la moyenne étant de 50 à 60 %).

Manganite (ou acerdèse), *hydroxyde de manganèse*

Mn [O (OH)], orthorhombique ; dureté 4 ; densité 4,2 à 4,4 ; gris foncé à noir ; éclat semi-métallique ; poudre brun-rouge à noir.

On connaissait ce minéral dans l'Antiquité pour son pouvoir de décoloration du verre : les fines nuances violettes des composés du manganèse compensaient le ton jaunâtre du verre brut auquel on les ajoutait. Jusqu'au XVIIIe siècle, la manganite, encore appelée acerdèse (du grec *akerdês* = non profitable), a été confondue avec certains minerais de fer. C'est un oxyde hydraté naturel de manganèse qui se trouve soit à l'état fibreux, formant des pellicules ou des masses finement pailletées, soit sous forme de cristaux prismatiques allongés groupés en druses, striés longitudinalement.

Dans les gisements, la manganite se présente en filons indépendants, avec de la baryte et de la calcite, surtout dans les roches magmatiques ; elle y est généralement associée à la pyrolusite (un dioxyde anhydre de manganèse, pseudomorphose quadratique d'acerdèse) et au psilomélane (autre hydroxyde de manganèse comportant divers autres cations tels que potassium, lithium, baryum, plomb, zinc, cobalt, nickel). Les collections du monde entier possèdent des druses de manganite en provenance d'Ilfeld, gisement réputé du Harz (Allemagne).

120 Manganite (cristaux de 15 mm). Ilfeld, Harz (Allemagne).

Chapitre 5

CARBONATES

◁ 121 Malachite (plage de 7 x 5 cm). Shaba (Zaïre).

Surtout localisés dans la zone superficielle de l'écorce terrestre, les carbonates sont des minéraux qui se trouvent à la croisée des cycles géochimique et biochimique du carbone : principal constituant de très nombreuses roches sédimentaires, leur stock en carbone est constamment alimenté par le métabolisme des êtres vivants sous forme de CO_2. Lorsque l'ion carbonate CO_3 est combiné avec les cations divalents (Ca, Fe...), les composés formés, insolubles dans les conditions normales de la lithosphère, ont des structures simples de type généralement rhomboédrique ou orthorhombique, certains pouvant se partager entre ces deux structures (calcite rhomboédrique et aragonite orthorhombique du carbonate de calcium). Il existe aussi des composés hydratés de structure monoclinique (groupe de la malachite). Les carbonates sont des matières peu résistantes aux acides et facilement décomposables par la chaleur sous des pressions relativement basses : ces propriétés conditionnent leur existence. On distingue trois ensembles de carbonates : 1. le groupe de la calcite, le plus important (calcite, rhodochrosite, magnésite, sidérite, smithsonite, dolomite) ; 2. le groupe de l'aragonite (aragonite et cérusite) ; 3. le groupe de la malachite (malachite et azurite).

Les nitrates et les borates partagent avec les carbonates un grand nombre de propriétés. Parmi les premiers se placent le salpêtre (du latin sal *= sel et* petra *= pierre), $K(NO_3)$, orthorhombique, que l'on trouve en efflorescence sur les murs en contact avec des produits organiques ammoniaqués ; la nitrocalcite, $Ca(NO_3)_2.nH_2O$, monoclinique, mêmes gisements ; et le natronitre, $Na(NO_3)$, rhomboédrique, qui forme l'essentiel des nitrates du Chili, exploités comme engrais. Deux borates ont un rôle économique important : la kernite (de Kern, nom d'un comté américain), $Na_2B_4O_7.4H_2O$, monoclinique ; et le borax (*borax en latin médiéval, de l'arabe* burak*), $Na_2B_4O_7.10H_2O$, monoclinique, employé pour le décapage des métaux, la décoration de la porcelaine, l'ignifugeage des toiles de décor (on appelait tinkal le borax autrefois importé du Tibet).*

Calcite, *carbonate de calcium*

$Ca[CO_3]$, rhomboédrique ; dureté 3 ; densité 2,6–2,8 ; incolore, blanc ou diversement coloré dans les jaunes, les bruns ou les bleus, rarement sombre ; éclat vitreux, nacré suivant les plans de clivage ; poudre incolore.

La calcite n'a attiré l'attention des naturalistes que dans la seconde moitié du XVIIe siècle, lorsqu'à Helgustadir, près d'Eskifjödhur en Islande des mineurs observèrent un phénomène étrange. Dans une cavité de 6 x 3 mètres mise à jour dans une masse de basalte en exploitation, ils découvrirent une grande quantité de cristaux blanc argent, pour la plupart d'une remarquable pureté ; c'étaient des cristaux de calcite dont la forme et la couleur suscitèrent un intérêt tel que la pierre fut exportée en Europe sous le nom de "pierre d'argent". Le médecin danois Erasmus Bartolinus publia une étude à son sujet en 1669 ; il y rapportait que lorsqu'on regarde une écriture à travers un rhomboèdre extrait d'un cristal pur de calcite ("spath d'Islande"), on voit les lettres en double : le phénomène de la **biréfringence** venait d'être reconnu.

Après le quartz, la calcite est le minéral le plus répandu à la surface du globe. Les cristallographes ont identifié près de 300 formes cristallines différentes ; les macles

122 Calcite (cristaux de 30 x 15 cm). Helgustadir (Islande).

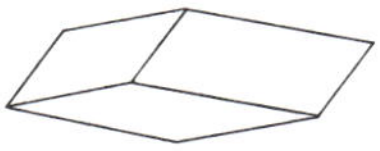

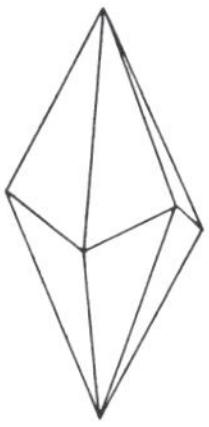

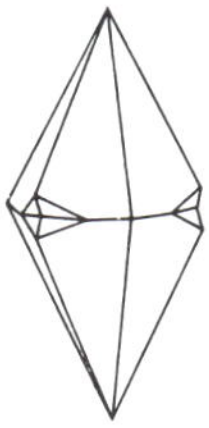

sont nombreuses. Si la calcite cristallise parfois en prismes ou en scalénoèdres et le plus souvent en rhomboèdres parfaitement clivables, ce sont ses variétés compactes, grenues ou microgrenues qui sont les plus représentées. Incolore lorsqu'elle est pure, elle est souvent colorée par des phénocristaux ou des minéralisations isomorphes ; les calcites violettes contiennent du cobalt, les variétés roses, du manganèse. Soumise à un rayonnement ultraviolet, une variété cristalline de la région de Příbram (Vrančice) présente une luminescence rouge due à la présence de plomb et de manganèse. Certaines colorations n'ont pas reçu d'explication fiable (cas de marbres bleus).

Sensible à l'action dissolvante de certaines solutions acides, la calcite laisse souvent place à des pseudomorphoses de divers minéraux (quartz, calcédoine, limonite, gypse). À l'inverse, elle peut prendre la place de minéraux antérieurement dissous (aragonite, baryte, fluorite, quartz, gypse, anhydrite). Elle peut aussi constituer le ciment de certaines roches (cas des grès calcaires).

En compagnie d'aragonite, la calcite se forme dans les résurgences de sources hydrothermales, chaudes ou froides ; c'est le cas des travertins de Tivoli, près de Rome (Italie), formations poreuses non métamorphisées ; les pisolites de Hammam Meskoutine (Algérie)

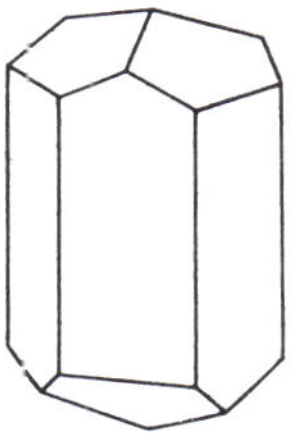

et les dépôts de geysers dans le Parc National de Yellowstone (Wyoming, aux États-Unis), ont une semblable origine. Les eaux souterraines riches en carbonate de calcium déposent la calcite par précipitation chimique, donnant naissance à des stalactites et des stalagmites, ou à des encroûtements divers, phénomène exploité à des fins artistiques et commerciales (sources pétrifiantes de Saint-Nectaire, dans le Puy de Dôme, en France).

La calcite cristallisée apparaît dans les veines de minerais ou dans les cavités ménagées au sein de roches calcaires ou éruptives, traversées par des solutions hydrothermales. Outre les sites fameux d'Islande (dont celui d'Helgustadir), citons pour l'Europe : Alston Moor, Egremont, Frizington et Wearsdale dans le massif de Cumbria au nord de l'Angleterre ; Fontainebleau, en France, où les cristaux de calcite renferment jusqu'à 60 % de sable siliceux ; Andreasberg en Allemagne, dans les montagnes du Harz ; divers sites de Roumanie ; les cristaux lenticulaires de Bohême, à Příbram et à Stříbro en République tchèque, sont très prisés des collectionneurs. Hors d'Europe, des gisements réputés se trouvent au Mexique (cristaux lustrés du gisement de Guanajuato) et surtout aux États-Unis, dans des filons métallifères : certains scalénoèdres, couleur de miel et parfaitement limpides, développés dans des filons de fluorite de l'Illinois et du Tennessee, dépassent 10 cm de long ; à Joplin (Missouri), ce sont des filons de plomb et de zinc qui ont piégé la calcite, et certains scalénoèdres parfaitement développés, nourris sur des cristaux de galène, peuvent atteindre 1 m de plus grande dimension.

Certaines formations de roches éruptives sont pareillement réputées pour leurs cristallisations de calcite tapissant les parois de cavités : ainsi de la phonolite dont est constituée, au bord de l'Elbe à Ústí, la colline de Mariánská en République tchèque ; du gisement ukrainien de Baidar en Crimée ; des mélaphyres d'Idar Oberstein, en Allemagne. Semblables formations en Amérique : au Nouveau Mexique (États-Unis),

123 Calcite (cristaux de 6 mm). Příbram (Rép. tchèque).

124 Marbre ruiniforme (plage de 14 x 9 cm). Florence (Italie).

dans les basaltes de la région de Taos, sur les rives du Rio Grande (spath d'Islande en masses de 6 x 2 m, certains blocs extraits pesant jusqu'à 25 tonnes) ; dans le New Jersey, notamment près de West Paterson, dans le Montana et en Californie, et au Mexique dans le site de Chihuahua (calcite verte). Citons encore, sur les bords du Lac Supérieur (Michigan), des scalénoèdres parfaitement limpides développés dans des cavités de mélaphyres sur de grands copeaux de cuivre natif.

Aux utilisations des roches calcaires, nombreuses et variées (matériaux de construction ; fabrication d'engrais, de chaux et de ciment ; réservoirs d'eau, d'hydrocarbures et de gaz), il faut ajouter, en optique, celle des cristaux de calcite bien formés, comme le spath d'Islande (prismes polarisants).

Rhodochrosite (ou dialogite), *carbonate de manganèse*

Mg $[CO_3]$, rhomboédrique ; dureté 4 ; densité 3,3–3,6 ; rose à rouge sombre, parfois presque blanc, gris sale, verdâtre ou brunâtre, rarement incolore ; éclat vitreux ; poudre blanche.

La **rhodochrosite** (en grec *rhodokhros* = couleur rose) [encore appelée dialogite (du grec *dialogê* = doute) en raison de l'incertitude qui régnait à l'origine sur sa composition] est semblable à la calcite tant par sa structure que par ses formes. Elle se trouve dans des gisements sédimentaires de minerai de fer et de manganèse où elle forme de petites veines avec la pyrite et le psilomélane, ou encore comme gangue dans divers types de filons métallifères (argent, plomb et cuivre) ; sa présence est plus rare dans des fentes de spilites ou autres roches éruptives ; les rhomboèdres sont typiques des filons, tandis que les scalénoèdres sont fréquents dans les gisements sédimentaires. Rarement cristallisée, la rhodochrosite forme ordinairement des masses grenues ou compactes, voire des agrégats stalactiformes ou des concrétions sphériques ou fibroradiées. Son altération donne des oxydes bruns ou noirs.

De rares gisements sont exploités pour la production de manganèse (Pyrénées et sud de l'Espagne à Huelva, avec une teneur supérieure à 40 %). La rhodochrosite est surtout utilisée comme pierre ornementale et en joaillerie, malgré sa faible dureté : gisements à Freiberg, dans le Harz (Allemagne), à Sacaramba et Capnic (Roumanie), à Usinsk (Sibérie) ; elle est abondante dans les cordillères américaines : Montana, Colorado, Mexique, Pérou, Argentine ; en France, dans les Pyrénées (Serre d'Azet et les Cabesses). Des cristaux en provenance de Capillita (Argentine) sont utilisés comme pierres précieuses, de même que de magnifiques scalénoèdres atteignant 10 cm plus tardivement trouvés au Gabon et en Afrique du Sud (N'Chwaning Otazel, près de Kimberley).

125 Rhodochrosite (taille des agrégats : 10 à 12 mm). Capnic (Roumanie).

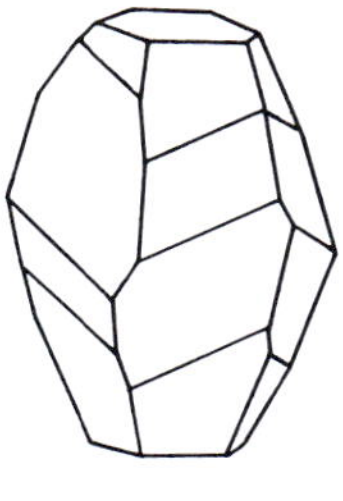

Magnésite (ou giobertite), *carbonate de magnésium*

Mg $[CO_3]$, rhomboédrique ; dureté 4–4,5; densité 3 ; blanc, jaunâtre ou gris-brun ; éclat vitreux ; poudre blanche.

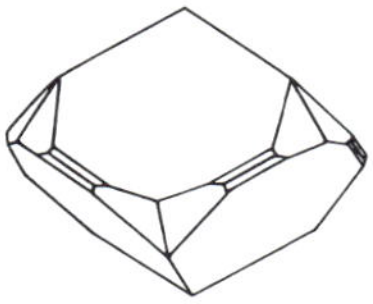

Ce minéral, dont le nom dérive de Magnésie, ville d'Asie Mineure (synonyme, **giobertite** : hommage au chimiste italien A.G. Gioberti), possède une structure semblable à celle de la calcite et de la rhodochrosite. C'est un carbonate anhydre de magnésium qui apparaît généralement en masses terreuses, compactes, blanches, cryptocristallines. Sous sa forme grenue, il provient généralement de la transformation de calcaire ou de dolomite et ressemble à du marbre ; compact, il provient de l'altération de serpentinites et doit sa grande beauté à des adjonctions d'opale.

Nombreux gisements en Italie (Toscane), en Grèce, en Autriche (Veitsch, Leoben et Mürzzuschlag en Styrie), en Slovaquie méridionale, en Mandchourie (Satkinsk, dans le sud de l'Oural) ; aux États-Unis, les gisements de magnésite sont associés à des dépôts d'évaporites dans le Permien du Nouveau-Mexique et du Texas.
Au début du siècle, on ne s'en servait encore que comme constituant des mélanges pyrotechniques ou source vive de lumière en photographie ; c'est à présent un matériau important utilisé dans le bâtiment (briques réfractaires, protection contre le feu), dans l'industrie des porcelaines, des céramiques et des ciments à prise rapide.

126 Magnésite (cristaux de 10 mm). Ratkovská Suchá (Slovaquie).

127 Sidérite (cristaux de 2 cm). Siegen (Allemagne).

Sidérite (ou sidérose), *carbonate de fer*

Fe $[CO_3]$, rhomboédrique ; dureté 4–4,5 ; densité 3,7–3,9 ; ordinairement jaune-brun, brun foncé à noir ; éclat vitreux, parfois métallique vivement coloré ; éclat vitreux, parfois nacré ; poudre blanche.

La **sidérite** (du grec *sidêros* = fer) est un minéral commun des roches sédimentaires où il apparaît sous forme de couches ou de concrétions fréquemment zonées ; à l'état de cristaux isolés ou en masses spathiques blanchâtres ("fer spathique"), il est souvent associé à de nombreux gîtes métallifères (plomb, zinc, argent) et peut être exploité comme minerai de fer. C'est le cas, depuis le VIIIe siècle, pour le gisement autrichien de l'Erzberg, près d'Eisenerz ; cette montagne, calcaire à l'origine, a été littéralement dissoute par des remontées d'eaux profondes qui ont remplacé le calcaire par de la sidérite (c'est un remarquable exemple de métasomatose hydrothermale). Ce minéral, initialement appelé sphérosidérite en raison de la variété concrétionnée sous laquelle on le connaissait, se présente en effet dans différents bassins houillers sous forme de masses globuleuses pouvant atteindre 50 cm de diamètre ; il s'agit d'aluminosidérites, encore appelées pélosidérites (du grec *pêlos* = fange, boue) ; gisements connus dans le nord de l'Angleterre et dans la région de Halle en Allemagne. En dépit de sa teneur en métal relativement faible (moins de 50 %), la sidérite est un important minerai de fer parce qu'elle est pure et facile à travailler ; de nombreux gisements ont, en Europe méditerranéenne (Gibraltar, Espagne, France, Alpes italiennes et Sardaigne, Grèce) une grande importance économique.

128 Smithsonite (plage de 9 x 6 cm). Sardaigne (Italie).

Smithsonite, *carbonate de zinc*

Zn $[CO_3]$, rhomboédrique ; dureté 5 ; densité 4,3–4,5 ; incolore, blanc-gris, blanchâtre teinté de bleu, de vert ou de rose, parfois jaune ou brun ; vif éclat vitreux à nacré ; poudre blanche.

Bien que le zinc fût encore ignoré au Moyen Âge, on extrayait déjà la **smithsonite** (nom donné en hommage au chimiste anglais J. Smithson) pour obtenir du laiton à partir du cuivre, comme en témoignent de nombreux objets d'art de l'époque parvenus jusqu'à nous. D'une manière générale, on utilisait la “calamine”, abondante dans les parties supérieures des filons de zinc et de plomb ; ce n'est que dans la seconde moitié du XVIIIe siècle que l'on distingua deux constituants dans cette calamine : un silicate : l'hémimorphite, et un carbonate : la smithsonite.

La smithsonite provient de l'altération de la sphalérite, sulfure de zinc présent dans les roches calcaires ou dolomitiques ; elle est généralement associée à la calcite, à la cérusite et à la limonite. Terreuse ou fibreuse, elle forme des agrégats en rognons ou en grappes ; on la trouve aussi dans des géodes à l'état de petits cristaux ou en enduits stalagmitiques à zonation concentrique, comme en Sardaigne. De beaux cristaux translucides ont été trouvés en Rhodésie et dans les gisements de minerais de cuivre de Tsumeb, en Namibie ; d'autres gisements plus ou moins importants se trouvent en Eurasie (notamment en Silésie polonaise et en Sibérie) et en Amérique du Nord (Colorado). La smithsonite est exploitée comme minerai de zinc : facile à réduire, elle contient plus de 50 % de ce métal ; elle est utilisée dans certains cas comme pierre ornementale (Laurium en Grèce).

Dolomite, *carbonate de calcium et de magnésium*

$CaMg[CO_3]_2$, rhomboédrique ; dureté 3,5–4 ; densité 2,8–2,9 ; gris, blanc ou rougeâtre, rarement sombre ; éclat vitreux à mat ; poudre blanche.

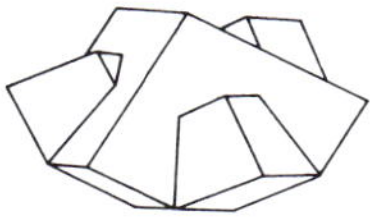

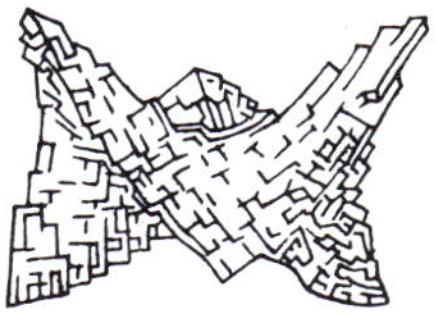

La **dolomite** est un carbonate double de calcium et de magnésium. Par sa forme cristalline, sa composition chimique et sa couleur, c'est un minéral essentiellement sédimentaire proche de la calcite et de la magnésite. On distingue habituellement la dolomite primaire, à grains fins, relativement rare, directement formée par précipitation et associée aux dépôts d'évaporites, et la dolomite secondaire, plus grossièrement grenue, abondante, résultant d'un remplacement partiel ou total de la calcite (dolomitisation).

En hommage à Dieudonné Dolomieu, géologue et minéralogiste français de la seconde moitié du XVIIIe siècle, le nom de dolomie a été donné par le minéralogiste suisse H. B. de Saussure à des roches contenant 50 % ou plus de carbonates, dont la moitié au moins sous forme de dolomite. Ces roches ne font pas effervescence à froid avec un acide dilué. Litées ou massives, elles peuvent constituer de puissantes formations donnant souvent des reliefs ruiniformes caractéristiques de certaines régions (d'où le nom de Dolomites donné à un secteur du Nord de l'Italie).

129 Dolomite (cristaux de 1 cm). Baita (Roumanie).

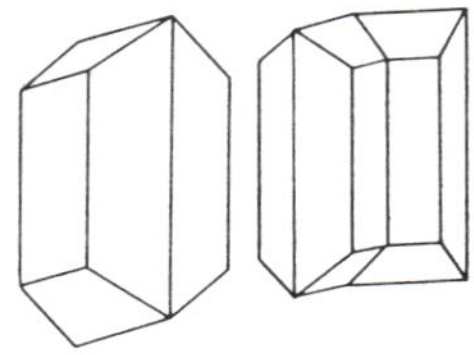

130 Aragonite (7 x 5 cm). Karlovy Vary (Rép. tchèque).

GROUPE DE L'ARAGONITE

Aragonite, *carbonate de calcium*

Ca $[CO_3]$, orthorhombique ; dureté 3,5–4 ; densité 2,95 ; ordinairement gris, blanc, rougeâtre à noir ; éclat vitreux ; poudre blanche.

En Autriche, au cours du XVe siècle, dans une galerie creusée à flanc de montagne dans le riche gisement de sidérite de l'Erzberg, des mineurs tombèrent en admiration devant des bouquets de plantes pétrifiées, blanches ou teintées de bleu, qu'ils appelèrent "fleurs du fer" ; c'étaient des agrégats ramifiés et entrecroisés d'un minéral dont le naturaliste suédois Linné établit qu'il a même composition chimique que la calcite. Ultérieurement, il fut établi que le minéral en question a une densité supérieure à celle de la calcite et n'a pas comme elle de clivage rhomboédrique. Le nom d'**aragonite**

131 Aragonite (bouquet de cristaux : 12 x 4 cm). Schwaz, Tyrol (Autriche).

qui fut donné à ce nouveau minéral vient de la province espagnole d'Aragon, où l'on observa pour la première fois, à Molina, la macle pseudo-hexagonale du cristal (depuis, on en a trouvé en France, à Bastennes dans les Landes, et à Girgenti en Sicile).

Très recherchée des collectionneurs, l'aragonite n'a pas d'utilisation pratique ; c'est donc pour la beauté des pièces que certains gisements sont réputés. Divers sites du Tyrol autrichien sont encore productifs de nos jours ; des agrégats de plusieurs décimètres ont été récemment découverts à Podrečany, en Slovaquie ; en République tchèque, les sources chaudes de Karlovy Vary donnent naissance à des pisolites, et des concrétions stalactitiques composées de bandes brunes de différentes teintes d'un fort bel effet (Sprudelstein) servent à la fabrication d'objets décoratifs ; à Hořenec, près de Bílina, on trouve de magnifiques cristaux, d'un jaune parfaitement limpide, taillés à facettes par les lapidaires, mais uniquement destinés à être exposés dans les vitrines des musées, leur faible dureté en interdisant l'emploi en joaillerie

Cérusite, *carbonate de plomb*

Pb $[CO_3]$, orthorhombique ; dureté 3–3,5 ; densité 6,4–6,5 ; blanc à jaune, grisâtre ou noir-gris ; éclat adamantin à résineux ; poudre blanche.

La **cérusite** (en latin, *cerussa* = plomb blanc) est un carbonate de plomb résultant de l'altération de sulfures tels que la galène dans zone d'oxydation de gisements où il est généralement associé à des minéraux secondaires tels que la limonite, la smithsonite et la pyromorphite ; avec une teneur en plomb voisine de 75 %, c'est un minerai important largement exploité dans le monde ; on en trouve d'abondants dépôts en Sibérie

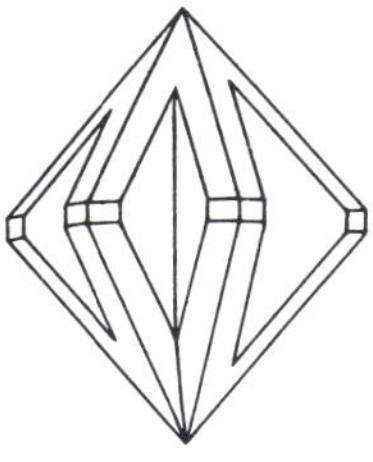

132 Cérusite (cristaux de 2 cm). Příbram (Rép. tchèque).

(Nerchinsk) et dans le Colorado (Broken Hill) ; de petits gisements existent en France, à Pescy (Savoie) et à Villefranche (Aveyron). Il se présente sous forme de cristaux tabulaires, pyramidaux ou réticulés, avec des macles typiques en forme d'étoiles ; de magnifiques druses ornent les musées du monde entier, en provenance d'Allemagne (Friedrichsseegen, en Rhénanie-Palatinat ; montagnes du Harz et Johanngeorgenstadt, en Saxe) et de République tchèque (Příbram et Stříbro). La céruse, carbonate basique, est un poison violent qu'on a longtemps utilisé en peinture.

Minéraux voisins : la **strontianite**, carbonate de strontium, et la **withérite**, (carbonate de baryum).

GROUPE DE LA MALACHITE

Azurite, *carbonate de cuivre*

$Cu_3 [CO_3]_2 (OH)_2$, monoclinique ; dureté 3,5–4 ; densité 3,7–3,9 ; bleu ; éclat vitreux ; poudre bleu clair.

L'**azurite** possède une couleur bleue caractéristique (d'où son nom) : bleu profond des cristaux (certains atteignant 20 cm), tabulaires ou lenticulaires, formant des groupements crêtés en agrégats fibroradiés ou en masses ; bleu pâle myosotis des revêtements granuleux, terreux ou pulvérulents (la poudre sert à fabriquer le vitriol bleu) ; mais, se transformant en malachite avec le temps, elle finit par verdir (les ciels et les madones des peintres anciens ont ainsi perdu leur bleu d'origine). Souvent associée avec la malachite et résultant comme elle de l'altération à l'air de tous les minerais de cuivre, c'est un carbonate dont la teneur en cuivre est supérieure à 50 % ; mais, n'étant pas très pure, elle n'est guère exploitée en tant que minerai. D'importants gisements se trouvent au Chili, aux États-Unis (Cooper Queen Mine, près de Bisbee en Arizona), au Mexique (Conception del Oro), en Namibie (Tsumeb, près d'Otavi), en Australie (Barraburra, près d'Adélaïde), en Mandchourie (Nizhni Tagil dans l'Oural), en Moldavie, en Roumanie (Baïta) et en France (Chessy, près de Lyon). Les collectionneurs apprécient beaucoup les échantillons bigarrés de malachite et d'azurite, dont les couleurs verte et bleue sont parfois rehaussées d'un revêtement de limonite jaune ou rouge (gisements roumains).

133 Azurite (cristaux de 10 cm. Tsumeb (Namibie).

134 Malachite (13 x 7 cm). Shaba (Zaïre).

Malachite, *carbonate de cuivre*

$Cu_2 [CO_3] (OH)_2$, monoclinique ; dureté 4 ; densité 4 ; vert à vert foncé ; éclat vitreux, adamantin à soyeux ; poudre verte.

Carbonate basique naturel de cuivre, la **malachite** (en latin, *molochitis*, du grec *molokhê* ou *malakhê* = mauve) est une pierre peu dure, d'un beau vert vif (les mineurs l'appelaient "verdure des rochers"), utilisée en joaillerie et en tabletterie (coupes, boîtes, placages d'ameublement au XVIIIe siècle) ; de nombreux palais et églises de l'ancienne Russie en sont décorés ; déjà, dans l'Antiquité, Grecs et Romains en faisaient des amulettes. Les plus belles variétés viennent de l'Oural (*"La teinte de la malachite avec son éclat métallique, ses vertes nuances de cuivre étranges et charmantes à l'œil, son parfait poli de pierre dure, surprend par sa beauté et sa magnificence."* Th. Gautier, *Voyage en Russie*, 1867) ; Napoléon 1er reçut de l'empereur de Russie une table, des candélabres et un vase en malachite. C'est au Palais d'Hiver (Ermitage) de Saint-Pétersbourg que sont exposés les plus beaux échantillons de malachite. Rarement en cristaux qui sont alors des pseudomorphoses d'azurite, la malachite se rencontre en prismes allongés ou aplatis, sous forme de masses concrétionnées ou stalactiformes, grenues ou terreuses, en petites aiguilles tapissant des cavités ou en efflorescences.

Les gisements les plus importants se trouvent en Sibérie (régions de Gumeshevsk, Bogoslovsk et Nizhni Tagil dans l'Oural ; le plus gros bloc qu'on y ait trouvé pesait 60 tonnes), en Roumanie (Baïta), en Allemagne (Bertzdorf), au Zaïre, au Katanga (draperies et stalactites dans la mine de Kambowe), en Namibie (Tsumeb), aux États-Unis (Bisbee, dans l'Arizona), en Australie (Burraburra) ; en Israël, le gisement d'Eilat est le dernier qui soit exploité pour un usage ornemental.

Chapitre 6

SULFATES ET COMPOSÉS ANALOGUES

◁ 135 Barytite (cristaux de plus de 2 cm). Decova Hora, Bohème (Rép. tchèque).

Les sulfates naturels sont les sels de l'acide sulfurique. Ils se forment dans des conditions variées : ils participent à la genèse des sublimés par condensation de fumerolles volcaniques ; ils apparaissent dans la zone d'oxydation des gîtes métallifères par oxydation des minerais sulfurés ; enfin ils constituent, par précipitation directe, une bonne part des gangues hydrothermales et des formations évaporitiques. Ils n'ont pas l'aspect métallique et la plupart ont une faible dureté. Les anions $(SO4)^-$ occupent les sommets d'un tétraèdre ; l'un des plans de symétrie peut contenir un ou plusieurs cations, ce qui conduit à des sulfates anhydres de structure le plus souvent orthorhombique (anhydrite, célestite, barytite, thénardite) ; les sulfates contenant une molécule d'eau sont généralement monocliniques (halotrichite, tschermigite, gypse, zippéite et mirabilite).

Il existe de nombreuses espèces minéralogiques de sulfates dont une vingtaine ont une réelle importance géologique ou économique. Des considérations d'ordre cristallographique ont conduit à réunir dans une même classe minéralogique les sulfates, les chromates (anion $CrO4^-$: crocoïte), les tungstates ($WO4^-$: scheelite, stolzite) et les molybdates ($MoO4^-$: wulfénite), tous minéraux dans lesquels les anions forment des tétraèdres plus ou moins réguliers, et provenant directement d'un magma granitique ou résultant d'une action hydrothermale ultérieure.

Anhydrite, *sulfate anhydre de calcium*

Ca $[SO_4]$, orthorhombique ; dureté 3,5 ; densité 2,98 ; habituellement incolore, blanche, gris, bleuâtre ou rougeâtre ; éclat vitreux ou lustré, nacré sur certains plans de clivage ; poudre blanche.

Comme l'indique son nom (du grec *hudôr* = eau et *an*, privatif), l'**anhydrite** est une substance dépourvue d'eau de constitution, à la différence du gypse, de même composition. La transformation du gypse en anhydrite, par déshydratation, résulte d'une élévation de température et de pression qui se produit lorsqu'une masse gypseuse se trouve progressivement enfouie sous une couver-

136 Anhydrite (cristaux de 3 x 3 cm). Staré Hory, Moravie (Rép. tchèque).

ture sédimentaire ; inversement, sous l'effet de mouvements orogéniques, l'anhydrite se réhydrate lentement et se transforme en gypse lors de son retour vers la surface. Quant à la température de transition gypse-anhydrite en solution, du plus haut intérêt en géologie, elle n'est malheureusement pas bien connue ; il semble que, de nos jours, les conditions qui règnent sur notre planète ne permettent pas la formation en grande quantité de l'anhydrite primaire.

L'anhydrite a des cristaux tabulaires à trois clivages (apparence de symétrie cubique) donnant deux faces à éclat vitreux ou nacré à fines stries parallèles et une face lisse. On la trouve en masses fibreuses ou granulaires et compactes dans les roches sédimentaires des séries évaporitiques, où elle cristallise en même temps que le gypse en présence de sel gemme. Importants gisements en Pologne (Wieliczka), en Slovaquie (Spišská Nová Ves), en Allemagne (Berchtesgaden, Lüneburg, Stassfurt), en Autriche, en Italie (Vulpino) et aux États-Unis (New Jersey et New York).

Célestite (ou célestine), *sulfate anhydre de strontium*

Ca [SO_4], orthorhombique ; dureté 3–3,5 ; densité 3,9–4 ; blanc, bleu, parfois incolore, jaunâtre ou rougeâtre ; éclat vitreux ou nacré, gras sur les cassures ; poudre blanche.

Il y a fort longtemps, les prêtres du Bengale utilisaient ce minéral pour colorer les flammes : la magnifique et mystérieuse lueur rouge des feux de Bengale emplissaient de surprise et d'effroi les simples croyants.

Ainsi nommée en raison de sa couleur azur la plus habituelle (du latin *caelestis* = céleste), la **célestite** est un sulfate de strontium qui se trouve en nodules, en cristaux aciculaires ou en masses fibreuses dans les roches sédimentaires à gypse, anhydrite et dolomite ; elle est plus rare dans les filons de sources thermales ou de roches magmatiques basiques. Ses cristaux sont aplatis ou allongés, à bons clivages, de teinte blanche à bleuâtre ou rougeâtre, polychroïque. Elle peut provenir d'une précipitation

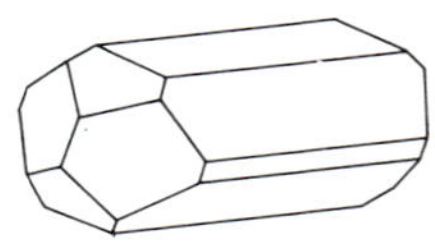

137 Célestite (cristaux de 3 cm). Špania Dolina (Slovaquie).

directe, ou plus souvent d'une épigenèse d'aragonite ou de calcite en présence de solutions salées riches en sulfates.

La célestite abonde en Sicile dans les gisements de soufre et se trouve à l'état de rognons dans le gypse du bassin de Paris ; autres gisements en Pologne (Tarnobrzeg), en Grande-Bretagne (Bristol), en Égypte (Mokatam) et aux États-Unis (Lac Érié).

Barytite (ou barytine), *sulfate anhydre de baryum*

$Ba[SO_4]$, orthorhombique ; dureté 3–3,5 ; densité 4,48 ; habituellement blanc, jaune blond, rouge, brun, bleuté ou verdâtre ; éclat vitreux, parfis nacré sur certaines surfaces ; poudre blanche.

La **barytite**, connue depuis le temps des premières exploitations minières et longtemps considérée comme une gangue sans valeur, a suscité l'intérêt des alchimistes du Moyen Âge, parmi lesquels un certain Vicenzo Cascariolo, maître-cordonnier de Bologne. Lors d'une série d'expériences, en 1630, ce dernier constata que sous l'effet de la chaleur, la barytine rayonnait dans l'obscurité ; le phénomène de luminescence venait d'être découvert et, très vite, la "boule lumineuse de Bologne" devint célèbre parmi les scientifiques. Bien plus tard, on s'aperçut que ces pierres avaient la même composition que les agrégats présents dans les filons. Le nom du minéral, traduisant sa forte densité (du grec *barus* = lourd), figure dans le complément de 1842 de la 6e édition du *Dictionnaire de l'Académie française* ; le nom allemand Schwerspat exprime la même propriété.

La barytite est un sulfate de baryum dont les cristaux laiteux, plus ou moins colorés, sont parfois de très grande taille, à clivages nets, souvent maclés et groupés ("crête de coq") ; toutes les formes du système orthorhombique peuvent être représentées : cristaux allongés, tables carrées aplaties, biseautées ou non, formes en tombeau, groupes en candélabres.

Elle forme le ciment de roches sédimentaires (argiles, calcaires, grès), des nodules ou des septaria (dans des marnes ou des dolomies), parfois des concrétions à structure fibreuse ; elle se présente à l'état lamellaire, massif ou grenu dans les filons hydrothermaux ou dans la gangue de filons métallifères de minerais sulfureux (Ag, Cu, Pb, Co, Mn). La naissance de veines indépendantes de barytite, souvent associée à de la fluorite, est d'ordinaire en étroite connexion avec un massif granitique ; la présence de morceaux de barytite dans ces veines a une grande importance pratique.

138 Barytite (cristaux de 16 x 8 cm). Dědova Hora, Bohême (Rép. tchèque).

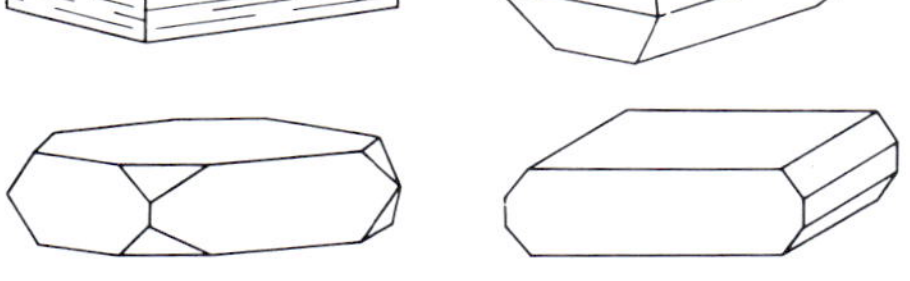

Les principaux producteurs de barytite sont les États-Unis (Colorado), l'Angleterre, l'Allemagne (Meggen, en Westphalie), l'ex-URSS, la Namibie (Tsumeb). Dans l'industrie, on utilise plutôt un minéral grossier, mais sa forme cristalline est intéressante du point de vue minéralogique et muséologique. D'intéressants gisements de cristaux se trouvent en Angleterre (dans le Cumberland et à Tavistock, Devon), en Allemagne (Freiberg, en Saxe), en République tchèque (Příbram), en Slovaquie (Banská Štiavnica) et en Roumanie (Baïa et Sprie). Ces gisements fournissent des druses et des cristaux mondialement renommés ; de certains d'entre eux proviennent, outre de minces cristaux en prismes allongés diversement colorés, de grandes plaques pointues à chaque bout, avec du jaune-gris, du gris-bleu et du jaune miel comme couleurs dominantes.

On utilise la barytite comme colorant dans les peintures, comme matière de charge pour le papier et la boue des forages pétroliers, pour la fabrication de ciments protégeant des émissions radioactives, dans l'industrie du verre et en céramique pour les glaçures et les émaux. On s'en sert aussi en médecine (bouille barytée pour les radiographies de l'appareil digestif) et dans l'industrie pyrotechnique (fusées, feux de Bengale et feux d'artifice colorés par les sels volatils).

139 Halotrichite (plage de 8 x 5,5 cm). Dubník (Slovaquie).

Halotrichite, *sulfate hydraté de fer et d'aluminium*

$FeAl_2[SO_4]_4 . 22H_2O$, monoclinique ; dureté 2,5 ; densité 1,8 -1,9 ; incolore ; aspect soyeux ; poudre blanche.

Encore appelée alun de fer, l'**halotrichite** (du grec *hals, halos* = mer ou sel, et *thriks, thrikos* = poil, cheveu) se présente en fibres soyeuses ou en masses fibreuses. Souvent mélangée à de la **pickeringite** (de J. Pickering), sulfate hydraté d'aluminium et de magnésium, fréquemment formées l'une et l'autre par décomposition de la pyrite et maculant les ardoises d'efflorescences blanchâtres. Principaux gisements en Allemagne (Mörsfeld, en Rhénanie), en Slovaquie (Červenica-Dubník), en Iran (Urmiah), aux États-Unis (Gila River, au Nouveau-Mexique) et au Chili (Copiapo).

Autre alun, la **tschermigite** (de Čermníky, localité de Bohême), est un sulfate hydraté d'aluminium et d'ammonium (le groupement NH_4^+ jouant le rôle de métal trivalent), cubique, rarement cristallisé (en octaèdres) et trouvé en petites masses fibreuses dans des scories de mines de charbon ou en minces couches dans des niveaux d'argile, les fibres étant orientées perpendiculairement à la surface des couches.

Gypse, *sulfate hydraté de calcium*

$Ca[SO_4] . 2H_2O$, monoclinique ; dureté 1,5–2 ; densité 2,3–2,4 ; habituellement incolore, blanc, gris à noir, jaunâtre ou miel, rouge à rouge sang ; éclat vitreux, nacré sur les plans de clivage, aspect soyeux sur les variétés fibreuses ; poudre blanche.

140 Gypse sélénite (fragment de 8 x 5,5 cm). Ekaterinbourg (Russie).

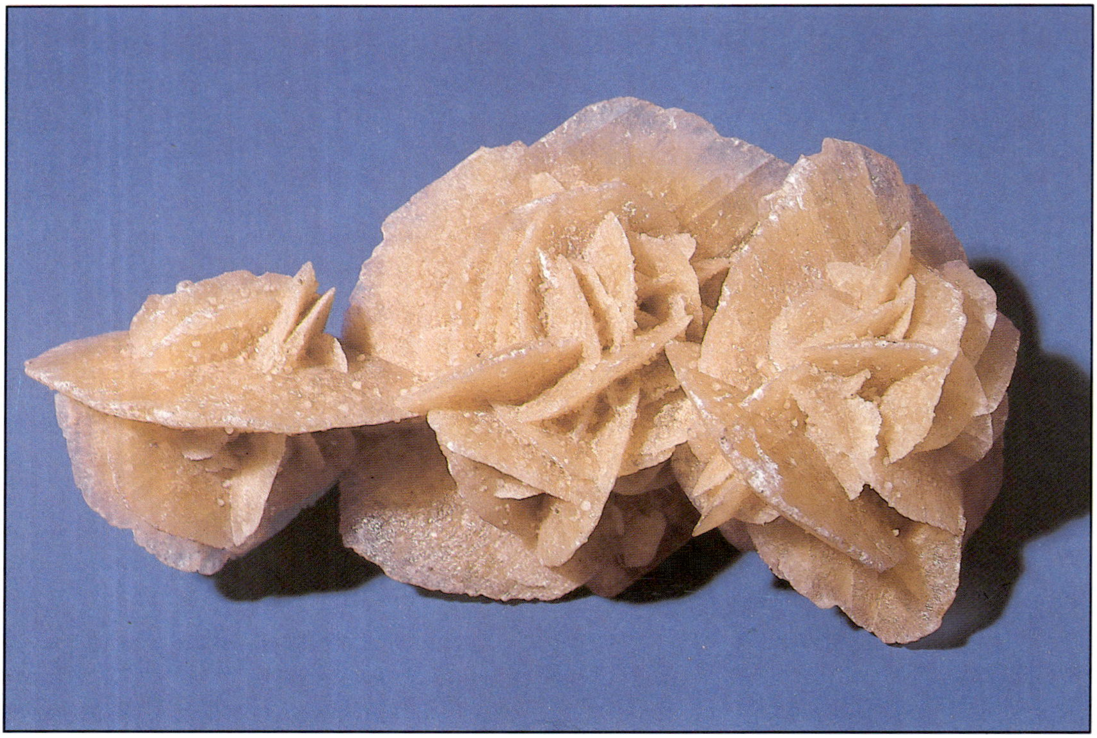

141 Rose des sables (cristaux de 3 cm). Biskra (Algérie).

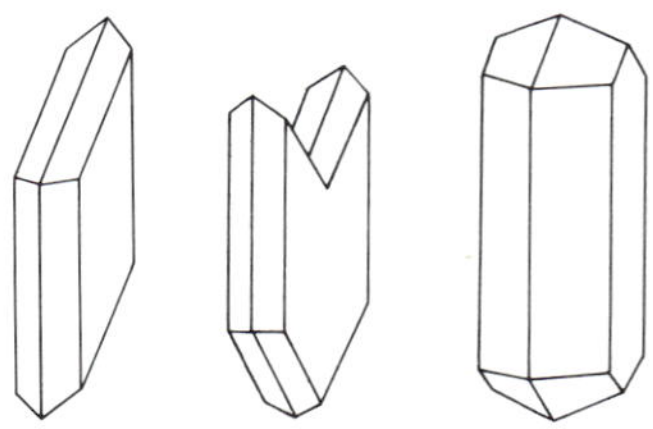

Ce minéral est connu depuis les temps les plus reculés : le sculpteur grec Lysistratos de Sykion qui, selon Pline l'Ancien, aurait réalisé le premier moulage d'un visage humain, recommandait déjà l'emploi du plâtre. En 1695, le gypse a été le premier minéral étudié au microscope, par Antonie van Leeuwenhoek, naturaliste hollandais de Delft, minéralogiste passionné, fondateur de la microscopie.

Le **gypse** (*gupsos* en grec) forme des cristaux à clivages parfaits, prismatiques ou tabulaires et réfléchissants qui rappellent le mica (pierre spéculaire) ; cristallisé, il est incolore lorsqu'il est pur, et blanc quand il est compact. Il cristallise selon des faciès très divers, depuis les agglomérats microcristallins du "gypse saccharoïde" et de l'**albâtre** (du grec *alabastros*, d'Alabastron, nom d'une cité égyptienne) ou fibreux, jusqu'aux cristaux de grande taille, souvent limpides de la **sélénite** (du grec *selênê* = lune) ; les macles sont communes, les unes de petite taille comme dans le "gypse pied d'alouette", les plus réputées correspondant aux grandes macles en queue d'aronde du "gypse fer de lance" ; lorsque les cristaux croissent dans des sables, les grains de quartz sont enrobés de gypse, formant de magnifiques "roses des sables" ; la présence d'impuretés argileuses donne les cristaux à face courbe du "gypse lenticulaire".

Le gypse se forme essentiellement par précipitation sur le fond de mers ou de lacs sursalés ; il peut aussi résulter de la décomposition à l'air des pyrites. Les gisements en exploitation les plus connus se trouvent en Italie (Volterra, en Toscane), en Espagne et en Égypte ; d'autres aux États-Unis, en ex-URSS, en Pologne (Wielicska), en

Moravie septentrionale (Opava), en France (bassin de Paris), en Angleterre. On utilise le gypse surtout pour la fabrication du plâtre ; par la cuisson entre 300 et 400 °C, on obtient une poudre qui absorbe l'eau et durcit : l'eau n'est plus une eau de constitution (appartenant aux molécules), mais une eau de liaison (cimentant entre eux les grains de plâtre), interdisant tout retour à l'état initial ; le plâtre sert dans le bâtiment, en médecine et pour les moulages. Si on porte le gypse à plus de 400 °C, le produit de cuisson n'absorbe plus l'eau ; on l'emploie alors pour les colorants et pour le ciment. L'albâtre est utilisé en sculpture et la sélénite en bijouterie en raison de son éclat.

Zippéite, *sulfate hydraté d'uranium*

$U_2 [SO_{10}] . 3\text{-}6H_2O$, monoclinique ; dureté 3 ; densité 3,66 ; jaune-gris à jaune citron ; poudre jaune.

Dans les années 1850, alors que commençait à décliner la prospérité des mines d'argent de Jáchymov, ce minéral fut remarqué par un fondeur tchèque, Adolf Patera, dont l'attention s'était trouvée attirée par la vive couleur jaune dont se trouvait revêtue la surface des terrils abandonnés depuis longtemps ; Patera eut l'idée de fabriquer des colorants à partir de ces revêtements minéraux au sein desquels dominait la zippéite. Dès lors, en 1859, commença l'extraction systématique de l'uraninite et de ses produits de décomposition. De nos jours, la zippéite est en outre exploitée en Bavière (gisement d'uraninite de Wölsendorf) et aux États-Unis dans l'Utah (Fruita), mais ne sert plus qu'à l'extraction d'éléments radioactifs.

142 Zippéite (plage de 9 x 6 cm). Shinkolobwe, Shaba (Zaïre).

143 Crocoïte (agrégat de 7,5 x 7,5 cm). Dundas, Tasmanie (Australie).

La **zippéite**, nommée en hommage au minéralogiste autrichien F.X.M. Zippe, fait partie des ocres uranifères ; elle résulte de la décomposition de l'uraninite (pechblende), en compagnie d'autres minéraux tels que l'uranotile (silicate complexe d'uranium et de calcium), la gummite (mélange d'oxydes), la curite, la kasolite, la parsonsite et la renardite (respectivement oxyde, silicate et phosphates d'uranium et de plomb), tous de couleur jaune allant du jaune citron au jaune orange.

Crocoïte (ou crocoïse), *chromate anhydre de plomb*

Pb $[CrO_4]$, monoclinique ; dureté 2,5–3 ; densité 5,9–6 ; jaune orange ; éclat gras à adamantin ; poudre orange.

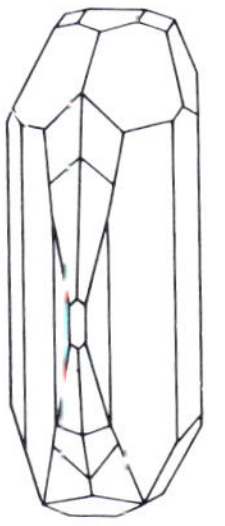

C'est dans ce minéral qu'en 1797, le chimiste français Louis Vauquelin, travaillant sur un échantillon en provenance de l'Oural, trouva du chrome pour la première fois. C'est à sa couleur que la crocoïte doit son nom (du grec *krokos* = jaune safran). De fait, elle se présente en cristaux monocliniques d'un beau rouge hyacinthe, prismatiques ou en aiguilles. On la trouve dans les gisements de chromite, sur les filons quartzeux et dans la zone d'oxydation de minerais de plomb.

Les gisements les plus intéressants se trouvent en Sibérie (à Berezovsk, dans l'Oural) et en Australie (à Dundas, dans l'île de Tasmanie) ; des gisements de moindre importance sont exploités en Roumanie (à Baita, en Transylvanie), aux Philippines (à Labo, dans l'île de Luçon), au Brésil (à Conganhas da Campo et à Gaya Beyra) et au Zimbabwe (à Penchalonga). Un gisement récemment découvert en Allemagne (à Chemnitz, en Saxe) a fourni de très beaux spécimens.

144 Scheelite (cristal de 1,5 cm). Fürstenberg (Allemagne).

Scheelite, *tungstate anhydre de calcium*

Ca $[WO_4]$, quadratique ; dureté 4,5–5 ; densité 5,9–6,1 ; gris-blanc, jaune ou jaunâtre, brunâtre à rougeâtre, parfois verdâtre, rarement incolore ; mat, éclat gras ou adamantin ; poudre blanche.

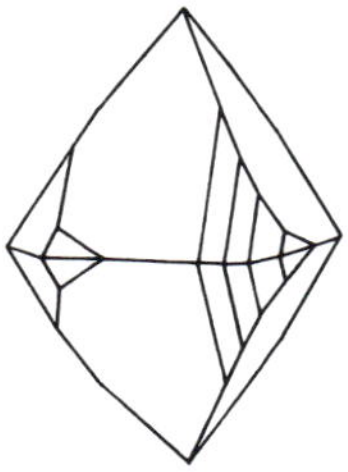

Les mineurs de la région des monts Métallifères trouvaient de la **scheelite** en extrayant la cassitérite ; ils en appelaient les morceaux "grêlons blancs de zinc" (par contraste avec les "grêlons noirs d'étain" de la cassitérite). Le fondeur et chimiste suédois Axel Cronstedt en donna le premier une description précise au milieu du XVIIIe siècle ; il la considérait comme un minerai de fer et l'appela tungstène (ce qui veut dire pierre lourde) ; la première analyse chimique fut faite en 1781 par son compatriote Karl Wilhelm Scheele, qui y découvrit le wolfram. Son nom définitif lui fut donné par le minéralogiste et physicien français François Beudant, élève de Valentin Haüy.

On trouve la scheelite dans des filons traversant les granites et dans leurs auréoles gneissiques, accompagnant des minerais d'étain et de cuivre (cassitérite et tungstates) ; il s'agit très souvent de gîtes métallifères pneumatolytiques, des vapeurs enrichies en bore, chlore, fluor et divers métaux ayant circulé dans des fractures de la roche magmatique. C'est, avec la wolframite, l'un des principaux minerais de tungstène.

Principaux gisements en Allemagne (Zinnwald et Schwarzenberg, en Saxe), en République tchèque (à Cínovec), en Angleterre (Cornouailles) et aux États-Unis (dans le Connecticut), formant parfois de petits cristaux brun clair et des druses sur le quartz. Rarement massive, la scheelite cristallisée est fort appréciée comme pierre précieuse ; elle forme des pyramides isolées, souvent émoussées, fluorescentes à l'ultraviolet (propriété utilisée en prospection minière de nuit avec lampe Wood).

La **stolzite** (de J.A. Stolz, médecin tchèque de Teplice), est un tungstate naturel de plomb très voisin, qui forme de petits cristaux quadratiques arrondis, semblables à ceux de la scheelite, souvent groupés en gerbes ou en grappes globuleuses. On en trouve à Cínovec, où elle a été décrite pour la première fois.

Wulfénite, *molybdate anhydre de plomb*

Pb $[MoO_4]$, quadratique ; dureté 3 ; densité 6,7–6,9 ; habituellement jaune orangé, orange, gris-jaune à brun, voire incolore ou franchement rouge ; éclat gras à adamantin ; poudre blanche ou gris clair.

Nommé en l'honneur du minéralogiste autrichien F.X. von Wulfen qui le découvrit en 1785, ce minéral (qui contient jusqu'à 55 % de plomb) est aussi beau que rare. Il cristallise en aiguilles, en feuilles ou en plaquettes carrées souvent biseautées en bordure, plus rarement en prismes trapus. Il résulte de l'altération de la galène, raison pour

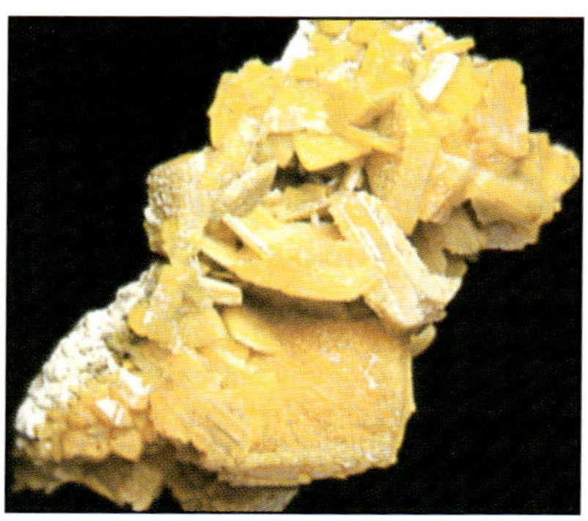

145 Wulfénite (cristaux de 3 cm). Mežica (Slovénie).

146 Wulfénite (fragment de 11 cm). Los Lamentos (Mexique).

147 Wulfénite (plage de 6,5 x 6 cm). Los Lamentos (Mexique).

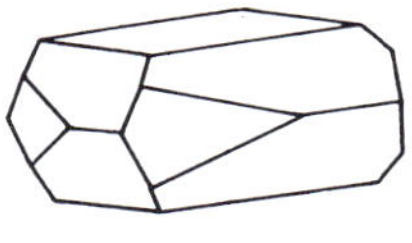

laquelle on le trouve dans la zone d'oxydation des minerais de plomb. De couleur variable, la présence de chrome peut lui donner une belle couleur rouge.

La **wulfénite** semble conditionnée par les climats arides ou semi-arides et par un encaissement dans des séries sédimentaires. Principaux gisements en Autriche (Bleiberg, en Carinthie), en Allemagne (Höllenthal près de Garmisch, en Bavière), en ex-Yougoslavie (Mezca), en Roumanie (Baita), en Australie aux États-Unis (Phoenix, en Pennsylvanie ; Glove en Arizona), en Iran (Anarak, Chah-Kharboze), au Congo (M'Fouati, Reneville), en Namibie (Tsumeb) et au Mexique (à Villa Ahumada, dans la Sierra de Los Lamentos, province de Chihuahua). Ce dernier site recèle d'extraordinaires spécimens, formés de riches masses de cristaux tabulaires, à bords irréguliers, orange à brun, qui ont poussé dru dans la roche-mère, atteignant 2 cm pour les plus grands.

Chapitre 7

PHOSPHATES ET COMPOSÉS ANALOGUES

Après les silicates, les phosphates constituent le groupe le plus riche en espèces (plus d'une centaine). Produits d'altération des gîtes uranifères et présents principalement dans les pegmatites, leurs minerais naturels sont tous des dérivés de l'acide orthophosphorique H_3PO_4. On distingue les phosphates anhydres et des phosphates hydratés ; les uns sont simples, d'autres possèdent soit un radical hydroxyle OH chargé négativement, soit un ou plusieurs halogènes, ou encore les deux à la fois. Certains, dont le groupe des "micas uranifères" (ainsi nommés en raison de la forme lamellaire et du clivage facile de leurs cristaux), sont des associations de minéraux qui s'entremêlent, les minéraux isolés étant exceptionnels (cas de la lazulite). Composés analogues : les arséniates et les vanadates.

En tant que roches sédimentaires (phosphorite exceptée), les phosphates sont d'origine marine. Ils dérivent de l'apatite des roches magmatiques, mise en solution dans la mer et fixée par des végétaux et des animaux ; les phosphates sont en effet des composés de base indispensables à toute forme de vie animale ou végétale (60 % de phosphate dans les os, 90 % dans les dents). Les roches phosphatées se forment sur la plate-forme continentale ou à son rebord (entre 50 et 200 m de profondeur) ; elles contiennent souvent des minéraux de néoformation (comme la glauconie), des éléments détri-

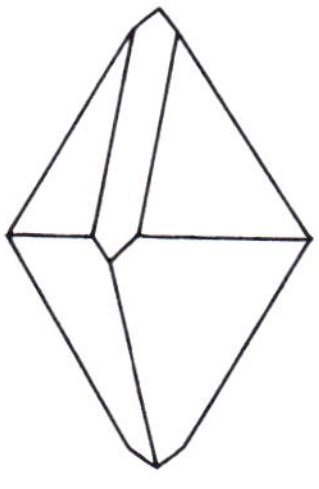

◁
148 Apatite (cristaux de 2 cm). Wilberforce (Canada).

▷
149 Lazulite (plage de 10 x 9 cm). Stickelberg (Autriche).

tiques (par ex. du quartz) ou des hydrocarbures. Les phosphates se trouvent également dans de nombreuses roches telles que la craie phosphatée (à grains de phosphates) et le minerai de fer oolitique (à ciment phosphaté).

Du point de vue économique, les principaux complexes sont les phosphorites, les guanos et les coprolites. De riches gisements sont exploités dans le Permien d'Amérique du Nord et dans le Crétacé supérieur-Éocène d'Afrique du Nord (industrie des engrais). De l'Atlantique à la mer Rouge, on observe une bande continue de minerais phosphatés d'origine sédimentaire dont la teneur en phosphates tricalciques peut atteindre 60 % (en France, gisements de Hallencourt et Beauval dans la Somme).

Lazulite (ou klaprothite) – *phosphate hydroxylé anhydre d'aluminium avec du magnésium et du fer*

$(Mg,Fe)Al_2[PO_4]_2(OH)_2$, monoclinique ; dureté 5–6 ; densité 3 ; bleu sombre à bleu clair ; éclat vitreux ; poudre incolore.

Pierre décorative sans grande valeur, la **lazulite** (*azulum* en latin médiéval = azur, de l'arabe *azuli* = ciel et du grec *lithos* = pierre), les Arabes en faisaient des contrefaçons de turquoise ou de lazurite (lapis-lazuli). C'est un minéral rare présent dans les filons quartzeux et dans les roches métamorphiques riches en aluminium, et accompagnant, selon les cas, du disthène, du rutile ou de l'andalousite. Les formes cristallisées sont rares (pyramides octaédriques, cristaux tabulaires maclés ou en aiguilles), la lazulite est plus souvent grenue ou massive.

Principaux gisements : en Autriche (Werfen dans la province de Salzbourg et Krieglach en Styrie), en Suisse (Zermatt) et en Suède (Horjösberg dans le Wermland) ; hors

150 Pseudomalachite (agrégats de 3 cm). Lubietová (Slovaquie).

d'Europe, aux États-Unis (sur des plaques flexibles de grès micacés dans les Crowders Mountains en Caroline du Nord ; grands cristaux des Graves Mountains en Géorgie) et au Brésil (cristaux bleu foncé de Tijuco dans l'État de Minas Gerais). De nos jours, on en taille des lentilles ou on en fait de petits objets ornementaux.

Pseudomalachite (ou lunnite, ehlite, phosphorochalcite) – *phosphate hydroxylé anhydre de cuivre*

$Cu_5 [PO_4]_2 (OH)_2$, monoclinique ; dureté 4,5 ; densité 4,35 ; vert pistache à vert-noir, ; éclat vitreux mat ; poudre verte.

Ce phosphate, dont l'aspect rappelle la malachite (avec laquelle d'ailleurs il cohabite), forme des agrégats réniformes vert émeraude à structure fibroradiée ou encore de minces revêtements amorphes, présents dans les minerais de cuivre (chalcopyrite). Principaux dépôts en Allemagne (Ehl près de Linz en Rhénanie), en République tchèque (Chotěboř), en Slovaquie (Lubietová) et en Sibérie.

Brazilianite, *phosphate hydroxylé anhydre d'aluminium et de sodium*

$NaAl_3 [PO_4]_2 (OH)_2$, monoclinique ; dureté 5,5 ; densité 2,98 ; jaune-vert foncé à vert olive; éclat vitreux ; poudre blanche.

Ce minéral a été découvert au Brésil en 1945 par deux minéralogistes américains, Pough et Henderson, surpris par le clivage parfait de cristaux qu'ils prenaient pour des béryls. Ce nouveau minéral se présente dans les pegmatites, sous forme de cristaux parfaits implantés en druses, ou dans des muscovites feuilletées au vif éclat d'ar-

151 Brazilianite (plus gros cristal : 6 x 3,5 cm). Minas Gerais (Brésil).

gent, encastrées dans la roche-mère (on a trouvé des cristaux monstrueux de plus d'un kilogramme). Quelques gisements sont connus au Brésil (depuis 1963 près de Conseilheiro Peina et de Mantena, État de Minas Gerais) et aux États-Unis (Palermo Mine et Charles Davis Mine à North Croton dans le Grafton District, New Hampshire).

Minéral isomorphe, la **vésignéite** (de L. Vésigné, nom d'un collectionneur français) est un vanadate hydroxylé de baryum et de cuivre $BaCu_3(OH\ VO_4)_2$, monoclinique, de couleur jaune verdâtre, présent dans la zone d'oxydation de certains minerais, comme à Vrančice près de Příbram et à Horní Kalná (République tchèque).

Apatite, *chlorofluorophosphate hydroxylé anhydre de calcium*

$Ca_5\ [PO_4]_3\ (F,Cl,OH)$, hexagonal ; dureté 5 ; densité 3,16–3,22 ; vert-bleu, vert, gris, brun ; éclat vitreux ; poudre blanche.

On ne détermina la composition chimique de l'apatite qu'à la fin du XVIIIe siècle (elle contient du fluor et du chlore et existe dans le tissu osseux). De couleur très variée et parfaitement transparent, ce minéral a longtemps été confondu avec d'autres pierres telles que l'aigue-marine, l'améthyste ou la tourmaline ; raison pour laquelle le minéralogiste allemand Abraham Gottlob Werner le nomma **apatite** (du grec *apatân* = tromper, *apataô* = illusion). Ses cristaux peuvent être tabulaires, prismatiques ou aciculaires, mais l'apatite se présente aussi à l'état granuleux ou compact, en masses rayonnantes (phosphorite) ou à l'état. On la trouve dans les roches magmatiques ou métamorphiques, particulièrement mais en faible quantité dans les pegmatites et dans les gisements de cassitérite terreux, formant souvent la gangue des gîtes à étain-wolfram et gîtes de fer ; elle est en outre l'élément constitutif essentiel de certaines roches sédimentaires, en couches parfois très épaisses donnant lieu à exploitation.

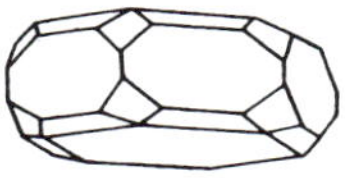

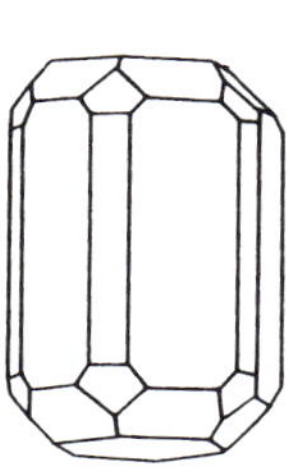

152 Apatite (cristaux jusqu'à 1,5 cm). Greifenstein, Saxe (Allemagne).

153 Apatite (cristaux de 1,5 cm). Durango (Mexique).

154 Staffélite (11 x 8 cm). Staffel, Basse-Saxe (Allemagne).

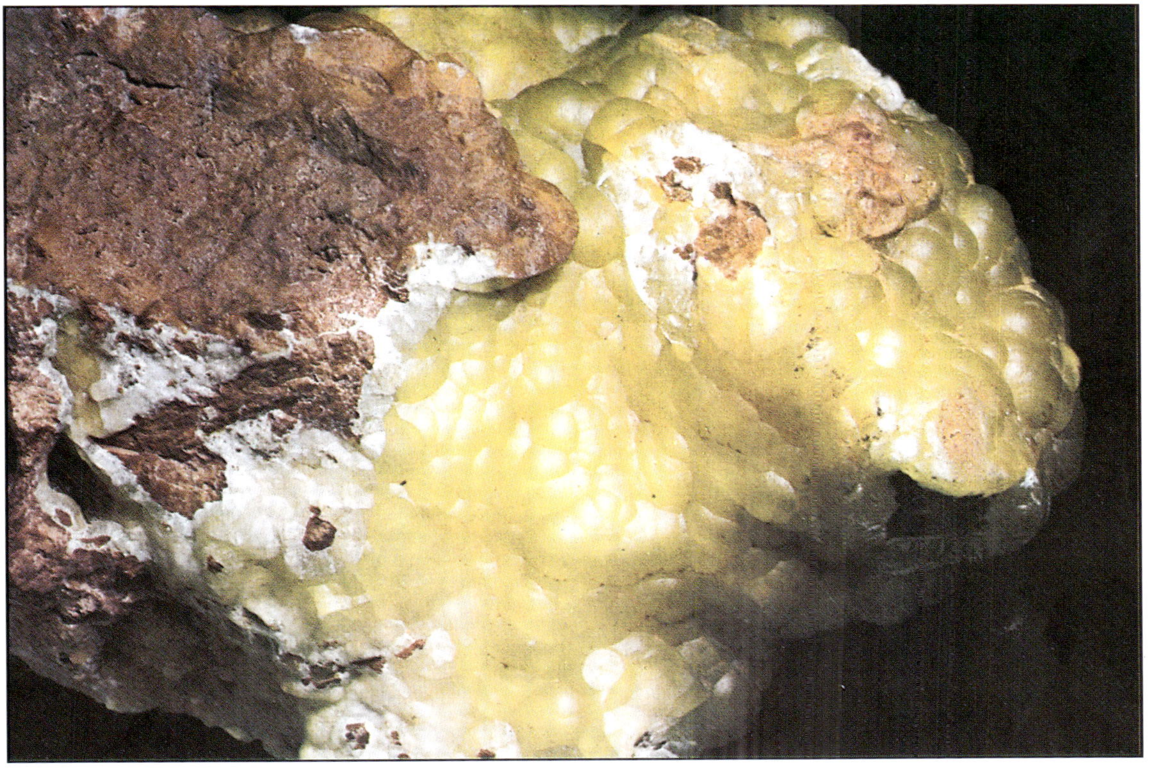

Principaux gisements : aux États-Unis (Floride et Tennessee : moitié de la production mondiale), dans le nord du continent africain (Maroc, Algérie, Tunisie, Égypte) et en Eurasie (Kazakhstan, Ukraine, presqu'île de Kola). De très beaux cristaux ont été récoltés en Suisse (Saint Gotthard), en Allemagne (Saxe), au Canada (Québec) et au Mexique (Durango). Certaines variétés colorées sont utilisées comme pierres d'ornement et les apatites roses ou jaunes de Suisse sont même taillées comme brillants ; leur prix est élevé. La **staffélite** est une variété stalactitique propre au gisement de Staffel, près de Limburg en Allemagne.

Pyromorphite, *chlorophosphate simple anhydre de plomb*

$Pb_5(PO_4)_3Cl$, hexagonal ; dureté 3,5–4 ; densité 6,7–7 ; vert ou brun, parfois jaune, orangé, blanc ou incolore ; éclat vitreux à gras ; poudre blanchâtre.

Le nom scientifique de ce minéral est un rappel de la croyance des Anciens selon laquelle ses cristaux provenaient directement de la lave des volcans (du grec *pur, puros* = feu, et *morphê* = forme). En fait, la **pyromorphite** se forme dans les niveaux supérieurs des minerais de plomb, en compagnie de la cérusite et de plusieurs minéraux secondaires provenant de la décomposition de la galène. Implantés en belles druses et de fort belle couleur, ses cristaux prismatiques sont souvent limités par des surfaces lisses ; on la trouve moins fréquemment sous forme d'agrégats réniformes ou rayonnants ; sa couleur vert intense lui a valu le nom allemand de Grünbleierz, et de Braunbleierz pour sa variété brune. Principaux gisements : en Espagne (El Horcajo), en France (à Pontgibaud dans le Massif Central, au Huelgoat et au Poullaouen en Bretagne), en Angleterre (Cornouailles), en Allemagne (Clausthal dans le Harz, Johanngeorgenstadt en Saxe, Dernbach près de Nassau en Rhénanie-Palatinat), en République tchèque (Příbram), en Slovaquie (Banská Štiavnica), en Russie (Berezovsk dans l'Oural, Nierchinsk en Transbaïkalie), en Algérie, au Congo (Mindouli) et aux États-Unis (dans

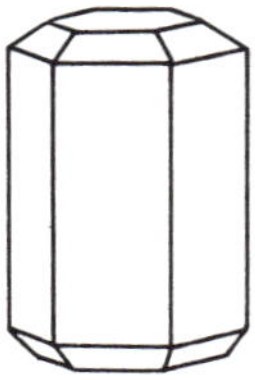

155 Pyromorphite (cristaux de 2,2 cm). Freidrichsagen Mine près de Bad Ems (Allemagne).

l'Idaho et le Colorado, et à Phoenix en Pennsylvanie). La pyromorphite peut contenir jusqu'à 75 % de plomb.

La **miésite** est une variété due à la présence de calcium ; elle forme des agrégats blanchâtres en compagnie de pyromorphite brune dans le gisement de Mies (à Stříbro en Bohême).

Vanadinite, *chlorovanadate simple anhydre de plomb*

$Pb_5(VO_4)_3Cl$, hexagonal ; dureté 3 ; densité 6,8–7,1 ; brunâtre, jaune à rouge rubis ; éclat adamantin ou fortement vitreux ; poudre blanche.

Ce sel d'un acide vanadique (vanadium : de Vanadis, divinité scandinave) se forme dans la zone d'oxydation des minerais de plomb et se présente à l'état de masses grossières ou d'agrégats fibreux à surface réniforme ; ses cristaux sont généralement prismatiques, parfois pyramidaux. Principaux gisements : en Autriche (Obir en Carinthie), en Russie (Berezovsk dans l'Oural), en Afrique du Nord (Algérie et Maroc), aux États-Unis (Arizona), au Mexique (Zimapan), en Argentine (Sierra de Córdoba) et en Australie. La **vanadinite** peut contenir jusqu'à 20 % d'oxyde de vanadium servant de catalyseur dans la préparation de l'acide sulfurique ; l'alliage fer-vanadium est utilisé pour la fabrication d'aciers spéciaux. Actuellement, la plus grande partie du vanadium est obtenue comme produit résiduel de l'exploitation de certains minerais de fer (dans l'Oural et à Taberg en Suède) et à partir des boues rejetées lors de l'exploitation de la bauxite.

156 Vanadinite (cristaux de 8 mm). Mibladen (Maroc).

157 Vanadinite (cristaux de 2 à 2,5 cm). Djebel Mahser (Maroc).

158 Mimétite (agrégats de 1 cm). Tsumeb (Namibie).

159 Campylite (agrégats de 4 à 9 mm). Příbram (Rép. tchèque).

Campylite, *arséniate et phosphate simple anhydre de plomb avec du chlore*

Pb_5 $(AsO_4,PO_4)_3$ Cl, rhomboédrique ; dureté 3,5–4 ; densité 6,7–7,1 ; jaune à orangé ; éclat adamantin à vitreux gras ; poudre blanchâtre.

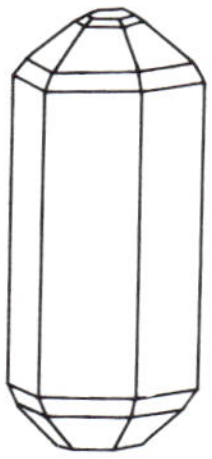

C'est la forme en barillet de ses cristaux qui a valu son nom à la **campylite** (du grec *campylos* = courbe). Du point de vue de sa composition chimique, c'est un mélange de pyromorphite et d'un arséniate de plomb et de chlore, la mimétite. Assez rare, elle résulte de l'oxydation de la galène ou de la cérusite dans les niveaux supérieurs des minerais de plomb. Principaux gisements : en République tchèque (Příbram) et en Angleterre (Roughton Gill dans le Cumberland).

La **mimétite** doit son nom (du grec *mimêtês* = imitateur) à sa grande ressemblance avec la pyromorphite avec laquelle elle est isomorphe. C'est un arséniate chloré de plomb, de formule $Pb_5Cl(AsO_4)_3$, de densité assez élevée (7,2 à 7,8), monoclinique et pseudohexagonal. Elle forme souvent des bâtonnets jaunâtres en forme de petits tonneaux, comme la campylite et à la différence de la pyromorphite dont elle se distingue ainsi. Gisements en Allemagne (Johanngeorgenstadt en Saxe), en Sibérie orientale (Nierchinsk), en Namibie (Tsumeb), aux États-Unis (Phoenix en Pennsylvanie) et au Mexique (Chihuahua).

Variscite, *phosphate simple hydraté d'aluminium*

$Al[PO_4] . 2H_2O$, orthorhombique-pseudohexagonal ; dureté 4–5 ; densité 2,52 ; vert bleuté, blanc à incolore ; éclat cireux ; poudre incolore.

Cette très belle pierre précieuse a été décrite pour la première fois en 1837 par le minéralogiste allemand Adolf Breithaupt ; son nom vient de Variscia, ancien nom du Vogtland, région d'Allemagne d'où elle provenait. Sans avoir été reconnu, ce même minéral a par la suite été décrit (en 1894) à partir d'échantillons récoltés à l'ouest du lac Utah aux États-Unis, et pour cette raison nommé **utahlite** (nom réservé aujourd'hui aux seules variétés les plus précieuses de **variscite**). Seule ou en compagnie de wardite, la variscite se présente en agrégats fibroradiés à surface réniforme, parfois en petits cristaux pyramidaux ; souvent associé à des phosphates d'aluminium amorphes, il comble les fissures et les cavités de schistes argileux. Principaux gisements : aux États-Unis (Utah, Arkansas) et en Allemagne (Thuringe et Saxe). Les plus beaux spécimens sont des tubercules ovoïdes à sphériques de 7 à 10 cm de diamètre (certains pouvant atteindre 30 cm), récoltés au sein de cavités de brèches sédimentaires dans un cañon près de Fairfield, dans l'Utah, et dont on tire des disques polis ou des lentilles.

160 Variscite (cristaux de 8 mm). Horní Slavkov (Rép. tchèque).

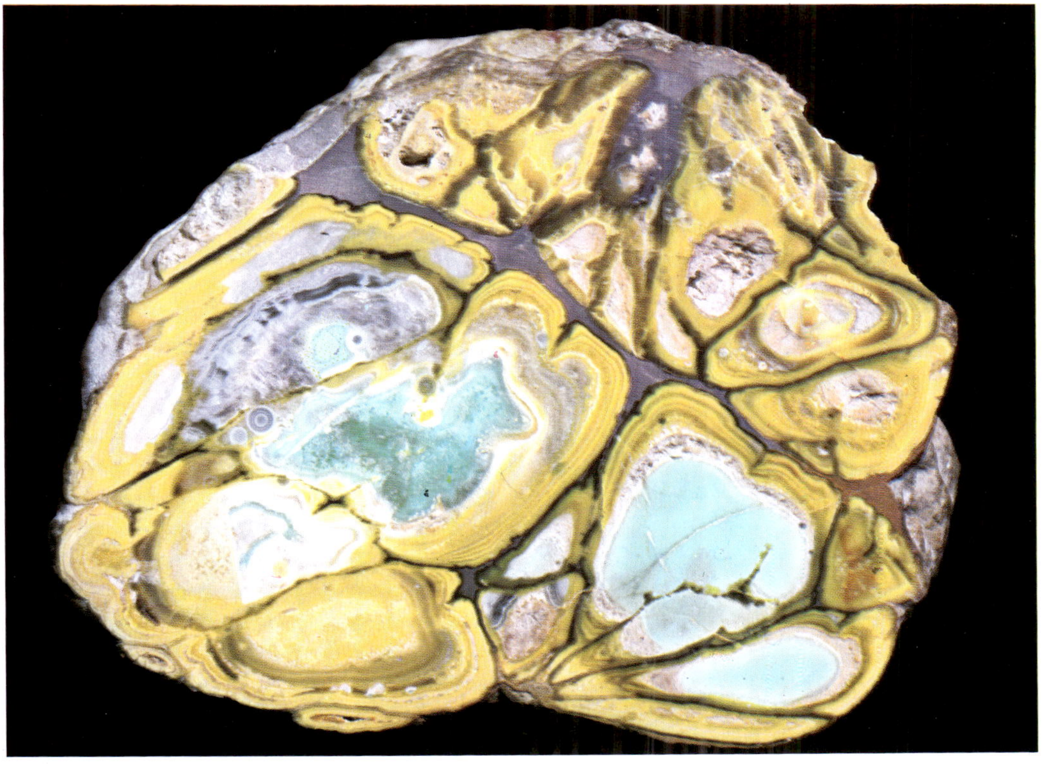

Wavellite, *phosphate hydroxylé hydraté d'aluminium*

$Al_3[PO_4]_2(OH)_3 . 5H_2O$ orthorhombique ; dureté 3,5–4 ; densité 2,2–2,4 ; incolore, blanchâtre à vert jaunâtre, parfois vert, bleu à brun ; éclat vitreux ; poudre blanche.

Découvert vers 1800 à Barnstaple dans le Devon, en Angleterre, ce minéral (nommé en l'honneur du physicien anglais W. Wavell) a ensuite été récolté en abondance lors de l'extraction du minerai de fer à Hořovice en Bohême. La **wavellite** forme des agrégats fibroradiés (évoquant des roues de bicyclette), ou parfois botryoïdaux ou réniformes, constitués de petits cristaux fibreux ou aciculés et tapissant en général les fentes de certaines roches schisteuses ou gréseuses soumises à des actions hydrothermales. On trouve de la wavellite en compagnie d'amblygonite dans certains filons stannifères en France (à Montebras, dans la Creuse) et en Bolivie. Autres gisements : en Allemagne (Langenstriegis, près de Freiberg en Saxe ; Lahn-Dill, en Rhénanie-Palatinat), dans le nord de la Suède (gisements de magnétite de Kiruna), aux États-Unis (Harrysburg et Chester en Pennsylvanie) et au Brésil (Ouro Preto). Les phosphates de Pennsylvanie servent à la fabrication d'allumettes et de colorants. Quant aux collectionneurs, ils recherchent surtout de belles petites masses fibroradiées de wavellite, et plus spécialement les formes globulaires et microscopiques compactes, assez abondantes.

161 Wavellite (taille moyenne des agrégats : 2 cm). Cerhovice (Rép. tchèque).

162 Vivianite (cristaux jusqu'à 2 cm). Ashio (Japon).

Vivianite, *phosphate simple hydraté de fer*

$Fe_3 [PO_4]_2 . 8H_2O$, monoclinique ; dureté 2 ; densité 2,6–2,7 ; bleu clair à bleu foncé ou verdâtre ; éclat vitreux, nacré sur certaines faces, partiellement métallique ; poudre incolore à blanc bleuté, passant rapidement au bleu indigo.

C'est le minéralogiste anglais J. G. Vivian qui a découvert ce minéral au début du XVIIIe siècle dans les filons de pyrrhotite de St. Agnes en Cornouailles, ce que souligne le nom de vivianite choisi en 1817 par A. G. Werner. Prismatiques ou tabulaires, ses cristaux sont souvent groupés en étoiles ou en agrégats fibroradiés (associés au gypse), parfois terreux ou pulvérulents ; en feuilles, la **vivianite** est flexible. Fraîche, elle est incolore, mais exposée à l'air, elle verdit ou bleuit très vite (elle peut être confondue avec de la turquoise) ; ses variétés cristallisées sont d'un bleu profond remarquable, qui passe au bleu clair dans les formes poudreuses. Elle naît soit de l'oxydation de pyrites, soit de la décomposition de matières organiques sur des coprolites (excréments fossiles) ou dans les tourbières : la "terre bleue" des tourbières est de la vivianite pulvérulente apparue sur la limonite à température normale, le fer divalent se transformant en fer trivalent sous l'action d'acide phosphorique libre d'origine organique. Principaux gisements : en Angleterre (Cornouailles), en Allemagne (Bodenmais en Bavière), en République tchèque (Bohême), en Ukraine (Kertch en Crimée), au Cameroun (énormes cristaux très appréciés des collectionneurs) et aux États-Unis (Mullica Hills, dans le New-Jersey).

Turquoise, *phosphate hydroxylé hydraté d'aluminium et de cuivre*

$CuAl_6 [PO]_4 (OH)_8 . 4H_2O$, triclinique ; dureté 5–6 ; densité 2,6–2,83 ; bleu ciel, bleu-vert à vert-gris ; éclat faiblement cireux ; poudre blanche.

163 Turquoise (4 x 3 cm). Anatolie (Turquie).

Le nom **turquoise** vient de l'ancien français *turcois* = turc, parce que le commerce de cette pierre précieuse, fort appréciée du temps de l'empire ottoman, transitait par la Turquie. Les Égyptiens exploitaient depuis longtemps des mines situées dans le Sinaï, territoire occupé par des tribus sauvages que devaient combattre les Turcs et qui, même vaincues, obtenaient que les turquoises leur soient payées très cher ; à la même époque, d'autres gisements étaient exploités en Turquie même (Anatolie). Dans le Nouveau Monde, les Indiens Hopis et Navajos ont largement utilisé les turquoises dans leur production de bijoux tribaux.

Rarement cristallisée (mine de cuivre de Lynch Station, en Virginie, aux États-Unis), la turquoise se rencontre en masses réniformes, formant parfois de petits filons engagés dans leur gangue, de petits rognons dispersés, ou encore des encroûtements ou des stalactites ; elle se forme dans des fissures de corps rocheux magmatiques ou de séries gréseuses, plus rarement dans des pegmatites. Principaux gisements : au Tibet, en Iran (Meched et Maaden près de Nichapour dans le Khorasan), en Ouzbékistan (Karatybe près de

164 Wardite (6 cm). Livingstone, Utah (États-Unis).

Samarkand), en Pologne (Jordanow en Haute-Silésie), aux États-Unis (Virginie, Utah, Californie, Mont Chalchuitl près de Los Cerillos au Nouveau-Mexique) et au Chili.

Wardite, *phosphate hydroxylé hydraté d'aluminium et de sodium*

$Na_4Al_{12} [PO_4]_8 (OH)_{16} . 8H_2O$, quadratique ; dureté 5 ; densité 2,8 ; vert jaunâtre, vert clair à vert émeraude ; éclat cireux ; poudre incolore.

Pierre assez peu connue, la **wardite** (de H.A. Ward, naturaliste américain) a été décrite pour la première fois d'après un unique échantillon provenant de la Cedar Valley, dans l'Utah (États-Unis) ; on l'y trouve en petite quantité.

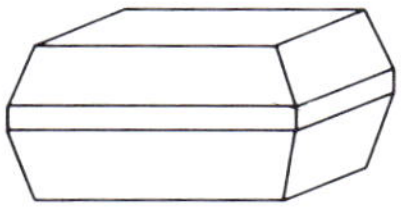

165 Torbernite (cristaux de 8 mm). Horní Slavkov

Chalcolite (ou torbernite), *uranate et phosphate simple hydraté de cuivre*

$Cu [UO_2PO_4]_2 . 8\text{-}12H_2O$, quadratique ; dureté 2–2,5 ; densité 3,2 ; vert émeraude ; éclat nacré ; poudre vert pomme.

Encore appelée **torbernite** (en hommage à l'ingénieur suédois Torbern Bergman : Torbern, le mineur...), la **chalcolite** (du grec *khalkos* = cuivre, et *lithos* = pierre) est un minerai des gîtes d'uranium résultant de l'altération d'uraninites qui se présente souvent en lamelles vertes à éclat nacré (les mineurs l'appelaient "mica vert").

Autunite, *phosphate simple hydraté d'uranium et de calcium*

$Cu [UO_2,PO_4]_2 . 8\text{-}12H_2O$, quadratique ; dureté 2–2,5 ; densité 3,2 ; vert-jaune, jaune soufré à jaune d'or ; éclat vitreux intense, nacré sur certaines faces ; poudre jaune

L'**autunite** (d'Autun, célèbre gisement du Massif Central français) est pareillement un uranglimmer ("mica uranifère") qui se distingue du précédent par sa couleur jaune. Ces minéraux, qui renferment jusqu'à 60 % d'oxyde d'uranium, se présentent soit sous forme de cristaux tabulaires bien délimités et à clivage parfait, soit à l'état d'agrégats foliés ou d'encroûtements tapissant les parois de fissures rocheuses. Principaux gisements en Angleterre, en France, au Portugal, en Allemagne , en République tchèque, aux États-Unis, au Gabon, au Zaïre...

166 Natrolite (cristaux de 1 cm). Zálezly (Rép. tchèque).

Chapitre 8

SILICATES

De nos jours, les silicates sont considérés comme des assemblages de tétraèdres réguliers SiO_4 et AlO_4, dont les centres sont occupés par des ions silicium ou aluminium et les sommets par des ions oxygène. Leur classification repose sur l'arrangement de ces tétraèdres et leur formule chimique condense schématiquement à la fois la composition chimique et l'arrangement atomique ; les cations (tels Mg, Fe, Al) se trouvent au centre d'octaèdres d'atomes d'oxygène. La nouvelle classification comporte six familles principales :

1. nésosilicates (du grec nêsos *= île) : charpente à base de tétraèdres indépendants (péridots, grenats) ; 2. sorosilicates (du grec* sôros *= groupe, amas) : groupes finis de tétraèdres, unis deux à deux avec un seul oxygène commun ; les groupes les plus simples (deux tétraèdres) ont pour formule Si_2O_7 (épidotes) ; 3. cyclosilicates : tétraèdres disposés en anneau avec la formule de base Si_nO_3n (béryl, tourmaline) ; 4. inosilicates (du grec* is, inos *= fibre) : tétraèdres associés, formant soit des chaînes simples (pyroxènes), soit des chaînes doubles (amphiboles) ; 5. phyllosilicates (du grec* phullon *= feuille) : silicates lamellaires à clivage généralement facile ; feuillets plans de tétraèdres associés par trois de leurs sommets ; épaisseur des feuillets variable : 0,7 nm (kaolinite, serpentine), 1 nm (talc, smectites, mica) ou 1,4 nm (chlorites) ; 6. tectosilicates (du grec* tecton *= charpentier) : aluminosilicates à tétraèdres formant une charpente tridimensionnelle continue dans laquelle chaque atome d'oxygène est commun à deux tétraèdres : la formule chimique correspond alors à SiO_2 (feldspathoïdes, feldspaths et zéolites).*

C'est le groupe de minéraux le mieux représenté dans la nature (40 %). Ils se forment dans les roches magmatiques ou métamorphiques, comme minéraux primaires ou secondaires, selon des modes très divers.

167 Olivine taillée (30,8 x 18,8 mm pour 66,43 carats). Zebirget (Égypte).

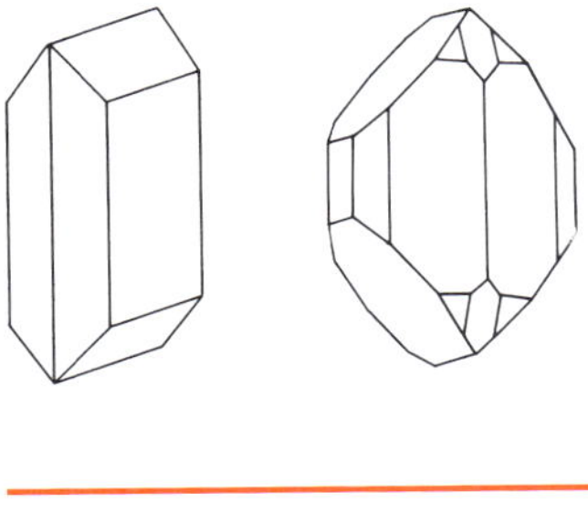

Olivine (ou chrysolite), *nésosilicate de fer et de magnésium*

$(Fe,Mg)_2 [SiO_4]$, orthorhombique ; dureté 6,5–7 ; densité 3,5 ; jaune-vert à vert olive ; éclat vitreux, parfois gras sur les cassures ; poudre blanche.

Les Romains en trouvaient sur un îlot que les Grecs nommaient Topazos ; pour cette raison, ils nommèrent la pierre *topazus* (du grec *topazos* = chercher), nom dont il est fait mention dans les livres latins (en fait, il ne s'agit nullement de topaze). Identifié au début du XXe siècle, le mythique Topazos est un îlot du rivage égyptien de la mer Rouge, Zebirget (St. Johns en anglais). Les olivines égyptiennes sont particulièrement pures et de grande taille (jusqu'à 10 cm). On en a retrouvé dans les fouilles d'Alexandrie et de nombreux spécimens gravés sont connus, datant de l'époque des Anciens Grecs. La fameuse “émeraude” de Néron, utilisée comme monocle, était peut-être une olivine. De nos jours, on taille encore l'olivine en brillant ou en rosette, on l'enchâsse dans des épingles, des agrafes, des boucles d'oreille et des pendentifs ; sa couleur se marie très bien avec le grenat de Bohême.

L'**olivine** doit évidemment son nom à sa couleur vert olive ; elle a aussi été appelée **chrysolite** (du grec *khrusos* = or, et *lithos* = pierre). Elle se présente en prismes trapus légèrement aplatis ou en grains vert olive (jaunes si titanifères), sans clivage mais souvent craquelés, à cassure conchoïdale ; elle jaunit et rougit par oxydation. Elle se trouve dans les roches sans quartz à déficit de silice (péridotites, gabbros, basaltes) et s'altère facilement en serpentine verte (dans les serpentinites), chlorite, talc, calcite, etc. et en iddingsite rouge (fréquente dans les basaltes) ; elle peut aussi constituer à elle seule une roche verte indépendante appelée péridotite, faisant intrusion dans les roches métamorphiques. Principaux gisements : outre ceux de Kozákov et de St. Johns,

168 Olivine (plage de 5 cm). Podmoklice (Rép. tchèque).

169 Pyrope (carotte de forage : ∅ 11 cm). Bohême centrale (Rép. tchèque).

divers gisements se trouvent en Allemagne (Forstberg dans les monts Eifel), aux États-Unis (Arizona), au Brésil, en Nouvelle-Zélande et surtout en Birmanie.

L'olivine s. s., ferromagnésienne, se place dans une série continue de silicates orthorhombiques formant le groupe des péridots (*péritot*, vieux nom français d'origine inconnue [Du Cange, 1220] ; peut-être du grec *peridein* = entourer, du fait des auréoles d'altération entourant la partie saine ?). On y trouve :

– la **forstérite** (de J. Forster, géologue américain), Mg_2 $[SiO_4]$, variété magnésienne incolore ou verdâtre, présente dans les dolomies métamorphiques et dans les météorites ; gisements en Italie (Vésuve), en République tchèque (Raspenava), en Sibérie (Zlatoust, dans l'Oural) et aux États-Unis (Bolton, dans le Massachusetts) ;

– l'**hortonolite** (du nom de son découvreur Hortonov), olivine plus ferreuse que magnésienne, avec du manganèse, communément brune, voire jaunâtre ou vert-jaune à noir ; gisements connus aux États-Unis (État de New-York) et en Afrique du Sud ;

– la **fayalite** (de l'île de Fayal, dans les Açores), Fe_2 $[SiO_4]$, variété ferreuse d'olivine, brune à noire, présente dans les roches magmatiques, formant le plus souvent des cristaux tabulaires jaunâtres à vert olive, devenant par oxydation rougeâtres à brunâtres avec un éclat métallique ; on la trouve dans certains granites et en abondance sur les scories des hauts-fourneaux ; gisements en Irlande (Mourne Mountains) et aux États-Unis (Parc National de Yellowstone).

Les grenats

$Y_2^{3+}X_3^{2+}$ $[SiO_4]_3$, cubique ; dureté 6–7,5 ; densité 3,7–4,3 ; rouge ; éclat vitreux à gras ; poudre généralement blanche.

Le nom de **grenat**, utilisé au XIIIe siècle par le philosophe et théologien Albert le Grand (mais antérieurement créé [1130, dans *Le roman d'Eneas*, "pierre précieuse"]), est une référence soit à la forme des grains (du latin *granatus* = grenu), soit à la couleur rouge de la grenade (en latin *malum granatum* = pomme à grains). Au Moyen Âge, le nom de "charbon ardent" (*carbunculus*) était donné à divers types de grenats, et Pline l'Ancien avait déjà utilisé ce terme pour désigner le grenat almandin.

170 Almandin (7 x 4,5 cm). Starkoč près de Čáslav (Rép. tchèque).

Les grenats sont des nésosilicates très répandus dans la nature, appartenant au système cubique, se présentant en grains ou en cristaux automorphes à nombreuses troncatures (dodécaèdres rhomboïdaux et trapézoèdres), non clivables (mais on peut facilement les fractionner), à cassure conchoïdale ou esquilleuse, le plus souvent de teinte brun-rouge ; dureté 6 à 7,5, densité 3,7 à 4,3. Les grenats prennent naissance à haute température dans des milieux très différents : on en trouve dans les schistes cristallins, les gneiss et les micaschistes, parfois dans les marbres, les serpentinites et les pegmatites. Non altérables à l'air, ils abondent fréquemment dans certaines alluvions. On distingue deux séries isomorphes continues, l'une alumineuse (pyrope, almandin, spessartite), l'autre calcique (grossulaire, andradite, ouvarovite). Les altérations de grenats se font avec développement de serpentine, talc, chlorite et épidote ; elles débutent en général à la périphérie et dans les craquelures des cristaux.

On appelle **grenat commun** un mélange opaque de divers grenats, dont la couleur dépend des proportions relatives de ses composants ; l'almandin et, à un moindre degré, l'andradite en sont les éléments dominants. La diversité des types de grenats est extrême et certains contiennent des adjonctions plutôt rares d'éléments tels que l'yttrium, le vanadium ou le zirconium. Certaines variétés seulement sont considérées comme pierres précieuses (pyrope, almandin, démantoïde, ouvarovite), mais beaucoup d'autres peuvent être taillées et placées en bijouterie. Les grenats, plus durs que le quartz et se cassant toujours en éclats tranchants, sont aussi appréciés pour l'aiguisage et le polissage, et ils servent dans la fabrication de papier émeri et d'abrasifs ; certains, tels les pyropes, servent pour la confection de coussinets dans les mécaniques de précision ou comme nacres dans les montres de précision.

Pyrope, *nésosilicate de magnésium et d'aluminium*

$Mg_3Al_2 [SiO_4]_3$; dureté ; densité 3,7–3,8 ; rouge sang.

Le **pyrope** (en latin *pyropus*, du grec *purôpos* = flamboyant, de *puros* = feu, et *ôps* = œil), encore connu sous le nom de "grenat de Bohême", est incontestablement le plus beau grenat ; le plus gros de tous, de la taille d'un œuf de pigeon, provenant probablement des collections pragoises de l'empereur Rodolphe II, appartient au Trésor des anciens électeurs de Saxe, *Das Grüne Gewölbe* de Dresde ; à l'époque, les pyropes de la taille d'une simple noisette avaient la valeur de vrais rubis ; une parure ayant appartenu à une amie de Goethe est exposée au musée des Grenats de Bohême à Třebenice.

On trouve les pyropes dans les roches ultrabasiques à serpentine et à olivine ainsi que dans les alluvions ; ils forment des grains rouge foncé flamboyant (couleur due à l'adjonction de chrome et de fer) et ont beaucoup d'éclat. Principaux gisements en République tchèque (Bohême), en Sibérie orientale (Yakutskaya), aux États-Unis (Arizona, Californie), au Brésil, en Australie, en Tanzanie (Makonde) et en Afrique du Sud (Kimberley : c'est le grenat des kimberlites, roches porteuses de diamants).

Almandite (ou almandin), *nésosilicate de fer et d'aluminium*

$Fe_3Al_2 [SiO_4]_3$; dureté 7–7,5 ; densité 4,1–4,3 ; brun-rouge ou violet.

Souvent cristallisé en rhombododécaèdres parfaitement bien délimités, **l'almandin** (*alabandine*, de Alabanda, en Asie Mineure) est le plus répandu des grenats ; il est fréquent dans les micaschistes, dans certains filons d'aplites (roches granitiques à grain très fin) et dans les pegmatites où il peut atteindre des dimensions considérables (plusieurs kilogrammes).

Plus pâle que le pyrope, l'almandin présente de très belles nuances violacées ou brunâtres ou encore rouge sombre dues à des teneurs variables en chrome et en fer ; rarement pur, il recèle fréquemment des inclusions d'autres grenats tels que pyrope et spessartite ; la variété précieuse est connue sous le nom d'escarbouche. On trouve beaucoup d'almandins taillés d'une remarquable grosseur et d'une coloration parfaite ; le plus gros d'entre eux, conservé à la Smithsonian Institution à Washington, est un almandin lenticulaire de 175 carats provenant de l'Idaho (États-Unis) ; il présente le phénomène d'astérisme : quand les rayons lumineux traversent la pierre dans l'axe du cristal, ils rencontrent des implantations microscopiques orientées perpendiculairement à cet axe et l'observateur voit alors apparaître une étoile à quatre branches.

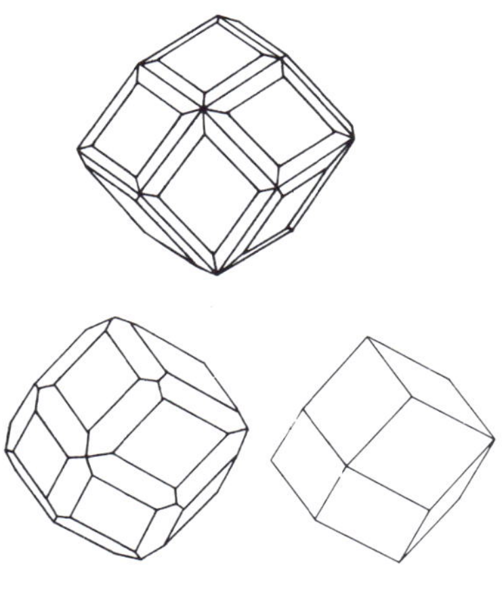

171 Hessonite (cristaux de 5 mm). Ala, Piémont (Italie).

172 Spessartite (cristaux de 8 à 9 mm). Tokovaya (Russie).

▷

173 Grenat commun (amas de 6 x 4,5 cm). Baia Sprie (Roumanie).

Les almandins utilisés en bijouterie proviennent de divers gisements d'Europe et d'Orient : Tyrol en Autriche (avec des cristaux bien délimités atteignant 5 cm, inclus dans des ardoises vertes), Roumanie et région de Čáslav en République tchèque ; Inde et Sri Lanka (les almandins provenant essentiellement de concentrations alluvionnaires) ; d'où, pour ces différentes pierres, les appellations communes de "grenat tyrolien", "grenat oriental" ou encore "rubis cingalais". D'autres gisements sont connus en Australie, à Madagascar, au Brésil et aux États-Unis (État de Washington, et en Alaska où on en a récemment découvert sous forme de beaux cristaux inclus dans des schistes gris sombre). Dans l'industrie, l'almandin sert à la fabrication d'abrasifs.

Spessartite, *nésosilicate de manganèse et d'aluminium*

$Mn_3Al_2 [SiO_4]_3$; dureté 7 ; densité 3,77–4,27 ; jaune-orangé, brun-rouge clair à rouge hyacinthe.

Moins connue que les autres grenats, la **spessartite** (de Spessart, massif montagneux granitique et schisteux d'Allemagne, sur le bord nord-ouest du bassin de Souabe-Franconie) doit son nom au premier gisement où elle a été découverte. Ses cristaux présentent de très fréquentes inclusions d'almandin qui lui confèrent des teintes variées dans les jaunes et les rouges ; elle s'oxyde à l'air et devient alors rouge-noir ; les variétés transparentes sont utilisées comme pierre précieuse.

La spessartite se trouve principalement dans les pegmatites granitiques et les rhyolites, mais peut aussi apparaître dans les gîtes métallifères soumis à de hautes pressions. Principaux gisements en Suède, en Allemagne (Aschaffenburg dans le Spessart), en Sibérie (Mias et Tokovaia dans l'Oural), aux États-Unis (Haddam, dans le Connecticut), à Madagascar (dans des micas à Ampandramaïka), au Sri Lanka et en Australie (gîte métallifère de Broken Hill).

Grossulaire, *nésosilicate de calcium et d'aluminium*

$Ca_3Al_2[SiO_4]_3$; dureté 6,5–7,5 ; densité 3,7–4,3 ; incolore, gris, rose, brun-rouge à rouge groseille, vert jaune à vert vif, parfois noir.

De couleur plus claire que les autres grenats, le (ou la) **grossulaire** (du latin scientifique *grossularia* = groseille, fruit dont il a souvent la couleur) est un minéral du métamorphisme de contact riche en aluminium, qui se forme à haute température dans les zones de contact entre un magma granitique riche en silice et des roches carbonatées ou par la réaction entre des calcaires et des roches argileuses riches en alumine (calcaires métamorphiques). Sa cassure est conchoïdale. On le trouve en masses diversement colorées en de nombreux sites d'Afrique du Sud (à Wollrütterskop par exemple) ou en cristaux dans des bassins de drainage de l'Oural (comme sur les rives de la Vilioui), au Canada (Asbestos, au Québec), en Afrique du Sud et au Sri Lanka.

L'**hessonite** (du grec *esson* = moindre) est une variété riche en fer, rouge hyacinthe à orange, qui ressemble au zircon mais sans en avoir la valeur ; on la trouve notamment dans les rivières cingalaises, associée au zircon hyacinthe avec lequel on la confond facilement. C'est un minéral de contact typique entre calcaires et roches éruptives, que l'on rencontre fréquemment en compagnie de diopside (pyroxène), de vésuvianite et de wollastonite (un silicate de calcium blanc fibreux). Gisements en Silésie tchèque (gros cristaux près de Žulová), en Italie (Piémont), en Sibérie (vallée de la Vilioui dans la région ouralienne de Yakoutsk), au Mexique (Xalostoc) et en Australie (Mudgee).

Andradite, *nésosilicate de calcium et de fer*

$Ca_3Fe_2[SiO_4]_3$; dureté 6,5–7,5 ; densité 3,7–4,1 ; jaune, verdâtre, vert foncé ou noir.

Forme massive de grenat calcique, l'**andradite** (en hommage à J. B. de Andrada e Silva, savant et homme politique brésilien) est associée dans les gisements à de la magnétite, à des pyroxènes, à des amphiboles ou encore à des serpentinites. Certaines de ses variétés sont précieuses ; telle la **mélanite** (du grec *melas, -anos* = noir), variété

174 Grenats taillés : un gros almandin de l'Inde (32,4 x 18,6 mm), trois pyropes de Bohême, un démantoïde de l'Oural, un autre almandin de l'Inde, une spessartite de Madagascar et une mélanite du Vésuve.

titanifère brun à noir, que l'on trouve dans certaines roches volcaniques (phonolites) et dont on fait des bijoux de deuil ; gisements connus en Italie (sur les pentes du Vésuve près de Naples et à Frascati près de Rome) et en Allemagne (Kaiserstuhl) ; tel encore le **démantoïde**, variété chromifère verte (vert émeraude, vert clair ou vert jaunâtre) ; très cotée en pierre dépassant 3 carats, cette dernière est sans doute, avec l'ouvarovite, parmi les plus précieuses des pierres vertes ; elle a été découverte pour la première fois au siècle dernier, dans les années soixante, dans des alluvions aurifères de l'Oural, près de Nijni Taghil et, vingt ans plus tard, dans la roche-mère près de la rivière Bobrovka ; elle doit son nom à sa propriété de décomposer la lumière en un grand nombre de couleurs dont les reflets rappellent le diamant ; on l'appelle aussi topazolite, parce que sa couleur est proche de celle de la topaze. Les plus récentes découvertes de démantoïde ont été faites en Tanzanie et dans le nord de l'Italie (Val Malenco).

Ouvarovite, *nésosilicate de calcium et de chrome*

$Ca_3Cr_2 [SiO_4]_3$; dureté 6,5–7,5 ; densité 3,42 ; vert émeraude avec des nuances vert-jaune.

Le grenat **ouvarovite** (dédié à Ouvarov) est considéré comme la plus belle des pierres précieuses vertes ; on le trouve en très petites quantités dans des gisements de roches ultrabasiques minéralisées en chromite. Ses cristaux, souvent opaques, sont généralement trop petits pour pouvoir être taillés ; les plus beaux spécimens proviennent de la région de Sverdlovsk dans l'Oural (en compagnie de démantoïde), de Jordanow en Silésie polonaise, de Makri en Turquie et de la mine Texas en Pennsylvanie (États-Unis).

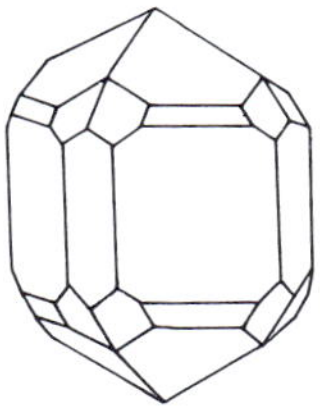

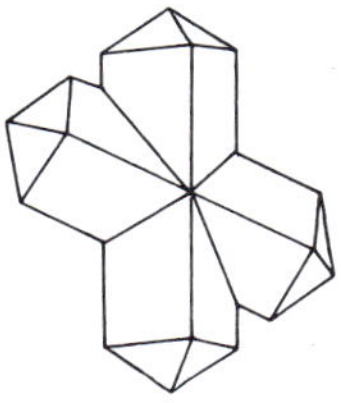

175 Zircon (longueur du plus grand cristal : 1,3 cm). Jizerská Louka (Rép. tchèque).

Zircon, *nésosilicate de zirconium*

Zr $[SiO_4]$, quadratique ; dureté 7,5 ; densité 3,9–4,8 ; brun-rouge à noir, bleu, vert, gris, jaune-brun, jaune pâle à incolore ; éclat adamantin ou vitreux, gras sur les cassures ; poudre blanche.

Le **zircon** (*zarcoun* en arabe) est un minéral lourd très fréquent dans certaines roches magmatiques en raison de sa résistance mécanique et chimique ; on l'y trouve en petits prismes allongés ou en grains arrondis, à clivage imparfait, cassure conchoïdale ou inégale ; inaltérable, il renferme souvent des traces de thorium et d'uranium radioactif, donnant le malacon, variété hydratée d'aspect amorphe. Minéral rare dans les laves et dans les tufs (basalte, trachyte), où il se présente parfois en gemme (hyacinthe), c'est par contre un minéral accessoire commun de roches éruptives ou métamorphiques acides telles que granites, pegmatites ou gneiss, dans lesquelles il se trouve en inclusions, avec une auréole noirâtre due à l'oxydation du minéral hôte, biotite, tourmaline ou cordiérite ; il cristallise plus tardivement dans les syénites et syénites néphéliniques dans lesquelles il peut être très abondant (syénites zirconiennes).

Le zircon est brun selon une certaine orientation de la lumière et gris bleuâtre dans une direction perpendiculaire (pléochroïsme). Parmi toutes les pierres fines, il a trouvé son usage en joaillerie bien après le rubis, le saphir ou le spinelle ; longtemps, n'ont été utilisées que les variétés incolores, appelées "diamants de Matara" (du nom de leur gisement dans le sud du Sri Lanka) : la dispersion élevée de la lumière provoque en effet un scintillement qui le fait confondre avec le diamant. Le zircon hyacinthe (en latin *hyacinthus*, du grec *huakinthos*, ancien nom de la jacinthe), jaune rougeâtre, est une très jolie pierre connue depuis très longtemps en Europe (en provenance d'alluvions cingalaises) mais injustement délaissée.

Principaux gisements donnant du zircon à usage industriel : dans le sud-ouest de la Norvège, en Allemagne (en Rhénanie), en Autriche (au Tyrol) et en Inde (minéral accessoire de sables marins à Travancore) ; on l'exploite pour la production de zirconium (éventuellement celle d'éléments radioactifs inclus), pour la fabrication de matériaux réfractaires, de verres spéciaux et d'abrasifs, et dans les réacteurs atomiques pour la protection de l'uranium contre la corrosion. Pour le zircon en tant que pierre fine transparente, incolore ou teintée, dont l'éclat est souvent très vif : en Sibérie (Miass, dans l'Oural), au Sri Lanka, au Cambodge, en Thaïlande, en Australie, au Canada (Renfrew), aux États-Unis (Caroline du Nord) et au Brésil (Cerro de Caldas).

176 Chiastolite (gros cristal de 4 x 3 cm). Bimbowrie (Australie).

Andalousite, *nésosilicate d'aluminium*

Al_2 $[SiO_4]$ O, orthorhombique ; dureté 7,5 ; densité 3,1–3,2 ; rose, blanc, gris ou couleurs diverses ; éclat vitreux ; poudre blanche.

L'**andalousite** (de l'Andalousie, province d'Espagne, où l'on a découvert son premier gisement, près d'Almeria) fait partie d'un groupe de silicates (appelés nésosubsilicates) renfermant des tétraèdres SiO_4 indépendants avec un atome d'oxygène non lié au silicium, avec faible pourcentage de fer. Les cristaux sont souvent en prismes plus ou moins grands aux terminaisons émoussées, à section transversale losangique ou presque carrée, à clivages parallèles aux faces du prisme.

La **chiastolite** (du grec *khiastos* = croisé, et *lithos* = pierre), connue depuis fort longtemps à Saint-Jacques de Compostelle, où l'on avait remarqué une ressemblance avec la lettre *khi*, est une variété d'andalousite à inclusions charbonneuses noirâtres dessinant un sablier ou une croix suivant les diagonales des sections transversales ; on en faisait des objets pieux, des "pierres de la croix". La **viridine** est, comme l'indique son nom, une variété verte, manganésifère. Minéral rare dans les roches magmatiques (pegmatites, granites acides), l'andalousite est par contre commune dans les roches du métamorphisme général (schistes, micaschistes, gneiss) et de contact (schistes à andalousite et cordiérite). Des gisements à usage industriel (pour la fabrication de matériaux réfractaires et de porcelaines spéciales) se trouvent au Kazakhstan et aux États-Unis (en Californie) ; d'autres moins importants sont situés en Autriche, en Sibérie (à Mourzinka, dans l'Oural), au Brésil (Minas Gerais) et en Australie (Bimbowrie) ; l'andalousite brésilienne est une pierre fine assez rare.

177 Andalousite (cristal de 7,5 cm). Tyrol (Autriche).

Le disthène et la sillimanite sont deux autres silicates d'alumine de même formule que l'andalousite. Le **disthène** (du grec *di-* = double, et *sthenos* = force, ainsi nommé par Haüy, parce que les cristaux s'électrisent par frottement les uns positivement, les autres négativement), encore appelé cyanite (du grec *kuanos* = bleu sombre), est un minéral triclinique, en baguettes aplaties bleutées et nacrées (on voit souvent deux couleurs à la fois : une bande bleu saphir à bords blancs), à clivages nets, de dureté 4,5 dans le sens de l'allongement du cristal, de 6 à 7 perpendiculairement à cette direction (autre raison justifiant la dénomination) ; il est présent dans les roches métamorphiques (schistes et gneiss) formées sous haute pression. La **sillimanite** (dédié à B. Silliman, chimiste et géologue américain), orthorhombique, se présente soit en prismes fins et allongés souvent cannelés, soit en bouquets de fibres mêlées à du quartz (et pour cette raison encore appelée fibrolite).

Topaze, *nésosilicate d'aluminium avec du fluor*

$Al_2 [SiO_4] (F,OH)_2$, orthorhombique ; dureté 8 ; densité 3,5–3,6 ; couleur pâle variable dans les jaune, orangé, bleu, violet, rose ou verdâtre, et souvent incolore ; éclat vitreux ; poudre blanche.

Ce minéral, fort bien connu des Grecs, a conservé une grande valeur tant qu'on ne connaissait que les gisements de l'Ancien Monde, mais la découverte de gisements dans le Nouveau Monde (États-Unis et Brésil), riches en spécimens d'une taille considérable, en a fait chuté le prix ; seules les pierres jaune miel, roses ou bleues n'ont pas été dépréciées sur le marché des joailliers.

Le nom de **topaze** (*topazos* en grec), vient peut-être de Topazos, nom d'une île de la mer Rouge où l'on trouve de la chrysolite, une olivine jaune avec laquelle on l'a longtemps confondue (mais certains minéralogistes pensent qu'il faut en chercher l'origine

178 Topaze (9 x 6 cm). Adun Chilon (Sibérie).

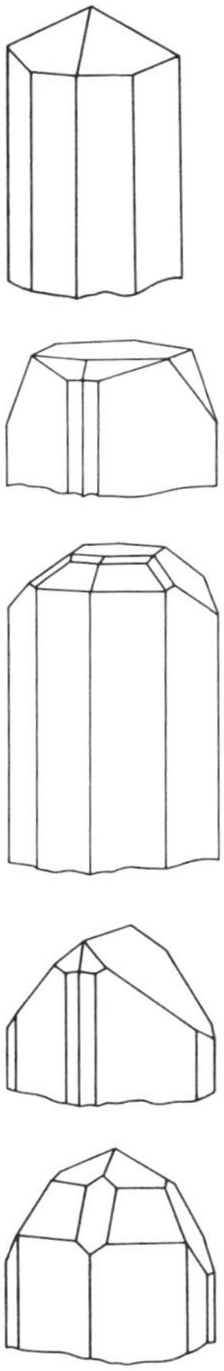

dans un mot sanscrit, *tapas* = feu) ; inversement, on appelait chrysolite (*chrysolithos* = pierre dorée) de véritables topazes jaunes !

Les topazes se présentent en prismes trapus, à faces finement cannelées ; elles sont fréquentes dans les granites et pegmatites acides, et dans les filons hydrothermaux ; les belles variétés utilisées en joaillerie doivent leurs couleurs à des traces d'éléments métalliques divers, la couleur jaune étant liée à une petite adjonction de chrome, le bleu à des traces de fer trivalent ou à un rayonnement radioactif. Les variétés non cristallisées sont opaques, le plus souvent verdâtres, jaunâtres ou rosâtres, et ne sont jamais utilisées comme pierres fines. Les topazes forment des druses dans les cavités de pegmatites, dans les filons de cassitérite ; on peut aussi en trouver des fragments dans les alluvions. On appelle **pycnites** (de *puknos* = épais, serré) celles qui se présentent en grains ou en fragments uniformes ressemblant à des feldspaths.

On connaît de nombreux gisements dont certains fournissent des variétés colorées typiques. Au Brésil, d'abord : dans l'État de Minas Gerais, deux régions sont particulièrement réputées ; au nord-ouest, ce sont des terrains dans lesquels abondent les pierres précieuses recelant de petits galets appelés "pingos d'agoa", c'est-à-dire "gouttes d'eau", dont on a trouvé l'origine dans des gneiss et des micaschistes ; près de la capitale Ouro Preto, ce sont des terrains schisto-argileux traversés par des filons de pegmatites altérées dans lesquels des topazes jaunes et orangées ("topazes impériales") se trouvent en compagnie de cristal de roche, de quartz enfumé, d'hématite, de tourmaline et de bien d'autres minéraux. Il existe d'autres gisements près de Villa Rica, dans l'État du Rio Grande do Sul, toujours dans des pegmatites.

Dans l'ex-URSS ensuite, où les topazes sont souvent associées à du béryl : en Ukraine, à l'ouest de Kiev, se situe le grand gisement de Volodar ; dans l'Oural, le site de Mourzinka, près d'Ekaterinbourg (ex-Sverdlovsk), fournit des topazes transparentes bleutées cachées dans des cavités au sein de granites, en compagnie de quartz enfumé, de feldspath et de lépidotite, et à Miass, au sud de Zlatoust, ce sont de grands cristaux incolores ; en Transbaïkalie, topazes jaunes ou bleues des montagnes d'Adun Chilon et cristaux jaune vineux d'Ouroulga près du lac Baïkal.

Beaucoup d'autres gisements sont exploités dans le monde : au Pakistan (topazes brunes ou bleues de Mardan et de Gilgit), au Sri Lanka (topazes incolores, jaunes et vert pâle), au Japon (grands cristaux incolores), en Australie, en Amérique du Nord (Topaz Montains, dans l'Utah). Quant aux rares sites d'Europe, ils n'offrent d'intérêt que du point

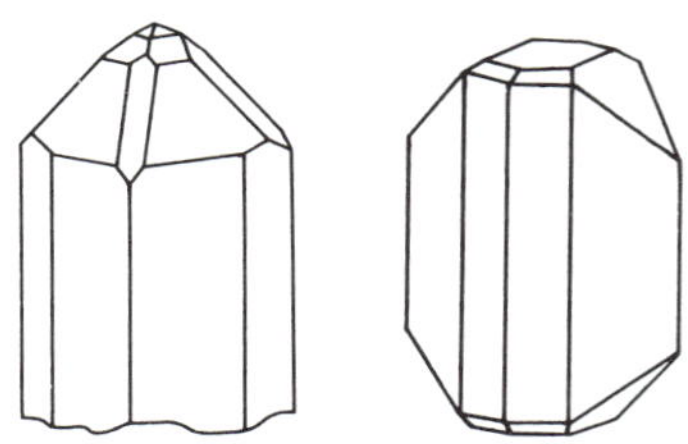

179 Topaze taillée (∅ de 29,8 mm et 164,7 carats pour la plus grosse pierre). Brésil.

180 Topaze taillée (43,9 x 30,6 mm et 197 carats). Brésil.

181 Topaze taillée (66,9 x 59,4 mm pour 1463 carats). Brésil.

de vue minéralogique : ceux de Schneckenstein (gisements d'étain et de tungstène) et de Zinnwald en Saxe (Allemagne), de Cínovec en Bohême (République tchèque), avec leurs filons de cassitérite à pycnites.

On a récolté au Brésil (Minas Gerais) et dans l'Oural (Mourzinka) des cristaux géants ; l'un d'entre eux, de couleur rose, provenant de Minas Gerais au Brésil et conservé à Florence, pèse 150 kg ; un autre, de même provenance, est au Muséum d'Histoire naturelle de New-York : il mesure 80 x 60 x 60 cm et pèse 300 kg ! D'autres topazes tout aussi extraordinaires sont dispersées dans le monde : la plus célèbre topaze taillée, la Braganza, trouvée au Brésil à Ouro Preto en 1640, et prise alors pour un diamant, pèse 1680 carats et est sertie dans la couronne portugaise ; à Washington, la Smithsonian Institution abrite les plus grosses topazes jamais taillées : une jaune verdâtre de 1 469 carats, une bleue de 3 273 carats et une jaune de 7 725 carats ! Le Trésor de Dresde, *Das Grüne Gewölbe*, possède une remarquable collection de topazes taillées, isolées ou serties dans des bijoux.

En joaillerie, les critères d'appréciation des topazes sont surtout la dureté, la transparence, la couleur et la pureté. Le clivage facilite le fractionnement tout en compliquant la taille. Certaines variétés très colorées pâlissent ou changent de couleur sous l'effet de la chaleur d'un rayonnement solaire ou autre, propriété exploitée par les joailliers qui peuvent ainsi jouer sur la palette chromatique des topazes : ainsi les topazes brésiliennes jaunes ou orangées sont-elles transformées par un chauffage approprié en topazes rose-rouge à indice de réfraction élevé et fort pléochroïsme.

Exceptionnellement, on utilise la topaze transparente en optique pour la fabrication de lentilles spéciales ; la poudre de topaze est employée pour le polissage. La synthèse de ce minéral n'offre guère d'intérêt pratique, hormis pour la fabrication de fausses pierres, précieuses ou non, soit incolores (diamant, leucosaphir ou cristal de roche), soit colorées (zircon, aigue-marine). À l'inverse, les imitations de topazes sont en corindon ou en spinelle synthétiques, ou encore en citrines d'un jaune profond obtenu par grillage d'améthystes ("topazes espagnoles", "topazes de l'Oural").

Staurolite (ou staurotide) – *nésosilicate complexe de fer, d'aluminium et de magnésium*

$(Mg,Fe)_2(Al,Fe)9O_6$ $[SiO4]_2$ $(O,OH)_2$, orthorhombique ; dureté 7–7,5 ; densité 3,7–3,8 ; brun, brun-rouge à brun-noir ; éclat vitreux, résineux sur les cassures ; poudre incolore.

Le nom de **staurolite** (du grec *stauros* = croix) attribué à ce minéral traduit le fait que ses cristaux en prismes trapus présentent ordinairement des macles par interpénétration en croix à 90° ou 60° (macles que l'on portait autrefois comme amulettes, sous les appellations de "pierre de croix", "macle de Saint-André" ou "croisette de Bretagne") ; sous le nom de *Baseler Taufsteine* ("pierres baptismales de Bâle"), on en vendait aussi, associées à de la cyanite, en provenance de Monte Campione près de Faido et de Lago Ritone, dans le canton du Tessin en Suisse ; les cristaux isolés sont par contre très rares.

La staurolite est incluse dans des schistes cristallins, des gneiss et autres roches métamorphiques. Principaux gisements : pour l'Europe, en France c'est en Bretagne (région de Quimper), en Suisse dans le Tessin (col du Saint-Gotthard), en Autriche dans le Tyrol (Passeyr et Sterzing) et en Styrie (Sainte-Radegonde), en Allemagne en Bavière (Aschaffenburg), en République tchèque en Moravie (Branná et Hrubý Jeseník) ; en Sibérie dans l'Oural (cristaux isolés des alluvions de Sanarka près d'Orenbourg, ex-Tchkalov) ; ailleurs dans le monde, en Namibie (Gorobmine), aux États-Unis (dans le New Hampshire et à Ducktown, dans le Tennessee).

Titanite (ou sphène), *nésosilicate de titane et de calcium*

CaTi $[SiO_4]$ (OH,F), monoclinique ; dureté 5–5,5 ; densité 3,4–3,6 ; jaune de miel ou jaunâtre, verdâtre, brun, rouge-brun à rougeâtre, polychroïque ; éclat fortement adamantin ; poudre incolore.

Le **sphène** (du grec *sphên* = coin) se présente sous forme de cristaux souvent automorphes, prismatiques ou tabulaires, à bords tranchants (forme en "toit de maison") et à macles fréquentes, plus rarement en agrégats compacts ou grenus ; outre le

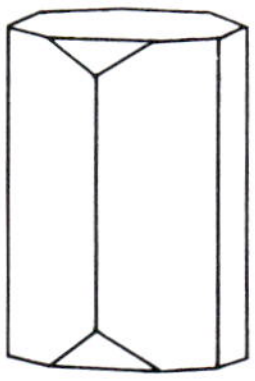

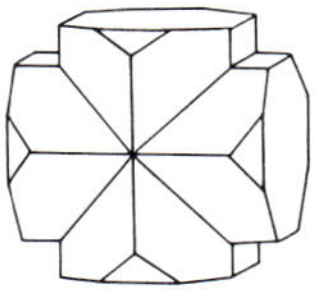

182 Staurolite (1 x 1 cm). Quimper (France).

calcium et le titane, il contient des traces de sodium, de fer et de terres rares ; c'est un minéral accessoire répandu dans de nombreuses roches magmatiques (diorites, granites, syénites et laves correspondantes) et de roches métamorphiques (schistes cristallins, gneiss, amphibolites) dont il occupe souvent les fissures ; on en trouve également dans les filons de pegmatites traversant des calcaires cristallins, et dans bien d'autres roches telles que les phonolites et les diabases.

Dans les pegmatites, les cristaux de sphène sont épais, de couleur brune à noire, et de grandes dimensions (jusqu'à 10 cm) ; dans les fentes alpines, ils sont allongés, souvent maclés en forme de gouttière, transparents avec un éclat intense et de couleur jaune ou verte ; ils sont alors utilisés en joaillerie bon marché. Cependant, l'usage de ce minéral, en tant que minerai de titane (d'où le nom titanite), est essentiellement tourné vers l'industrie. Dans les toundras du massif de Khibiny dans la presqu'île de Kola, on obtient la titanite comme produit secondaire dans l'extraction de l'apatite ; elle peut contenir jusqu'à 25 % de titane et constitue alors un intéressant minerai pour ce métal. Associée à l'acier, elle donne le ferro-titane, très résistant aux acides ; les combinaisons de titane servent à la préparation des glaçures jaunes et oranges en céramique et à la confection de fibres synthétiques dans l'industrie textile ; l'oxyde de titane est à la base d'une peinture d'apprêt, le blanc de titane.

Principaux gisements : Alpes suisses (Saint-Gotthard) et autrichiennes, République tchèque (Čáslav), Allemagne (région de Dresde), Norvège (Kragerö), Russie (dans la presqu'île de Kola), Sibérie (Akhmatov dans l'Oural), États-Unis (Tilly Foster Iron Mine, dans l'État de New-York), Brésil (gisement de Capelinha, près de Diamantina).

183 Titanite (cristaux de 1 cm). Ofernhorn (Suisse).

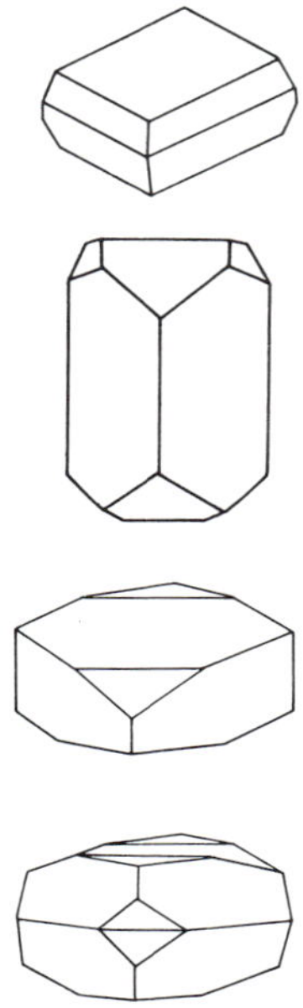

184 Titanite (cristaux de 2 cm). St. Gotthard (Suisse).

Hémimorphite (ou calamine), *sorosilicate hydraté de zinc*

$Zn_4[Si_2O_7]O(OH)_2$, orthorhombique ; dureté 5 ; densité 3,3–3,5 ; incolore, jaune pâle ou brun clair ; fort éclat vitreux ; poudre incolore.

Il s'agit d'un minéral que l'on considérait autrefois comme un orthosilicate hydraté de formule $Zn_2[SiO_4].H_2O$, mais dont l'étude structurale a conduit à une autre formule construite sur le groupement Si_2O_7. Connue depuis longtemps dans les niveaux supérieurs des filons de minerais de zinc et de plomb, l'**hémimorphite** est généralement mélangée à de la smithsonite, ces deux minéraux étant d'ailleurs confondus sous le nom commun de **calamine** (mot emprunté au latin médiéval *calamina*, du latin classique *cadmea*, et qui désignait l'oxyde de zinc) ; la **calamine** des minéralogistes correspond à l'hémimorphite, silicate de zinc, et n'a en fait rien à voir avec la calamine des géologues, la smithsonite, qui est un carbonate de zinc résultant de l'altération de la blende ; ce n'est qu'au XIXe siècle que les deux minéraux furent séparés. Moins abondant, le silicate doit son nom d'hémimorphite au développement hémimorphe de ses cristaux dont les deux extrémités sont différentes.

On trouve le plus souvent l'hémimorphite en revêtements cristallins, en masses, en boules, en agrégats réniformes à couches concentriques, en fibres ou en stalactites, plus rarement en cristaux groupés en éventail. Associée à d'autres minéraux secondaires, elle résulte le plus souvent de l'altération de la sphalérite (blende), formant ce que l'on appelle le "chapeau de fer" et contenant jusqu'à près de 55 % de zinc ; elle peut aussi avoir une origine métasomatique, les carbonates d'une roche calcaire étant dissous et laissant place à des cristallisations minérales nouvelles sous l'action de solutions interstitielles ; dans les gisements de ce type, l'hémimorphite est en général associée à de la blende et à de la galène. Principaux gisements : le long de la frontière germano-belge (aux environs de Vieille-Montagne et d'Aix-la-Chapelle), en Silésie polonaise (Tarnovic), en Autriche (Bleiberg), en Slovénie (Rabelj), en Sibérie (Nertchinsk), aux États-Unis (Phoenix, en Pennsylvanie) et en Afrique du Nord.

Épidote (ou pistachite ou pistacite), *sorosilicate complexe d'aluminium, de calcium et de fer*

$Ca_2FeAl_2[SiO_4][Si_2O7]O(OH)$, monoclinique ; dureté 6,7 ; densité 3,3–3,5 ; verdâtre, vert pâle, brun-vert à noir ; éclat vitreux ; poudre grise.

On réunit sous le nom général d'épidotes une série isomorphe de formule $X_2Y_3[Si_2O_7][SiO_4]O(OH,F)$, comprenant notamment la pistacite dans laquelle $X_2 = Ca_2$ et $Y_3 = FeAl_2$, la zoïsite avec $X_2Y_3 = Ca_2Al_3$, et l'orthite de formule plus complexe avec $X_2Y_3 = (Ca,Ce,La,Y)_2(Mn,Fe,Al)_3$. Les épidotes se présentent souvent en grains, parfois en fibres ou en prismes allongés striés longitudinalement, à clivage assez facile, formant des groupements bacillaires dont la couleur va du jaune au noir en passant par le vert et le brun ; les teintes vertes sont les plus courantes (vert bouteille, vert pistache, vert jaune moutarde), la **piémontite** étant rose ou rouge, l'**orthite** brune ou noire. Les épidotes vertes sont communes dans de nombreuses roches légèrement calciques ayant subi un léger métamorphisme, soit de contact (cornéenne à albite et épidote), soit général (schistes à épidote, chlorite et albite) ; elles dérivent le plus souvent par altération ou par rétromorphose de plagioclases ou de hornblendes.

185 Hémimorphite (fragment de 7 x 6 cm). Nerchinsk (Russie).

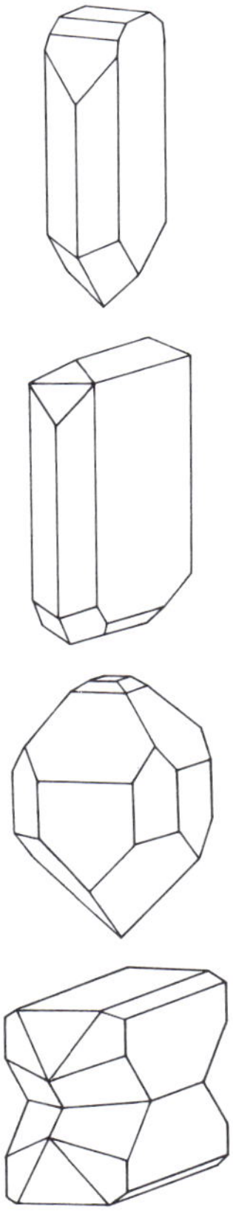

186 Épidote (longueur de 8 cm pour le plus grand cristal). Knappenwand, Salzbourg (Autriche).

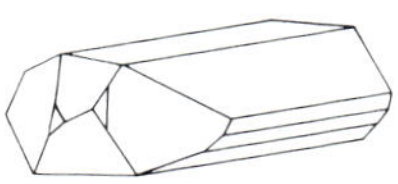

L'**orthite** (du grec *orthos* = droit, allusion à la forme des cristaux), encore appelée **allanite** (dédiée au minéralogiste anglais Thomas Allan) est une épidote de symétrie monoclinique contenant des éléments de terre rare (cérium, thorium, yttrium, lanthane, néodyme...) ; elle se présente à l'état de grains ou de prismes bruns ou noirs à éclat résineux, au sein de granites ou de pegmatites. Dans la **piémontite**, le manganèse remplace le fer de la pistacite.

La **pistacite** (dont la couleur rappelle celle de la pistache) est l'épidote au sens strict du terme, l'un des composants du groupe des épidotes *lato sensu* (en grec *epidotos*, de *epididonai* = s'accroître : parce que, longtemps confondue avec la tourmaline, sa reconnaissance par Haüy en 1801 a augmenté le nombre des minéraux dans le tableau de leur classification). La pistacite forme de longs prismes aciculaires à nombreuses faces, des agrégats grenus ou compacts ou encore des revêtements.

Elle peut constituer des roches homogènes appelées épidosites, jaunes ou jaune verdâtre, formant des nids ou des inclusions dans d'autres roches telles que les amphibolites. Principaux gisements de pistacite : en Autriche (Knappenwand, près de Salzbourg), République tchèque (Sobotín, en Moravie), en Pologne (Kowary, en Haute-Silésie), en Russie (Akhmatovsk), au Sri Lanka, au Pakistan (Khyber Pass) et aux États-Unis (dans la région du Lac Supérieur, et à Sulzer, dans l'île du Prince de Galles au large de l'Alaska). La pistacite n'est guère utilisée comme pierre fine en raison de sa faible dureté : on ne taille que les épidotes vert foncé en provenance d'Autriche et du Sri Lanka ; cependant, certains cristaux sont fort appréciés des collectionneurs, particulièrement ceux de Knappenwand.

Zoïsite, *sorosilicate de calcium et d'aluminium*

$Ca_2Al_3 [SiO_4] [Si_2O_7] O(OH)$, orthorhombique ; dureté 6 ; densité 3,2–3,4 ; gris-blanc, verdâtre, brunâtre, rouge, rose, jaune, rarement bleu ; éclat vitreux ; poudre incolore.

La **zoïsite** (dédiée au minéralogiste et collectionneur autrichien Sigmund Zois von Edelstein) est une épidote. Bien que connue depuis longtemps, elle n'a réellement suscité d'intérêt qu'à partir de 1967, date à laquelle un lapidaire de Goa, Manuel D'Souza, trouva par hasard près de la petite ville masaï d'Arusha, dans la vallée d'Umba au sud-ouest du Kilimandjaro, une gemme d'un fort joli bleu. Pendant près de deux ans, l'opinion se passionna pour cette découverte, les journaux à sensation allant jusqu'à parler du "trésor bleu de l'Afrique". Trouvé en Tanzanie, le minéral fut logiquement baptisé **tanzanite**, nom choisi par la firme new-yorkaise Tiffany. Ce sont des spécialistes d'une société allemande d'Idar Oberstein qui identifièrent correctement la tanzanite, tour à tour rapprochée du saphir (variété de corindon, oxyde d'aluminium), de la

187 Zoïsite (cristaux de 4 cm de long). Zermat (Suisse).

188 Vésuvianite (cristaux de 1,5 cm). Egg (Norvège).

cordiérite (aluminosilicate de magnésium) et de la dumortiérite (borosilicate d'aluminium) ; elle doit sa belle couleur bleue à une adjonction de strontium et possède un remarquable trichroïsme bleu, violet, rouge. Une autre variété, appelée **thulite** (d'après Thulé, ancien nom de la Norvège où on la trouve), doit sa couleur rose à la présence de manganèse.

En joaillerie, la tanzanite africaine, dont le bleu peut être intensifié par grillage, est davantage utilisée que la thulite norvégienne elle-même préférée à la zoïsite californienne, vert grisâtre. Quoique plus faible que dans la zoïsite ordinaire, la réfraction de la lumière dans les gemmes de tanzanite est presque aussi élevée que pour le corindon, ce qui assure sa valeur de pierre précieuse, en dépit d'une moindre dureté et d'un clivage apparent. La plus grosse tanzanite trouvée à ce jour pèse 126 carats (on dit qu'Elizabeth Taylor, la star américaine, en possède un magnifique collier de cinq grosses gemmes).

La zoïsite se présente en petites masses plus ou moins fines et striées ou en agrégats fibreux, plus rarement à l'état cristallisé (les plus grands cristaux atteignent 10 cm, mais leur limpidité laisse à désirer). Elle se trouve dans certaines roches basiques, souvent dans des fissures, et dans des calcaires métamorphiques de contact, accompagnée de divers autres minéraux gemmes (diopside, tourmaline, cyanite, grossulaire, sphène, axinite). Principaux gisements en Norvège, en Allemagne (Gefries), en Suisse (Zermatt), en Autriche (Saualpe en Carinthie), en République tchèque (Třebíč) et aux États-Unis (Tennessee et Californie) ; celui de Tanzanie est pratiquement épuisé.

Vésuvianite (ou idocrase), *sorosilicate complexe de calcium, magnésium et d'aluminium avec du fer*

$Ca_{10}(Mg,Fe)_2Al_{14}$ $[(SiO_4)_5 (Si_2O7)_2]$ $(OH,F)_4$, quadratique ; dureté 6,5 ; densité 3,27–3,45 ; jaune, brun ou brun-rouge, vert ou brun-vert, parfois bleu ; éclat vitreux, gras sur les cassures ; poudre incolore.

Ce silicate complexe pourrait être appelé le minéral au cent noms. Celui d'**idocrase** (du grec *eidos* = aspect et *krasis* = mélange) est une allusion au fait que sa composition est la même que celle de certains grenats avec lesquels il peut être confondu. Celui de **vésuvianite** vient évidemment du gisement exploité sur le plus ancien des deux cônes du Vésuve, célèbre volcan de Campanie sur la rive du golfe de Naples, en Italie méridionale. D'autres noms ont aussi une origine géographique : l'**égerane** (d'Eger, nom allemand de la ville de Cheb en Bohême), est fort connue grâce à un gisement de renommée mondiale situé près de Hazlov ; on l'y trouve sous forme d'amas grossièrement pailleux de couleur brune, en compagnie de grenats, d'hessonite, de wollastonite et d'albite ; ce même nom est par ailleurs utilisé pour désigner d'une manière générale les variétés brunes et aciculaires d'idocrase. La **vilioüite**, provient d'un gisement de la rivière Viliouï en Sibérie occidentale et la **californite**, d'un gisement de Californie.

La formule complète de l'idocrase est difficile à établir car le minéral recèle, outre les constituants de base, divers éléments à l'état de traces (manganèse, chrome, béryllium, cuivre...). On peut facilement confondre l'idocrase avec divers autres minéraux : tourmaline, olivine, topaze ou grenat. Elle forme des agrégats grenus ou compacts, des cristaux tabulaires ou prismatiques courts à nombreuses faces, plus rarement des cristaux pyramidaux, translucides ou opaques, striés longitudinalement et relativement fragiles. Elle est présente dans les cornéennes calciques et dans les skarns (avec des grenats grossulaires), parfois dans certains marbres et plus rarement encore dans des roches métamorphiques (micaschistes) ou magmatiques (gabbros, péridotites, serpentines) au contact de roches carbonatées. Chaque variété a sa couleur caractéristique : égérane brune, californite verte, vilioüite vert-noir, xanthite jaune, cyprine bleu clair.

L'Eurasie possède de nombreux gisements en Norvège (Arendal, Kristiansand, Eiker près d'Oslo), Allemagne (Göpfersgrün), Italie (Monzoni, près de Predazzo dans les Dolomites, vallée de l'Ala dans le Piémont, Monte Somma sur le Vésuve), Roumanie

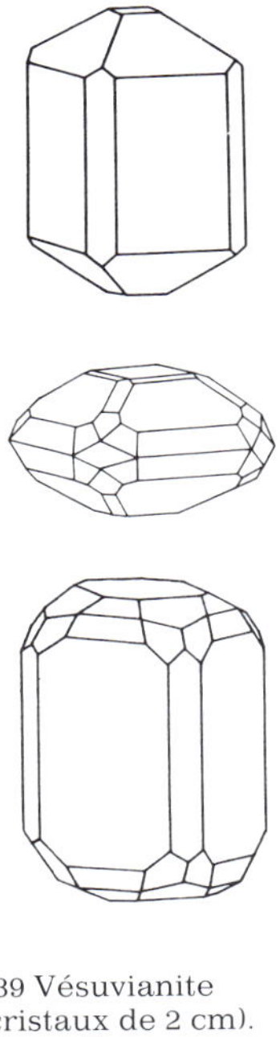

189 Vésuvianite (cristaux de 2 cm). Monte Somma, Vésuve (Italie).

(Cziklov, dans le Banat), République tchèque (Bludlov près de Šumperk), Sibérie (Akhmatovsk dans l'Oural) sur le continent américain, au Québec, aux États-Unis (Siskiyou Mountains et Riverside en Californie, Magnet Cove dans l'Arkansas, Ludwig dans le Nevada, Scratch Gravel dans le Montana, région de Sanford dans le Maine, Eden Mills dans le Vermont, Olmstedville dans l'État de New-York, Franklin dans le New-Jersey), au Mexique (Xalostoc, Morales et environs du lac Jaco dans la province de Chihuahua) et au Brésil ; sur le continent africain, au Kenya.

Des cristaux géants (30 cm) mais imparfaits ont été trouvés à Magnet Cove, plus petits (8 cm) mais mieux formés à Ludwig et à Morales, voire parfaits à Scratch Gravel et Sanford ; les plus belles gemmes proviennent du Brésil et du Kenya. Certaines roches contenant de la vésuvianite se prêtent à de très beaux polis diversement colorés.

Bénitoïte, *cyclosilicate de baryum et de titane*

$BaTi[SiO_3]_3$, rhomboédrique ; dureté 6,5 ; densité 3,7 ; bleu, parfois avec des reflets violets, rarement incolore ; éclat vitreux ; poudre incolore.

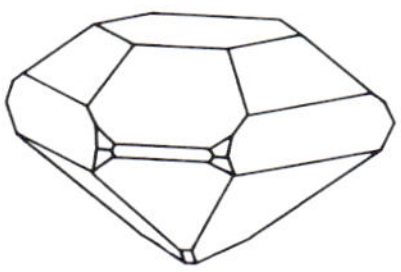

La **bénitoïte** tient son nom de San-Benito, le premier de ses très rares gisements, situé près du mont Diablo, à l'est de San Francisco en Californie. Longtemps confondue avec le saphir en raison de son éclat, de sa limpidité et de sa remarquable couleur bleue qui lui a valu le nom de "pierre céleste", la bénitoïte n'a été identifiée qu'en 1907 par le minéralogiste américain Landerback. C'est un minéral qui est aujourd'hui réputé comme pierre fine, quoique de taille difficile ; ses cristaux sont en effet très

190 Bénitoïte (cristaux de 1,4 cm). Benito County, Californie (États-Unis).

191 Aigue-marine (cristal de 9 cm). Adun Chilon, Sibérie (Russie).

192 Morganite (cristal de 15 x 12 cm). Pala, Californie (États-Unis).

fortement pléochroïques : d'un bleu profond dans la direction de l'axe cristallin, ils sont quasiment incolores dans la direction orthogonale.

On ne trouve la bénitoïte qu'en petites quantités dans des fissures de schistes cristallins, en compagnie de neptunite noire (silicate de sodium, fer et titane) et de jaquinite brun-orangé (autre silicate complexe de sodium, calcium, fer et titane) ; sur le mont Diablo, ce sont des serpentinites fortement transformées, principalement composées d'amphiboles imprégnées de natrolite cryptocristalline. Le plus gros cristal trouvé à ce jour pesait 7 carats.

Dans la **catapléite** (de *katapleôs* = rempli), qui est hydratée, le baryum et le titane sont remplacés par le sodium et le zirconium : $Na_2Zr\ [SiO_3]_3.H_2O$.

Béryl, *cyclosilicate de béryllium et d'aluminium*

$Be_3\ Al_2\ [SiO_3]_6$, hexagonal ; dureté 7,5–8 ; densité 2,63–2,80 ; couleurs très variées : voir texte ; éclat vitreux ; poudre blanche.

Le **béryl** (en latin *beryllus*, du grec *bêrullos*) et ses variétés colorées étaient déjà des pierres précieuses réputées parmi les Anciens. Dès 1650 avant notre ère, les trésors des pharaons étaient alimentés par de très riches gisements égyptiens (dont le gisement d'émeraudes de Kosseir, aujourd'hui épuisé) et l'on raconte que la belle Cléopâtre possédait son portrait gravé dans une émeraude. Romains, Arabes et Turcs ottomans s'y approvisionnèrent tour à tour. On dit aussi que les Péruviens honoraient comme un dieu une émeraude de la taille d'un œuf d'autruche. Longtemps avant l'arrivée des Espagnols en 1535, les Indiens de Colombie exploitaient des mines d'émeraudes ; l'une de ces pierres, mesurant 13 x 18 cm et exposée au Muséum d'histoire naturelle à Vienne, aurait appartenu à Montézuma, empereur des Aztèques, avant de transiter par la collection pragoise de l'empereur Rodolphe II, collection qui aurait également fourni la druse du Trésor de Dresde, *Das grüne Gewölbe*. Il existe aussi à Kandy, au Sri Lanka, dans le sanctuaire du Temple de la Dent de Bouddha, une très vieille statuette du sage indien taillée dans une pierre unique.

Le béryl se trouve soit en agrégats massifs, soit en druses de cristaux souvent prismatiques ; il est exploité dans des pegmatites, des granites, des micaschistes, ainsi que

193 Béryls verts taillés (pierre de droite : 51,8 x 41,8 mm et 421,6 carats). Provenance non précisée.

dans les éluvions et alluvions qui en dérivent, parfois aussi dans des calcaires bitumeux métamorphisés ; il se rencontre ordinairement au voisinage du quartz ou enchassé dans des feldspaths, en association fréquente avec des tourmalines, des topazes et des minéraux rares. Ordinairement de taille centimétrique, les cristaux de béryl sont allongés ou cannelés et arrondis, à cassure conchoïdale ou inégale, à polychroïsme parfois marqué ; ils sont fort appréciés en joaillerie en raison de leur grande limpidité et d'une vivacité de couleur dont la palette est très étendue, principalement dans les verts (verdâtre, vert-jaune, vert pâle, vert intense, vert-bleu) ; ces colorations variées sont dues à des traces de fer, de chrome ou de bore (bleu et vert), d'uranium (jaune), de césium ou de lithium (rose) ; certains béryls sont incolores. Les variétés pierreuses (dont les cristaux géants trouvés dans le Maine, aux États-Unis : 6 mètres de long pour 1 500 kg) sont utilisées comme minerai de béryllium (métal très léger actuellement recherché comme élément d'alliages à usages spéciaux). Les principales variétés de béryl utilisées en gemmologie sont l'émeraude et l'aigue-marine.

L'**émeraude** (*smaragdos* en grec ; Pline l'a mentionnée sous le nom de *smaragdi scythici*, ce qui laisse supposer pour cette époque des échanges commerciaux avec les tribus scythes) est une variété verte et limpide de béryl particulièrement bien développée dans des calcaires et dans des micaschistes ; sa couleur est due à des traces de chrome (de 0,14 à 0,50 %). Une grande émeraude taillée, peut-être la plus grande au monde, est conservée au Musée d'art et d'histoire de Vienne : c'est un vase de 10 cm de haut pesant 2 681 carats. La plus importante collection d'émeraudes, provenant d'un gisement de Nubie, en Haute-Égypte, est probablement celle du Trésor des sultans turcs, conservée dans le palais de Topkapi, à Istambul.

194 Aigues-marines taillées (68,5 x 55,8 mm et 990,6 carats pour la plus grosse pierre). Brésil.

De nombreuses émeraudes colombiennes sont aujourd'hui dispersées en Espagne. De nos jours, les plus beaux spécimens d'émeraude proviennent de Colombie (régions de Muzo, Coscuez, Chivor, etc.) ; d'autres gisements importants sont connus au Brésil (État de Bahia), en Afrique du Sud (Transvaal), en Sibérie (Oural), au Pakistan, en Afghanistan et, pour l'Europe, en Autriche (Habachtal, dans le Tyrol). Des cristaux colombiens sont à remarquer pour leur faciès très spécial en roue d'engrenage : cette variété, appelée *trapiche*, tire son nom de leur ressemblance avec un moulin à canne à sucre ou une meule à minerai d'usage local. Noter que la pierre appelée "émeraude orientale" est en fait un corindon.

L'**aigue-marine** (de l'ancien français *aigue* = eau, et marin) est une variété bleue ou vert bleuâtre très pâle et transparente de béryl ; les plus beaux spécimens proviennent d'éboulis ou d'alluvions issus de granites macrocristallins ; sa couleur est due à la présence de fer ferreux (de 0,10 à 0,30 %) ; les gemmologues la classent en douze catégories différentes ; elle est particulièrement recherchée quand sa couleur est très foncée.

Les principaux gisements se trouvent en Eurasie (Ukraine, monts de l'Oural à Murzinka et montagnes d'Adun Chilon près de Nerchinsk, en Transbaïkalie), au Pakistan (Gilgit) et surtout au Brésil (Governador Valadares). Les dépôts du sud du Brésil sont probablement les plus riches du monde ; leurs gemmes sont de grande taille, le plus souvent bleu clair ; un cristal bleu-vert parfaitement limpide, long d'environ 50 cm pour un poids de 110 kg, a été découvert en 1910 dans un bloc de pegmatite de la mine de Marambaia ; en 1967, près de Tres Barras dans la même région, un bulldozer travaillant à l'ouverture d'une route, dégagea un cristal de plus de 20 cm de diamètre sur une longueur de 1 m !

Les plus grandes aigues-marines connues (1 000 carats et 988 carats, bleu pâle ; 875 carats, vert) sont respectivement conservées à la Smithsonian Institution à Washington, au Muséum National de Prague et au British Museum à Londres ; toutes trois sont brésiliennes, comme le sont les aigues-marines du Musée des Pierres précieuses d'Idar Oberstein en Allemagne et celles du Muséum national d'histoire naturelle à Paris. La plus grande collection privée se trouve aux États-Unis : elle comporte une trentaine de grandes aigues-marines dépassant 100 carats et de nombreux spécimens taillés et polis de plusieurs autres variétés de béryl.

La **morganite** (en hommage à Piermont Morgan, grand collectionneur de gemmes), est une autre variété de béryl dont la couleur rose (rose pâle, rose vif ou rose saumon, "couleur fleur de pêcher" des pierres de Madagascar) est due à la présence de césium ; le plus grand cristal taillé se trouve au British Museum (il vient de Madagascar et pèse 598 carats). Principaux gisements à Madagascar, au Mozambique, en Afghanis-

195 Héliodore (cristal de 1 cm). Nerchinsk, Sibérie (Russie).

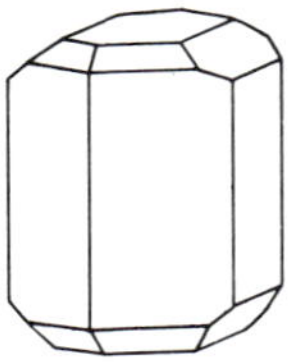

196 Cordiérite (morceaux de gemmes de 2,5 cm). Madagascar.

tan, en Californie, au Brésil (Rio Piauí, Teófilo Otôni, Diamantina et Governador Valadares, avec d'autres béryls, notamment l'héliodore) et dans l'ex-U.R.S.S. (le terme de **vorobiévite**, dû aux gemmologues russes, est parfaitement synonyme) ; la plus sensationnelle découverte eut lieu au Brésil en 1972 : de plusieurs tonnes de spodumène (dont une demi-tonne de kunzite gemme) extraites d'énormes cavités, on retira 200 cristaux de morganite. La **bixbite**, d'une intense couleur cramoisie due à une teneur exceptionnelle en manganèse (0,8 %), est une variété qui prend naissance dans des fissures au sein de rhyolites parcourues par des solutions hydrothermales ; quelques gisements sont connus aux États-Unis (Wha-Wha Mountains, dans l'ouest de l'Utah) et au Mexique. La **maxaxite** (de Maxaxa, l'un des sites producteurs de Minas Gerais) est un béryl coloré en bleu profond du fait de la présence de bore. L'**héliodore**, béryl jaune d'or dont le plus grand cristal se trouve à la Smithsonian à Washington (il provient du Brésil et pèse 2 054 carats), doit sa couleur à la présence de fer ferrique ; ses principaux gisements se trouvent au Brésil (surtout dans l'État de Goias) et en Eurasie (Ukraine et Transbaïkalie). La **goshénite**, initialement découverte dans le gisement américain de Goschen (Massachussets), est une variété incolore trouvée ultérieurement au Brésil (Minas das Criminosas, Governador Valadares, dans le Minas Gerais).

Les plus importants gisements de béryls de couleur se trouvent aux États-Unis (morganites de Pala, en Californie), en Colombie (émeraudes de Muso), au Brésil (béryls divers, y compris l'émeraude bleutée du site de Carnaiba et la maxaxite bleu profond de Maxaxa), en Eurasie (émeraudes du Tyrol et de l'Oural), en Afrique du Sud (émeraudes du Transvaal) et à Madagascar (morganites, héliodores et aigues-marines de Marahitra et d'Antsirabé). Le plus grand nombre de faces d'un cristal naturel de béryl, en relation avec de parfaites conditions de croissance en milieu dépourvu de toute impureté, est un facteur de plus-value ; mais de nos jours, le prix des aigues-marines (et des autres variétés de béryl) est encore loin d'approcher celui des émeraudes, exception faite de rarissimes béryls couleur vert d'herbe.

Cordiérite (ou dichroïte), *cyclosilicate d'aluminium et de magnésium*

$Al_3(Mg,Fe)_2$ $[(AlSi_5)O_{18}]$, orthorhombique ; dureté 7–7,5 ; densité 2,6 ; brun-bleu, brun-vert, jaunâtre, gris-bleu, bleu à violet, fortement pléochroïque ; éclat gras à vitreux ou cireux ; poudre incolore.

La **cordiérite** (en hommage au géologue et minéralogiste français Louis Cordier qui en a donné une description précise en 1809) est un minéral utilisé depuis très longtemps comme pierre précieuse, en particulier au Sri Lanka où on la considérait comme une variété de saphir ; les variétés claires y étaient vendues sous le nom de “saphirs d'eau”, tandis qu'en Allemagne les cordiérites foncées, qui ressemblent le plus à ce corindon, étaient appelées “saphirs trompeurs”.

La cordiérite se trouve à l'état xénomorphe dans les roches du métamorphisme de contact (schistes à cordiérite et à andalousite) et celles du métamorphisme régional (micaschistes, gneiss, granulites) ; les cristaux automorphes se rencontrent dans des granites à biotite et muscovite, parfois dans des pegmatites, ou encore dans certaines roches basiques (norites) ; elle peut former de puissantes masses vitreuses. Elle cristallise le plus souvent en grains xénomorphes, rarement en prismes trapus dont la teinte brune peut varier en raison d'un polychroïsme allant du jaune-brun au brun bleuté ; d'où son autre nom de **dichroïte** (du grec *dikhroos* = de deux couleurs) ; la variété **iolite** est bleu foncé ou bleu violacé : les gemmes violettes dans un sens, grises dans l'autre, constituent d'intéressantes curiosités ; la variété **pinite** (encore appelée **gigantolite**) présente une teinte verdâtre résultant d'une fréquente altération en chlorite et en fines aiguilles de mica blanc.

Principaux gisements de cordiérite : en Finlande (Orijarva : cristaux de 5 cm non altérés), en Norvège (Kragerö : masses vitreuses farcies d'inclusions rouges d'hématite), en Allemagne (Bodenmais, en Bavière : cristaux de 4 cm partiellement altérés), en Sibérie (Mourzinka, dans l'Oural), aux États-Unis (Haddam, dans le Connecticut).

Des cristaux imparfaits de grande taille (jusqu'à 20 cm) et des agrégats grenus ou compacts, violets ou gris-bleu, verdissant et jaunissant à l'air, trouvés en Moravie à Dolní Bory, près de Velké Meziříčí (République tchèque) et considérés jusqu'en 1968 comme étant de la cordiérite, appartiennent en fait à un minéral voisin de formule Al_3Fe_2 $[AlSi_5O_{18}]$ appelé **sekaninaïte** (en hommage au minéralogiste tchèque Josef Sekanina). Ce minéral a été depuis trouvé au Japon : c'est, avec la brazilianite et la bukovskyite, l'une des rares dernières nouveautés minérales offrant un intérêt certain.

Dioptase, *cyclosilicate hydraté de cuivre*

Cu_6 $[SiO_3]_6 . 6H_2O$, rhomboédrique ; dureté 5 ; densité 3,3 ; vert ; éclat vitreux ; poudre verte.

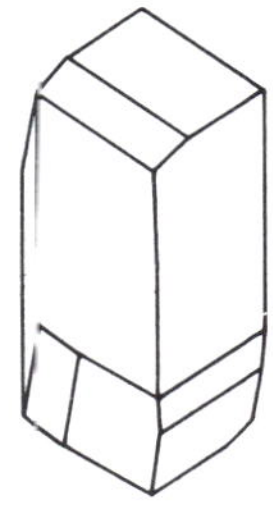

La **dioptase** (du grec *diopteuein* = voir dedans), décrite pour la première fois en 1797 par R.J. Haüy, est un beau minéral vert transparent dont les cristaux hexagonaux à clivage parfait sont terminés par des pyramides, ce qui, bien que sa dureté soit nettement moindre, lui vaut parfois d'être pris pour de l'émeraude (d'où le nom allemand de *Kupfersmaragd*) ; ce fut le cas lors de sa première découverte au XIIIe siècle par le Tatar Mohamed Achyr dans les steppes kirghizes des monts Altyn Tyubé (Turkestan). Possédant un fort pouvoir réfléchissant à l'état frais, les pierres taillées de dioptase perdent très vite leur éclat.

Plusieurs gisements d'Afrique sont réputés pour leurs très beaux cristaux : au Congo (Mindouli, Renneville et Pimbi dans la vallée du Niari), au Zaïre (Tantara) en Namibie (Tsumeb et Otavi) et surtout en Angola (Mavoyo) ; d'autres gisements sont exploités en Roumanie (Bâita, dans le Banat), au Chili (Copiapo), ainsi qu'aux États-Unis (Arizona) et en Iran, où de fins cristaux de dioptase tapissent les fractures des zones d'altération de gîtes plombifères où le cuivre est présent.

197 Dioptase (cristaux de 1 cm). Altyn Tyube (Turkestan).

Tourmaline, *cyclosilicate de sodium, d'aluminium, de magnésium et de fer, avec du bore, et de composition très variable*

$Al_6Y_3Na\ [SiO_3]_6\ (BO_3)_3(OH,F)_4$, avec Y pouvant être Fe, ou (Fe,Mn), ou (Li,Al), rhomboédrique ; dureté 7–7,5 ; densité 3–3,25 ; couleurs très variées (voir texte) ; éclat vitreux, résineux sur les cassures ; poudre incolore.

De tous temps, la tourmaline a été utilisée comme pierre précieuse en raison de la diversité de ses couleurs : les fouilles et les textes anciens laissent penser qu'elle a joui très tôt d'une grande vogue. Mais, confondue avec d'autres minéraux, elle fut progressivement délaissée puis oubliée : en Europe, au Moyen Âge, elle était totalement inconnue. Au XVIIIe siècle, lors de sa redécouverte par les Hollandais dans l'île de Ceylan, on s'aperçut que ce minéral jouissait d'une propriété bien mystérieuse : celle d'attirer à lui les cendres du foyer sur lequel on le chauffait, propriété à laquelle la **tourmaline** doit son nom (du cinghalais *toramalli* = pierre qui attire la cendre). Ce phénomène est aujourd'hui connu sous le nom de pyroélectricité. La tourmaline est en outre pléochroïque, ce qui en permet l'emploi comme polariseur et analyseur en microscopie ; le noir marque le cas limite, lorsque se produit l'extinction complète de l'un des faisceaux lumineux. La connaissance de ce pléochroïsme est très utile au lapidaire qui doit choisir le bon sens de taille, de telle sorte que les variétés très colorées ne paraissent pas trop foncées et que les variétés pâles au contraire soient saturées au mieux en couleur.

La tourmaline est un minéral accessoire commun qui se présente en cristaux isolés, en masses bacillaires ou rayonnantes dans les roches magmatiques et métamorphiques, dans certaines roches sédimentaires (dolomies) et secondairement dans leurs alluvions ; elle s'y trouve généralement en compagnie de lépidolite (un mica à lithium), de béryl, de topaze et d'apatite ; finement ramifiée ou grenue, elle peut former des roches homogènes en relation étroite avec les filons de cassitérite.

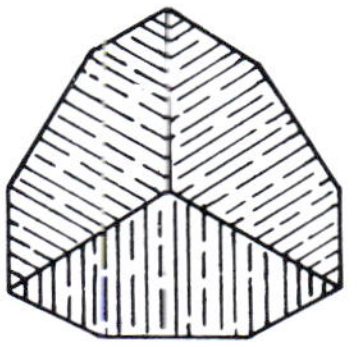

La tourmaline forme parfois des aiguilles ou des baguettes, et plus souvent des cristaux prismatiques allongés, striés ou cannelés, triangulaires en section avec des faces courbes, sans clivage, à cassure conchoïdale ou inégale. Classée parmi les pierres fines, elle offre des variétés de couleurs diverses ; un même cristal peut montrer une partie rose, une autre verdâtre : dans les prismes hexagonaux, il est fréquent d'observer de telles bandes différemment colorées, et l'on peut découvrir en section transversale un cœur d'une autre couleur qu'à la périphérie. Ces variétés sont plus ou moins dichroïques, particularité due au fait que le cristal absorbe la lumière perpendiculairement à son axe vertical. La **shorlite** est une tourmaline noire ferrifère (plus riche en fer qu'en manganèse), très commune dans toutes les pegmatites granitiques ; elle ne constitue que des échantillons minéralogiques et n'est pas employée comme gemme. Les tourmalines lithinifères, très colorées et recherchées à la fois comme spécimens de collection et comme gemmes, n'apparaissent que dans les

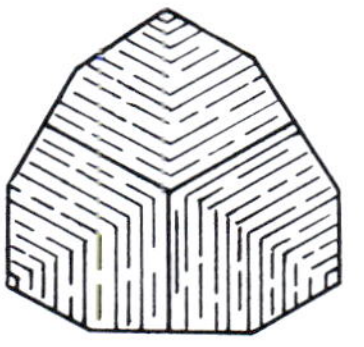

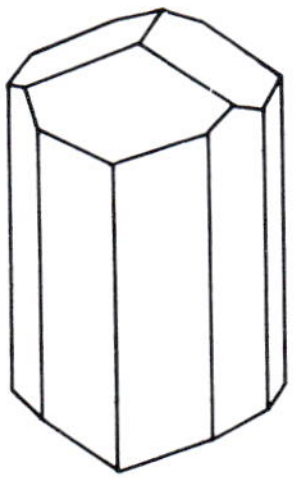

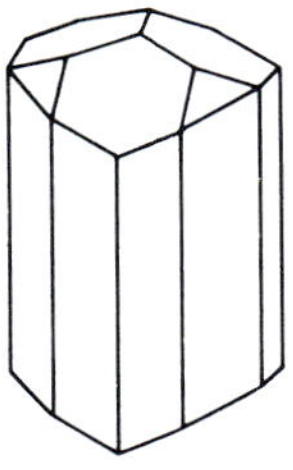

198 Rubellite (cristal de 10 cm). Pala, Californie (États-Unis).

pegmatites enrichies en sodium et en lithium ; chaque variété a reçu un nom différent : **dravite** lorsqu'elle est brune (avec du magnésium), **verdélite** verte, **elbaïte** bleu clair et **indicolite** bleu foncé, **rubellite** rose à rouge (avec lithium et aluminium), sans oublier l'**achroïte**, variété incolore.

Les nombreux gisements de tourmaline sont répartis sur toute la planète : République d'Afrique du Sud, Mozambique et Madagascar ; Afghanistan, Sibérie, Birmanie, Cachemire, Bengale et Sri Lanka ; Italie et Moravie ; Australie ; Brésil ; les plus riches gisements actuels se trouvant dans les pegmatites d'Amérique du Nord (Maine et Californie). C'est dans l'île d'Elbe, en Italie, qu'on en trouve la plus grande diversité : les cristaux y présentent fréquemment des bandes de couleurs différentes (les "têtes de Maure" ont des extrémités noires et un noyau vert et rose). Dans l'Oural, aux environs de Mourzinka et d'Ekaterinbourg, les tourmalines sont souvent rouge vif, ce qui leur vaut le nom de "rubis de Sibérie". Le Brésil a la spécialité des tourmalines vertes : du vert franc au jaune d'or, les verdélites n'y ont pas toutes les mêmes teintes, d'où la diversité des noms qui leurs sont attribués dans le commerce, comme "émeraudes du Brésil" ou "chrysolites du Brésil". À Madagascar, c'est la variété jaune d'or qui est la plus typique. Le site de Dolní Bory, en Moravie (République tchèque), est réputé pour ses dépôts de shorlite. Quant à la rubellite, ses plus remarquables spécimens proviennent du district de Pala en Californie et de la région de Muiian, au Mozambique : une pierre de 42 cm est conservée au muséum de Maputo, la capitale (ex Lourenço-Marques). En 1978, au Brésil, on découvrit, à proximité de Governador Valadares, une fabuleuse géode dépourvue d'argile, mesurant deux mètres sur trois, hérissée de cristaux rouge framboise, enchâssés sur le quartz et accompagnés de lépidolite et d'albite ; la plupart des rubellites étaient limpides et de longueur centimétrique, mais les plus grandes dépassaient un mètre ; on en a, par la suite, recueilli plusieurs tonnes !

199 Dravite (cristaux de 6 mm). Dobrova (Macédoine).

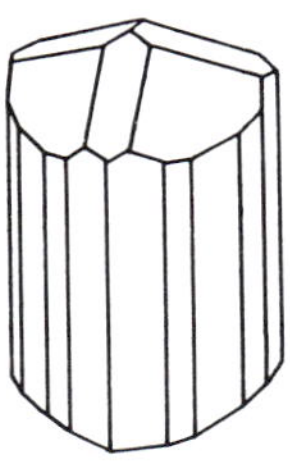

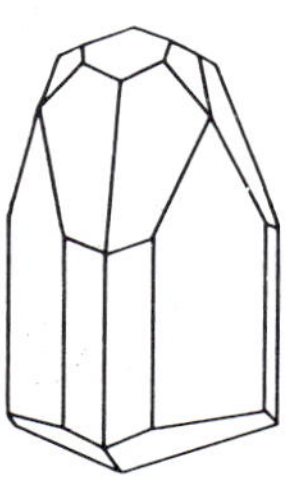

200 Tourmaline (cristaux d'environ 2 cm). San Pierro, île d'Elbe (Italie).

Pyroxènes, *inosilicates complexes ferromagnésiens de calcium et de sodium, de composition très variable*

orthorhombique ou monoclinique ; dureté 5–7 ; densité 3,1–3,5 ; couleurs variées (voir texte) ; éclat vitreux ; poudre le plus souvent incolore.

Les Anciens croyaient que les **pyroxènes** (du grec *puros* = feu et *xenos* = étranger) ne provenaient pas du “feu” de la Terre mais se trouvaient placés dans les laves par un hasard mystérieux. Leurs différentes espèces ont une étroite parenté cristalline ; prismes centimétriques, montrant deux clivages presque orthogonaux (angle de 93°) ; macles fréquentes en gouttière ou en sablier ; zonation fréquente. Coloration variable : vert clair à brun sombre presque noir (teneur en fer variable), vert vif (chrome ou sodium), jaune ou rose (lithium) ; poudre incolore, sauf dans le cas de l'augite (gris verdâtre). On rencontre des cristaux de grande taille dans les skarns et les pegmatites. Altération en serpentine, chlorite ou calcite ; ouralisation (formation de hornblende vert pâle et d'actinote). Il existe des pyroxènes de symétrie orthorhombique, appelés orthopyroxènes, dans lesquels les cations interstitiels sont de petite taille (Mg, Fe) et d'autres à cations de grande taille (Ca, Na), les *clinopyroxènes*, dont la symétrie monoclinique résulte d'un glissement latéral des chaînes élémentaires.

Des *orthopyroxènes ferromagnésiens*, typiques des laves calco-alcalines, forment une série continue entre un pôle magnésien : $Mg_2\ [SiO_3]_2$ (enstatite) et un pôle ferreux : $Fe_2\ [SiO_3]_2$ (ferrosilite), passant par plusieurs intermédiaires : $(Fe,Mg)_2\ [SiO_3]_2$ (hypersthènes). L'**enstatite** (du grec *enstatés* = qui résiste, en raison de son caractère réfractaire) se présente cristallisée dans les serpentines ou les péridotites, avec un éclat soyeux ou perlé sur les plans de clivage ; purement magnésienne, elle n'a été

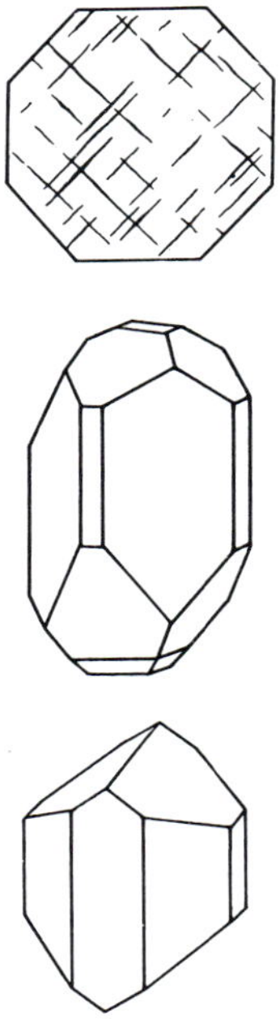

201 Enstatite (cristal de 4 cm). Bamle (Norvège).

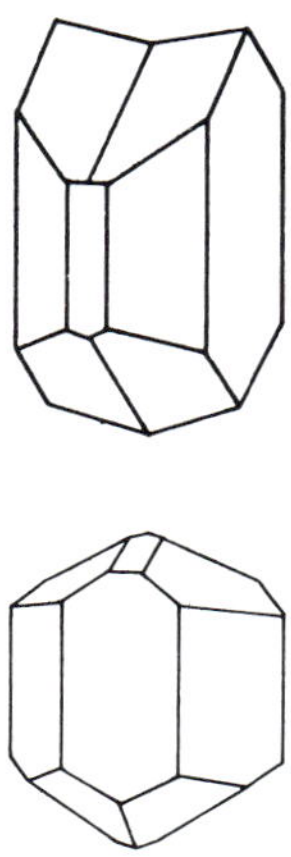

trouvée que dans des météorites. La **bronzite**, $(Mg,Fe)_2\ (SiO_3)_2$, avec 10 à 30 % de magnésium, est brunâtre ou verdâtre, à reflets de bronze, avec un clivage fin supplémentaire ; toujours en masse, souvent sous forme d'agrégats grenus ou fibreux ; un important gisement de serpentinites à bronzite est connu en Autriche (Kraubat, en Styrie). L'**hypersthène** *stricto sensu* (du grec *huper* = au-delà, supérieur, et *sthenos* = force) cristallise rarement et forme le plus souvent des agrégats dans les gabbros, les norites, les laves basiques, les gneiss à cordiérite ; des gemmes ont été trouvées au Labrador.

Les *clinopyroxènes calciques* comportent une série qui va également d'un pôle magnésien $Ca,Mg\ [SiO_3]_2$ (diopside) à un pôle ferrifère $Ca,Fe\ [SiO_3]_2$ (hedenbergite), et quelques groupes moins riches en calcium (augites et pigeonites). Le **diopside** (du grec *diopsis* = action de voir à travers), la plus pure et la moins commune des espèces pyroxéniques et caractéristique des roches métamorphiques de contact, est transparent et incolore, quelquefois gris verdâtre ou vert clair, cristallise en prismes allongés et forme des agrégats grenus ; les gemmes étoilées en provenance de l'Inde sont très cotées en joaillerie. Le (ou la) **diallage** (du grec *diallagê* = changement) est une variété de diopside qui ressemble à la bronzite ; c'est un important constituant des gabbros et des serpentinites. Les **augites** (du grec *augê* = éclat), plus pauvres en calcium que les précédents, ont des cristaux bien délimités, aplatis, parfois maclés ; fréquentes dans les basaltes, les dolérites, les gabbros et dans les produits d'altération qui en dérivent ; altération soit en limonite et argile, soit (à forte température) en chlorite, épidote ou biotite ; ouralisation en petites amphiboles effritées par métamorphisme de contact ; gisements en Bohême, Norvège et Italie.

Les *clinopyroxènes alcalins* comportent une série prolongeant les augites, dans laquelle le sodium remplace le calcium : $Na,Fe [SiO_3]_2$ (ægyrite) ; d'autres espèces contiennent soit du lithium et de l'aluminium : $Li,Al [SiO_3]_2$ (spodumène), soit du sodium et de l'aluminium : $Na,Al [SiO_3]_2$ (jadéite). Le **spodumène** (du grec *spodoumenos* = réduit en cendres), caractéristique de pegmatites granitiques mais rare, est souvent blanc et pierreux avec un éclat nacré sur les plans de clivage ; variétés transparentes diversement colorées (jaunâtres, verdâtres, vertes ou roses). Gisements exploités au Brésil (Urupuca, Corrego-do-Urucum, et surtout Fazenda del Agua Dorada, près d'Itambacuri dans l'État de Minas Gerais), à Madagascar, au Pakistan, en Afghanistan (Nouristan), aux États-Unis (Dakota : cristaux de 12 m de long). Le terme synonyme **triphane** (du grec *tri* = trois, et *phanein* = briller), paraît mieux approprié dans la mesure où il fait allusion au polychroïsme du minéral.

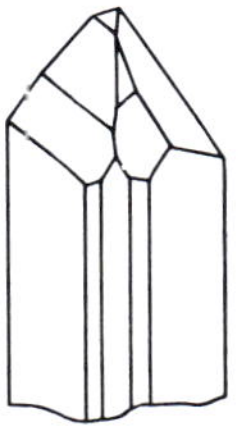

Deux belles variétés sont à mentionner : la **kunzite** (de G. F. Kunz, géologue américain), très rare pierre fine, rose lilas et dichroïque, contenant des traces de manganèse ; vues par transparence, les kunzites sont rose carmin dans une direction, vert pâle dans l'autre ; gisements aux États-Unis, en Californie et dans le Connecticut (cristaux géants pesant jusqu'à 80 tonnes) ; l'**hiddénite** (W.E. Hidden, minéralogiste américain), variété d'un vert émeraude éclatant, également dichroïque, utilisée en joaillerie ; rarissime : un seul gisement en Caroline du Nord (États-Unis).

Le jade est une pierre connue depuis fort longtemps : les hommes préhistoriques en faisaient notamment des outils. C'est une roche métamorphique noire, verte ou blanchâtre très dure, pouvant acquérir un poli parfait ; essentiellement composée de jadéite et d'amphiboles fibreuses (trémolite, actinote), elle fut utilisée par les Anciens comme pierre d'apparat (bijoux, objets d'art). Symbole de pureté chez les Chinois, le

202 Objet ornemental en jade (6,5 x 4,2 cm). Tibet.

jade est non seulement l'attribut du souverain ("jade impérial", vert vif), mais aussi le symbole des cinq vertus morales du confucianisme ; réduit en poudre, il assure l'immortalité aux taoïstes. Le terme "jade" recouvre en fait deux pierres distinctes : la jadéite (qui est un pyroxène) et la néphrite (qui est une amphibole), originaires non de Chine, mais l'une du Turkestan, l'autre de Sibérie orientale. Le nom vient de l'espagnol (*piedra de la ijada* = pie: re du flanc) : cette roche étant autrefois considérée comme pouvant guérir les coliques néphrétiques. La **jadéite** est un pyroxène alcalin, qui se présente en masses de fibres microscopiques semblables à du feutre.

Amphiboles, *inosilicates complexes ferromagnésiens de calcium et d'aluminium, de composition très variable*

orthorhombique ou monoclinique ; dureté 5–6 ; densité 2,9–3,2 ; couleurs variées (voit texte) ; éclat vitreux ; poudre blanche ou verdâtre.

Les *amphiboles* (du grec *amphibolos* = ambigu) ont été ainsi nommées en raison de faciles confusions avec d'autres minéraux, notamment la shorlite (tourmaline noire). Cristallisation en prismes plus ou moins allongés, en aiguilles ou en fibres, à section transversale losangique, à angles tronqués et montrant deux clivages à angle obtus de 124° ; couleurs variées : jaune pâle, rose, bleu lavande ou gris bleuâtre, plus souvent brun ou verdâtre, parfois vert sombre ou noir. Toutes sont caractérisées par une forte teneur en vanadium. Elles sont présentes dans les roches magmatiques et métamorphiques ; altération en talc, chlorite, épidote ou calcite.

Des *amphiboles ferromagnésiennes*, de formule $(Mg,Fe)_7$ $[Si_4O11]_2$ $(OH)_2$, orthorhombiques lorsqu'elles sont très magnésiennes (anthophyllite), monocliniques lorsqu'elles sont plutôt ferrifères (cummingtonite), sont surtout présentes dans les roches métamorphiques et dans certaines roches volcaniques (dacites). L'**anthophyllite** (du latin *anthophyllum* = clou de girofle), d'aspect fibreux ("amiante jaune"), se développe à partir des roches basiques ou ultrabasiques métamorphisées.

Les *amphiboles calciques* (actinotes et hornblendes) sont monocliniques. Les **actinotes** sont des amphiboles non alumineuses qui constituent une série isomorphe de formule générale $Ca_2(Mg,Fe)_5$ $[Si_4O_{11}]_2$ $(OH)_2$: trémolite au pôle magnésien (0–15 % de fer), ferroactinolite au pôle ferrifère (80–100 %), actinolite intermédiaire (15–80 %). La **trémolite** (du val Tremola, dans le Piémont, Italie) varie du blanc au gris, verdissant

203 Spodumène (cristaux de 5,5 et 6 cm). Pala, Californie (États-Unis).

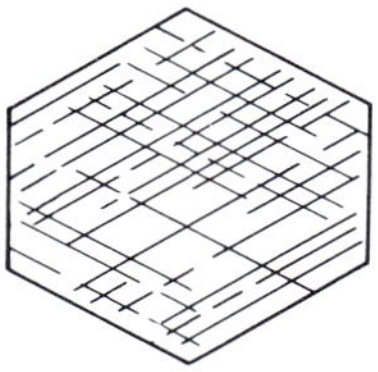

204 Microphotographie (x 11) d'un cristal d'amphibole inclus dans une granodiorite. Kozárovice (Rép. tchèque).

avec son enrichissement en fer ; prismes longs ou aiguilles formant des masses fibro-radiées, bacillaires, parfois enchevêtrées ; sous faciès fibreux, elle entre dans la catégorie des amiantes. L'**actinolite** (du grec *aktis, -inos* = rayon et *lithos* = pierre), de couleur vert olive à vert foncé, est caractéristique des faciès à albite et épidote. La **néphrite**, le plus résistant des minéraux connus, est une variété compacte d'actinote utilisée comme pierre semi-précieuse sous le nom de "jade", avec des couleurs variées : jaune-vert à vert-noir, mauve, rosé ou blanchâtre. Gisements exploités au Mexique, au Pérou, en Nouvelle-Zélande, en Sibérie, en Chine (dont les gisements des monts Kouen Lun, aujourd'hui épuisés), aux Philippines et en Birmanie ; sites alluvionnaires entre la Scandinavie et l'Allemagne (par suite de charriages glaciaires).

Les **hornblendes** (de l'allemand *Horn* = corne, et *blenden* = éblouir : ainsi nommées par les Allemands parce que d'une part les cristaux se cassent très difficilement et résistent comme de la corne, d'autre part parce que leurs reflets métalliques éblouissent) sont des amphiboles alumineuses très communes dans les roches calco-alcalines (hornblende verte dans les granites calco-alcalins, syénites et diorites), dans certains accumulats associés à des roches volcaniques (hornblende brune dans les andésites et les basaltes) et dans certaines formations métamorphiques telles que schistes verts et amphibolites.

Les *amphiboles sodiques*, monocliniques, n'ont que deux représentants connus dans la nature : le (ou la) **glaucophane** (du grec *glaukos* = vert bleuâtre, et *phanein* = briller), de formule Na_2,Mg_3,Al_2 $[Si_4O11]_2$ $(OH)_2$, de couleur bleue, limité à des roches

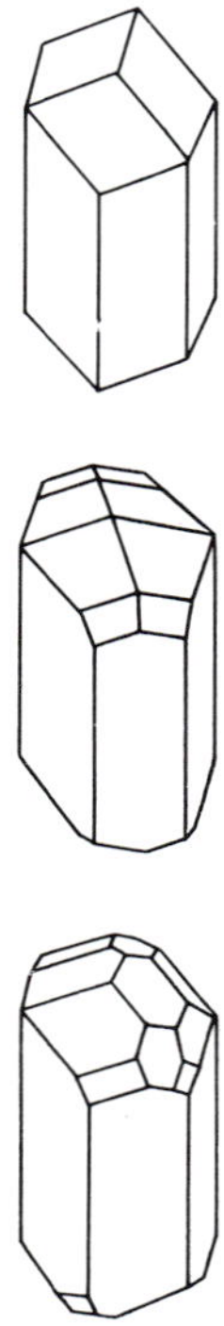

205 Actinolite (cristaux d'environ 4 cm). Zillertal (Autriche).

métamorphiques au Japon, en Amérique du Nord, en Écosse et dans les Alpes ; et la riébeckite (dédié à E. Riebeck), Na_2,Fe_4 $[Si_4O_{11}]_2$ $(OH)_2$, également bleue, nourrie au sein de roches plutoniques alcalines en Corse et en Afrique.

Rhodonite, *inosilicate de manganèse*

Mn_4Ca $[SiO_3]_5$, triclinique ; dureté 5,5–6,5 ; densité 3,4–3,68 ; rose à rose sombre ou rouge ; éclat vitreux ; poudre incolore.

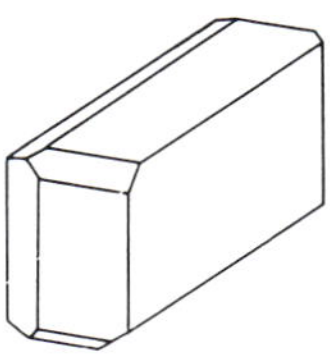

Outre les pyroxènes et les amphiboles, la famille des inosilicates comporte un troisième groupe de minéraux de composition très variable, réunis sous le nom de *pyroxénoïdes*. Ce sont des minéraux en chaînes proches des pyroxènes mais de symétrie triclinique, contenant du manganèse : Mn,Ca $[SiO_3]$ (rhodonite), du calcium et du sodium : Ca,Na,H $[SiO_3]_3$ (pectolite) ou du calcium Ca,H $[SiO_3]$ (wollastonite).

La **rhodonite** (de *rhodon* = rose) est un minéral translucide, rose ou rouge, devenant noir à l'air par formation d'oxydes de manganèse. Des ions calcium peuvent entrer dans sa composition, sa formule chimique pouvant alors se présenter sous la forme Mn_4Ca $[SiO_3]_5$. Les cristaux isolés sont rares : ce sont des prismes plus ou moins allongés et à section rectangulaire, avec des arêtes rugueuses ou arrondies et noyés dans de la calcite. La rhodonite est un minéral accessoire des gîtes de ferromanganifères (teneur en manganèse pouvant atteindre 42 %) et de certaines roches métamorphiques. D'importants gisements sont exploités en Sibérie (Maloïe Sedelni-

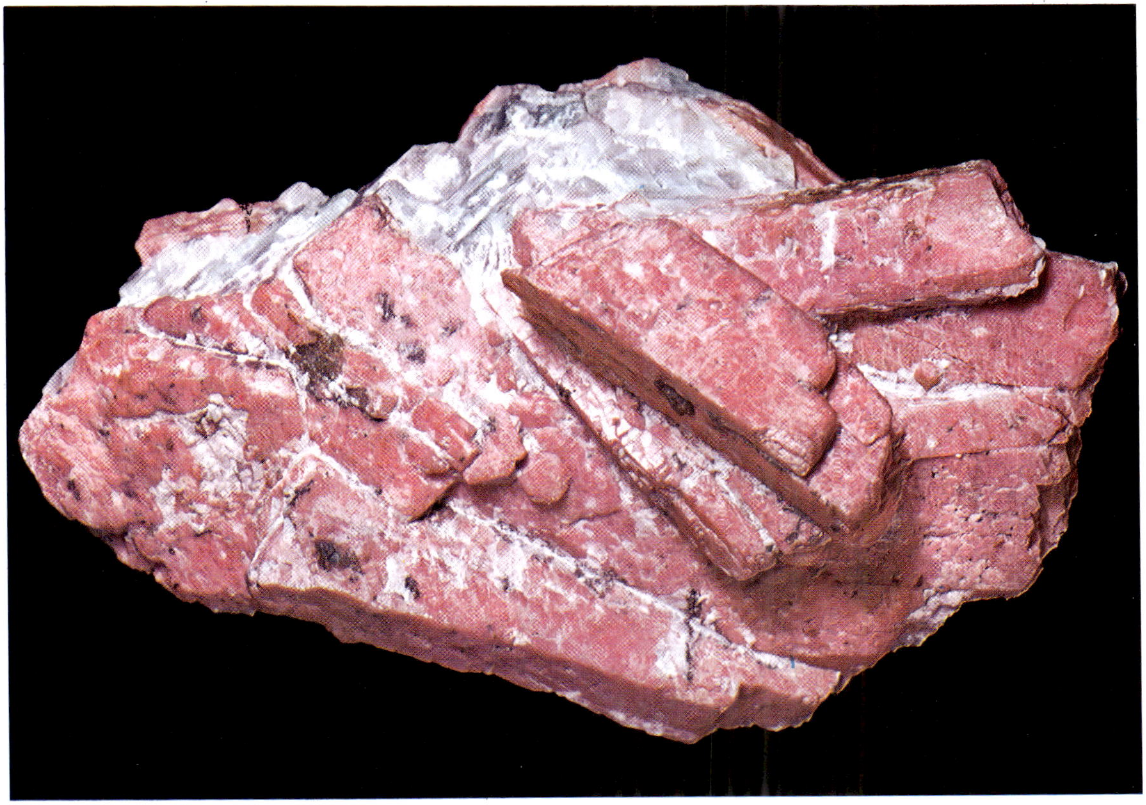

206 Rhodonite (12 x 7,5 cm). Franklin Furnace (États-Unis).

kovo, dans l'Oural), aux États-Unis (Cummington, dans le Massachusetts), en Suède (Langban et Pajsberg), en Amérique du Nord (Californie et New-Jersey), au Brésil, en Australie (Broken Hill) et à Madagascar. Les collectionneurs recherchent les rhodonites aux craquelures comblées par des oxydes noirs de manganèse.

Pectolite, *inosilicate de calcium et de sodium*

$Ca_2NaH [SiO_3]_3$, triclinique ; dureté 5 ; densité 2,8 ; blanc ; éclat soyeux ; poudre incolore.

La **pectolite** (du grec *pêktos* = épaissi, coagulé, et *lithos* = pierre), décrite en 1828 par le minéralogiste allemand F. Kobell, ne se trouve qu'en petites quantités, sous forme d'agrégats isolés de fines aiguilles fibroradiées, parfois en surfaces macrocristallines ou constituant des remplissages homogènes de fissures rocheuses. Elle ressemble à divers autres silicates blancs et fibreux (natrolite, trémolite, wollastonite) et certains sites suédois sont même considérés comme producteurs d'amiante. D'importants gisements sont exploités en Italie (Monte Baldo, rive orientale du lac de Garde), en Serbie (monts Zlatibor), en République tchèque (vallée de Želekhov, près de Libštát), dans le sud de l'Écosse, en Suède (environs de Longhorn), aux États-Unis (Bergen Hill, dans le New-Jersey). La pectolite n'offre d'intérêt que pour les collectionneurs.

Autre pyroxénoïde, la **wollastonite** (de W.H. Wollaston, physicien et chimiste anglais) est un minéral proche de la pectolite, avec un maillon de trois tétraèdres, mais

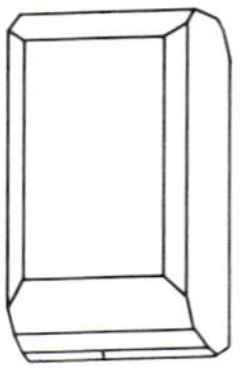

207 Pectolite (rayon des agrégats de 3 cm).
Želechov (Rép. tchèque).

dépourvu de sodium : $Ca_3H\ [SiO_3]_3$. Elle forme des agrégats blancs finement filamenteux à feuilletés, rarement des cristaux incolores à gris. Plus abondante que la pectolite, la wollastonite est typique des calcaires métamorphiques ; elle peut, en compagnie de quartz, constituer l'essentiel de certains corps rocheux. Les plus importants dépôts exploités se trouvent en Roumanie (Tchiklova, dans les monts du Banat), au Québec (Greenville), aux États-Unis (Pennsylvanie) et au Mexique (Pichualco). La wollastonite est un constituant important des ciments et des céramiques.

Chrysocolle, *phyllosilicate de cuivre et d'aluminium*

$(CuAl)_2H_2\ [Si_2O_5]\ (OH)_4$, cryptocristallin ; dureté 2–4 ; densité 2–2,2 ; bleu-vert, bleu, brun à noir ; éclat gras ou vitreux ; poudre blanche.

Le **chrysocolle** (en grec *khrusokolla* = borax, de *khrusos* = or et *kolla* = gomme, colle) est un silicate de cuivre amorphe, vert bleuâtre, dont la composition chimique n'a été valablement déterminée qu'en 1968 par des spécialistes soviétiques ; résultant de la décomposition de la chalcopyrite et autres combinaisons sulfurées du cuivre, ce minéral secondaire comporte de nombreuses impuretés sous forme d'inclusions diverses (limonite, opale, malachite, etc.) qui en rendent l'étude difficile ; en outre, sa structure cristalline n'était pas reconnue avec certitude : on en faisait un silicate hydraté de formule $Cu\ [SiO_3]\ .\ nH_2O$; la reconnaissance d'un réseau plan de tétraèdres, liés par trois de leurs sommets, conduisant à la formule Si_2O_5, permet de le rattacher aux silicates lamellaires.

Le chrysocolle se présente en sphérolites à cassure conchoïdale typique ; il happe à la langue comme les argiles ; plongé dans l'eau, il se délite ; sa dureté varie en fonction de sa teneur en silice. Le philosophe, médecin et naturaliste grec Théophraste, élève de Platon puis d'Aristote, le mentionnait déjà parmi les minéraux sous le nom de *chrysocolla* ("colle d'or") ; apprécié comme pierre ornementale, il constituait la pierre d'Elath, exploitée dans la mine de cuivre du golfe d'Aqaba.

C'est un minéral commun des zones d'altération des gisements cuprifères en climat aride ; ses aspects les plus fréquents sont stalactiformes, comme ceux de la malachite avec laquelle il est souvent associé, mais il peut aussi constituer un remplissage de

208 Chrysocolle (plage représentée : 10 x 9 cm). Chiquicamata, près de Santiago (Chili).

fissures. C'est un minerai de cuivre de faible importance cependant exploité en diverses régions du globe, notamment en Israël (Ehlat), Roumanie (Moldova), République tchèque (Horní Rokytnice, au pied des monts des Géants), Sibérie (Goumechev et Nijni Taghil, dans l'Oural), aux États-Unis (Arizona), en Basse Californie mexicaine (mines du Boléo), au Chili et au Zaïre (gisement de Kambowe, Shaba).

Apophyllite, *phyllosilicate complexe hydraté de potassium et de calcium avec du fluor*

$K,Ca_4 [Si_2O_5]_2 F . 8H_2O$, quadratique ; dureté 4,5–5 ; densité 2,3–2,4 ; blanc, verdâtre ou rose ; éclat vitreux lustré, nacré sur les surfaces planes ; poudre blanche.

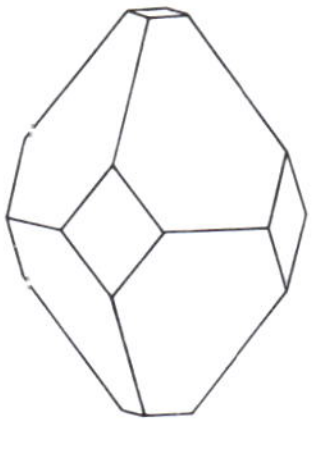

L'**apophyllite** (du grec *apo* = à partir de, et phyllite, de *phullon* = feuille) a été ainsi nommée par Haüy en raison de sa tendance à s'exfolier au grillage, son eau de constitution étant de nature zéolitique. Elle se présente en cristaux aciculaires, prismatiques ou tabulaires, ou sous forme d'agrégats feuilletés facilement délitables ; elle abonde dans les cavités des phonolites, basaltes, picrites et autres roches volcaniques basiques ou ultrabasiques. Principaux gisements : République tchèque (Mariánská Hora), Allemagne (Kayserstuhl), Islande,

209 Apophyllite sur natrolite (cristal de 2 cm). Ústí-sur-Elbe (Rép. tchèque).

210 Préhnite (agrégats de 1 cm). Haslach (Allemagne).

211 Préhnite (plage de 7 x 6 cm). Écosse.

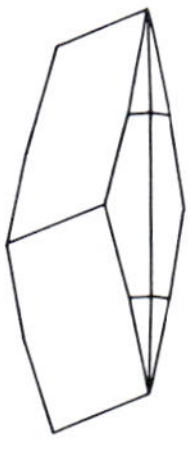

États-Unis (Bergen Hill, dans le New-Jersey), au Brésil et en Inde (cristaux finement colorés découverts à Poona). Hormis pour les collectionneurs, l'apophyllite n'a guère d'usage pratique.

Prehnite (ou préhnite), *silicate complexe de calcium et d'aluminium*

$(CaAl)_2$ $[Si_3O_{10}]$ $(OH)_2$, orthorhombique ; dureté 6–6,5 ; densité 2,8–3 ; blanc-vert, parfois bleuâtre, jaunâtre ou incolore ; éclat vitreux ; poudre blanche.

Le nom de prehnite est un hommage au colonel hollandais von Prehn qui, ayant rapporté ce minéral du cap de Bonne-Espérance, l'introduisit en Europe en 1783 ; on considéra d'abord la prehnite selon sa couleur, soit comme une émeraude ("émeraude du Cap"), soit comme une olivine ("chrysolite du Cap") ; ultérieurement découverte en Europe, elle fut prise pour une zéolite, son aspect lui ayant alors valu l'appellation de *gelber Strahlzeolite* ("zéolite rayonnante jaune") ; ce n'est qu'en 1789 que A.G. Werner l'identifia comme un minéral particulier que, d'un point de vue chimique et par ses modes de gisement, on peut rapprocher de l'apophyllite.

La prehnite se présente rarement à l'état de cristaux nets (gîte d'Asbestos, au Canada) ; elle cristallise ordinairement en tablettes souvent émoussées, disposées en rosettes donnant de petits agrégats crêtés ou radiés ; secondairement formée à partir de silicates argilo-calcaires, la prehnite caractérise des roches basiques ou assez calciques ayant subi un métamorphisme faible ; elle est souvent implantée en druses dans des roches telles que des amphibolites, en compagnie d'autres minéraux (épidote, axinite, quartz, natrolite, analcime...). Principaux gisements : Italie, Alpes françaises

212 En haut : pyrophyllite (rayon des agrégats : 1,5 cm), Suisse.
En bas : talc Zillertal (Autriche).

(Bourg d'Oisans, dans le Dauphiné), Écosse, États-Unis (Paterson, dans le New Jersey), Pérou, Australie. On l'utilise parfois comme pierre précieuse.

Talc, *phyllosilicate complexe de magnésium*

$Mg_3 [Si_2O_5] (OH)_2$, monoclinique ou pseudohexagonal; dureté 1 ; densité 2,7–2,9 ; blanchâtre, grisâtre, bleuâtre ou verdâtre ; éclat gras ; poudre blanche.

Le **talc** (mot arabe) fait partie d'un groupe de "phyllites à 1 nm" comprenant des minéraux qui entrent dans la constitution des argiles ; outre le talc, dont le feuillet est électriquement neutre, on y trouve les micas, dont le feuillet porte une charge négative neutralisée par des ions potassium, et les smectites, intermédiaires en ce sens que la charge négative du feuillet est inférieure à celle des micas. Le talc est présent dans les roches métamorphiques (schistes, calcaires et dolomies), est une pierre onctueuse au toucher, facilement rayable à l'ongle (c'est le moins dur des minéraux dans l'échelle de Mohs), constituée de fines paillettes nacrées bleues, vertes ou grisâtres, formant des lamelles flexibles qui se clivent facilement. Aux États-Unis, le talc abonde dans certains gisements de carbonates cristallins (État de New-York), dans les schistes cristallins et plus généralement dans les roches riches en magnésium (Vermont et Virginie) ; en Europe : Autriche, Italie ; France (Luzenac, dans les Pyrénées).

La **pyrophyllite** est un minéral voisin microcristallin, typique de certains schistes faiblement métamorphisés mais peu fréquent, dans lequel l'aluminium remplace le magnésium : $Al_2 [Si_2O_5] (OH)_2$; elle doit son nom au fait que, dans les flammes, elle se sépare en feuilles minces (du grec *puros* = feu, et phyllite). Abondants gisements en Chine et aux États-Unis (Caroline).

Applications industrielles du talc et la pyrophyllite : isolants thermiques et électriques ; constituants réfractaires de certaines céramiques ; charge dans des matériaux divers (papier, caoutchouc, savons, peintures) ; poudres à usage médical.

Les **stéatites** ou stéaschistes (du grec *stear, steatos* = suif) en sont des variétés compactes ou granulaires (la stéatite est parfois appelée "craie de Briançon"). Autrefois employée pour la fabrication de poteries et d'objets ornementaux, la "pierre ollaire" est un mélange de talc et de chlorite aux coloris parfois séduisants.

Les **smectites** sont des phyllites intermédiaires entre talc et micas en ce sens que la charge négative du feuillet élémentaire est supérieure à celle du talc et inférieure à celle des micas. À la famille des smectites appartient la **montmorillonite** (de Montmorillon, ville de la Vienne, France), important minéral des argiles.

Micas, *phyllosilicates complexes d'aluminium, de magnésium, de potassium, de fer, de sodium et autres éléments*

monoclinique ou pseudohexagonal ; dureté 2–4 ; densité 2,75–3,20 ; couleurs variables allant du pâle au très sombre (voir texte) ; éclat vitreux, nacré ou métallique ; poudre incolore.

Très répandus, les micas (du latin *mica* = parcelle, miette) ont longtemps été utilisés pour des usages de la vie quotidienne (notamment comme vitres). Famille de minéraux en prismes aplatis, à clivage parfait, se débitant en minces lamelles flexibles et élastiques ; ce sont en effet des phyllites composées de feuillets élémentaires de 0,1 nm d'épaisseur comportant deux couches de tétraèdres $[SiO_4]^{4-}$ dont la charge électrique négative est neutralisée par les cations divers (K, Na, Fe, Mg...) qui les unissent. Constituants ordinaires des roches. Leur classification très complexe permet de distinguer quatre familles.

Micas ferromagnésiens. Ils forment une série continue allant d'un pôle magnésien (phlogopite) à un pôle ferreux (annite) avec divers intermédiaires (dont la biotite). La **phlogopite** (du grec *phlogôpos* = qui a l'aspect du feu) est un mica clair, jaunâtre à brun doré, présent dans des calcaires métamorphiques et dans certaines laves

213 Muscovite (cristal de 5 cm). Maršíkov, Moravie (Rép. tchèque).

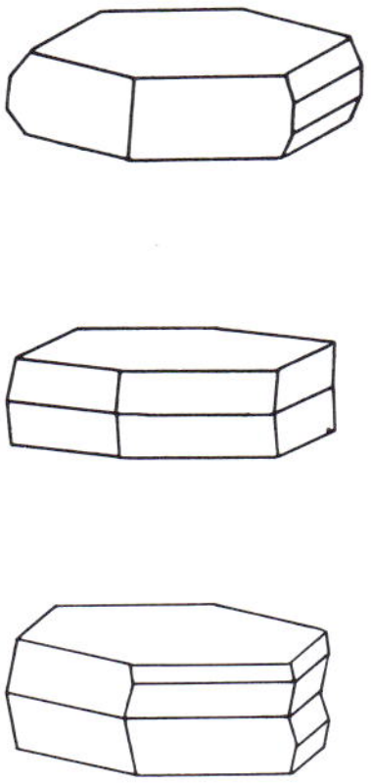

214 Lépidolite (8 x 6 cm). Rožná, Moravie (Rép. tchèque).

(trachytes) ; principaux producteurs : le Canada (Templeton) et l'ex-U.R.S.S. (Sibérie orientale). La **biotite** (en hommage au physicien français J.-B. Biot) ou "mica noir", $K(Mg,Fe)_3\ [Si_3AlO10]_2\ (OH)_2F_2$, très courantes dans les roches magmatiques et métamorphiques, se présente en lamelles d'un noir brillant, parfois à reflets verdâtres, s'altérant facilement en chlorite ; au microscope, on distingue la biotite brun-rouge, qui contient du titane dans son réseau, et la biotite verte, qui en est dépourvue.

Micas alumineux. Ils réunissent la muscovite (avec du potassium), la paragonite (son équivalent sodique) et la phengite (potassique et ferromagnésienne). La **muscovite** (de l'anglais Muscovy, ou Moscovie, région historique de la Russie centrée sur Moscou) ou "mica blanc", de formule $K,Al_2\ [Si_3AlO_{10}]_2\ (OH)_2F_2$, absente des laves, est par contre fréquente dans les roches plutoniques acides (parfois des lamelles empilées de plusieurs centimètres dans les pegmatites granitiques) et commune dans les roches métamorphiques (fines aiguilles flexueuses dans les schistes, paillettes dans les micaschistes et dans les gneiss) ; utilisée industriellement comme isolant. La **séricite** (du latin *sericum* = soie) désigne les formes microcristallines ou aciculaires des divers micas alumineux ou de la pyrophyllite, présentes notamment dans les séricitoschistes. La **glauconite** ou glauconie (du grec *glaukos* = vert bleuâtre), bâtie sur le même modèle mais riche en fer, est souvent rattachée par les auteurs aux argiles de la famille des illites. La fuchsite (de J.N. Fuchs, minéralogiste allemand)) est une variété de muscovite vert clair, chromifère.

Micas lithinifères. Blancs, jaunâtres, rosés ou violacés, ce sont des minéraux qu'on ne trouve que dans certaines pegmatites ou dans des filons hydrothermaux. Cas de la lépidolite (du grec *lepis, -idos* = écaille, et *lithos* = pierre), découverte pour la première fois à Rožná, en Moravie, et de la **zinnwaldite** (de Zinnwald, en allemand Cínovec localité tchèque). Gisements exploités en Allemagne (Penig, en Saxe), en Sibérie (Alabachka, dans les monts Oural), aux États-Unis (Herbon, dans le Maine) et en Inde.

Micas calciques ou “micas durs”, ainsi nommés parce qu’ils se présentent à l’état de lamelles cassantes. Ils sont de couleur pâle ; **margarite** (du latin *margarita* = perle, du grec *margaritês*) et **xanthophyllite** (du grec *ksanthos* = jaune, et de *phullon* = feuille) en sont de rares représentants au sein de certaines roches métamorphiques.

Chlorites – *phyllosilicates complexes d’aluminium, de magnésium et de fer, de composition variable, avec du chrome, du manganèse, du nickel ou du titane*

$(Mg,Fe,Al)_3Mg_3\ [Al_2,Si_2O_5]_2\ (OH)_8$, monoclinique ou pseudohexagonal ; dureté voisine de 2 ; densité 2,6–3,3 (jusqu’à 4,8 dans certains cas) ; blanc verdâtre à noir, avec des nuances variées ; éclat nacré à gras ; poudre incolore ou parfois verte.

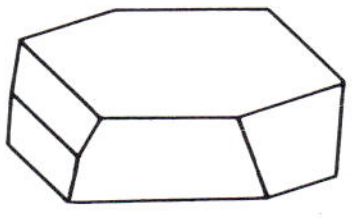

Les **chlorites** (du grec *khlôros* = vert), qui font partie du groupe des minéraux argileux, sont des “phyllites à 1,4 nm”, aluminosilicates associés aux phénomènes de diagenèse, de métamorphisme faible (chloritoschistes) et d’altération de nombreux silicates ferromagnésiens (biotite le plus souvent). Minéraux transparents ou translucides, à cristaux aplatis de teinte verte plus ou moins foncée, à clivage parfait, donnant des lamelles flexibles peu élastiques, pouvant aussi se présenter sous forme de tonnelets, de masses lamellaires, d’agrégats foliacés, lamellaires, vermiculaires ou grenus ; variétés chromifères de couleur violette ou bleu lavande, variétés ferrifères, gris verdâtre à noir (à poussière verte).

La **pennine** est une variété siliceuse des Alpes Pennines, à la frontière italo-suisse, connue sous forme de beaux cristaux vert-bleu implantés en druses. La **chamosite**, découverte par le chimiste français P. Berthier dans la vallée alpine de Chamoison (Valais), forme des grains verts à reflets bleuâtres, ce qui la distingue de la **thuringite** verdâtre (découverte dans la région allemande de Thuringe) ; l’une et l’autre constituent des minerais de fer exploités en Lorraine (France) et République tchèque.

215 Pennine (cristal de 7 cm). Passo di Vizze (Italie).

Kaolinite, *phyllosilicate complexe d'aluminium*

$Al_4 [Si_2O_5]_2 (OH)_8$, monoclinique ou triclinique ; dureté 1,2 ; densité 2,6 ; blanc ou jaunâtre ; éclat nacré, mais gras dans les agrégats ; poudre blanche.

Dans un dernier groupe, celui des "phyllites à 0,7 nm", se placent divers autres minéraux constitutifs des argiles (kaolinite, halloysite, serpentine). Le terme **kaolinite** dérive de Gaoling ou Kaoling, nom d'une colline chinoise près de Jingdezhen, dans la province du Kiang-Si (de *kao* = élevée et *ling* = colline), d'où l'on extrayait cette argile. Ce minéral provient principalement de l'altération de roches acides riches en feldspaths telles que les granites (kaolinisation) ; constituant essentiel du kaolin, roche argileuse friable et blanche quand elle est pure ; ses teintes jaune, rouge et brun sont dues à des impuretés d'oxydes ferriques.

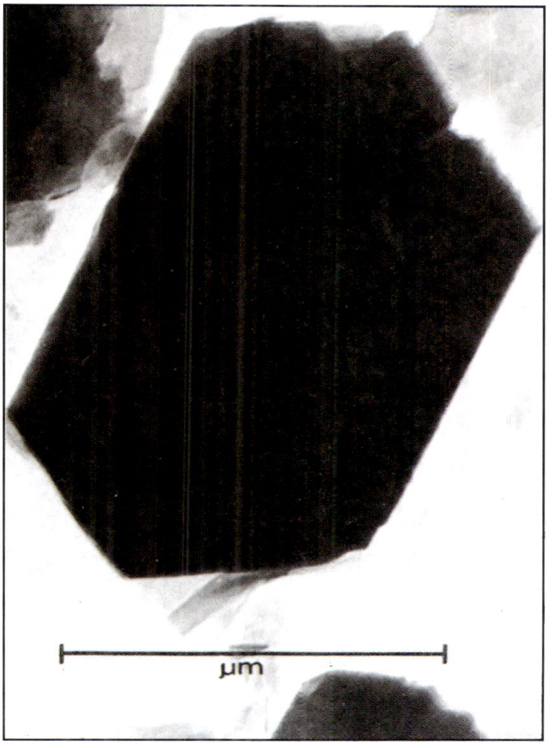

216 Photographie au micoscope électronique d'une plage de kaolin avec un cristal pseudohexagonal de kaolinite. Nepomyšl (Rép. tchèque).

Comme le talc, la kaolinite est utilisée en médecine comme protecteur de la muqueuse gastrique et intestinale, comme charge dans les industries du papier, du caoutchouc et des peintures, ainsi que dans l'industrie de la porcelaine et de la faïence fine parce qu'elle cuit blanc lorsqu'elle est convenablement purifiée. Les Chinois, qui l'ont utilisée dès le VIe siècle, ont longtemps gardé leurs secrets de fabrication des porcelaines : ce n'est qu'en 1709 que l'Allemand J. Böttger est parvenu à les percer.

Les plus riches gisements européens se trouvent en Cornouailles (Grande-Bretagne) et près de Karlovy Vary (République tchèque).

La cronstedtite (dédié à A.F Cronstedt, chimiste et minéralogiste suédois) est un silicate de fer du groupe de la kaolinite.

Serpentine, *phyllosilicate complexe de magnésium*

$Mg_6 [Si_2O_5]_2 (OH)_8$, monoclinique ou orthorhombique ; dureté 3–4 ; densité 2,5–2,6 ; nuances variées de vert et de jaune, parfois rougeâtres, surface striée ou tachetée ; éclat vitreux ; poudre incolore.

La **serpentine** (de serpent, en latin *serpens*) est le constituant essentiel de roches vertes appelées serpentinites, qui dérivent de roches magmatiques basiques par altération ou métamorphisme de l'olivine et de certains pyroxènes de roches basiques et ultrabasiques (péridotites, gabbros, basaltes) réunies sous le terme d'ophiolites (du grec *ophis* = serpent, et *lithos* = pierre : leur aspect rappelle la peau de ces reptiles).

217 Chrysotile (plage de 8 x 5,5 cm). Nová Ves, Moravie (Rép. tchèque).

Le (ou la) **chrysotile** (du grec *khrusos* = or) [ne pas confondre avec chrysolite, qui est un péridot] est une variété fibreuse de serpentine, appelée "amiante blanc" par les pneumologues. L'**antigorite** (de Antigorio, nom d'une vallée piémontaise, en Italie) est une variété lamellaire dont le gisement européen le plus important se trouve à Balangero, près de Turin (Italie). Dans les serpentinites, l'antigorite forme des masses vert pétrole à vert noirâtre traversées par des filonnets de fibres soyeuses vert-jaune de chrysotile. Les plus gros producteurs d'amiante sont le Canada, l'ex-U.R.S.S., l'Afrique du Sud, la Chine et le Zimbabwe.

Certains documents anciens mentionnent l'exploitation de la serpentine dans l'île de Chypre ; on dit que les Romains utilisaient ce minéral comme remède contre les morsures de serpent... Jusqu'au XIXe siècle, la serpentine asbeste, dont on ne soupçonnait pourtant pas le caractère ininflammable, a été utilisée pour la fabrication de vêtements et d'objets divers considérés comme des curiosités. De nos jours, le chrysotile représente 95 % de la consommation mondiale d'amiante ; on en fait des tissus incombustibles (vêtements, décors de théâtre), des revêtements immobiliers (flocages), des garnitures de freins d'automobiles, des joints d'étanchéité thermique. L'inhalation de poussières d'amiante est responsable d'affections réunies sous le nom d'asbestose (fibrose pulmonaire, pleurésie, cancer bronchique, tumeurs malignes).

218 Microphotographie (x 11) d'une lame mince de quartzodiorite montrant des cristaux de plagioclases. ▷
Krhanice (Rép. tchèque).

Feldspaths, *tectosilicates de potassium ou de sodium–calcium*

$(K,Na,Ca_{1/2},Ba_{1/2...})_x [(Al_xSi_y)O_2]_{(x+y)}$, monoclinique ou triclinique ; dureté 6–6,5 ; densité 2,5–2,8 ; communément grisâtre, rosâtre, verdâtre ; aspect porcelané, vitreux ou laiteux ; poudre incolore ou blanche.

Première mention des **feldspaths** dans un ouvrage suédois de J. Tilas datant de 1740, sous la forme *feldtspat* (on y retrouve les constituants *spat* = cristal et *feldt* = champ labouré), terme repris par A.G. Werner en 1791 (*Feldspath*), ce qui évoque la présence de ces minéraux dans certaines arènes granitiques des champs d'Allemagne du Nord. Ce sont les minéraux les plus abondants de l'écorce terrestre, dont ils contiennent la majeure partie de l'aluminium, la quasi totalité du sodium et du potassium, une grande partie du calcium et du silicium.

Minéraux essentiels de la plupart des roches magmatiques et de certaines roches métamorphiques (ils interviennent dans leur classification), ils se présentent en plaquettes ou en prismes de taille parfois centimétrique, transparents ou blanchâtres, de couleur pâle, rarement noirs. Ils ont deux clivages faciles selon des angles variables, et très souvent des macles normales ou parallèles, soit simples (macle de Carlsbad, de Baveno, de Manebach, de Four-la-Brouque), soit polysynthétiques (multiples) ; associée aux macles, la zonation permet à l'œil nu de distinguer des zones de réflexion variable (bandes brillantes ou mates). Ils renferment de nombreuses inclusions fluides ou solides qui les rendent très sensibles à l'altération dans les gisements de surface, suite à l'action de fluides riches en F-, OH- et Cl- en fin de cristallisation des magmas ou en liaison avec un hydrothermalisme ; d'où, en général, leur aspect trouble, gris sale ou de couleur fade.

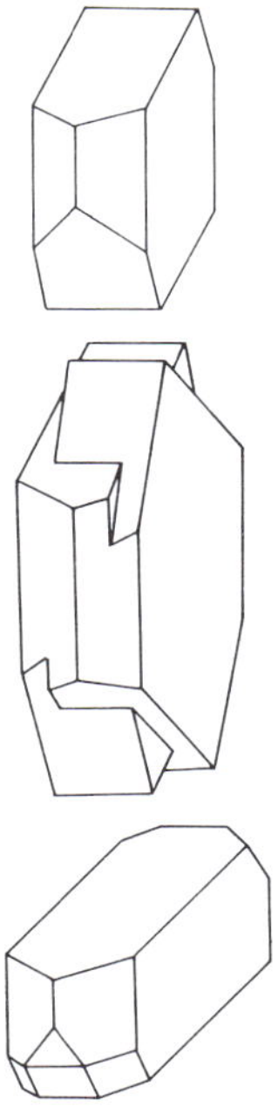

219 Orthose (cristaux de 3 cm). Baveno (Italie).

Les feldspaths peuvent être considérés comme des mélanges de trois constituants respectivement sodique comme l'albite Na [$AlSi_3O_8$], potassique comme l'orthose K [$AlSi_3O_8$] et calcique comme l'anorthite Ca [$Al_2Si_2O_8$]. Classification complexe, liée à la fois aux systèmes cristallins et aux compositions chimiques. On distingue : 1. les *feldspaths potassiques* de la série microcline – orthose – sanidine ; 2. les *feldspaths sodi-potassiques*, comme l'anorthose (K,Na) [$AlSi_3O_8$] ; 3. les *feldspaths sodi-calciques* encore appelés plagioclases, comme l'oligoclase (Na,Ca) [$Al_2Si_3O_8$], formant la série albite – oligoclase – andésine – labrador – bytownite – anorthite allant d'un pôle acide à un pôle basique ; 4. les *feldspaths lourds*, contenant du baryum, Ba [$Al_2Si_2O_8$] (celsiane et hyalophane).

Les feldspaths, au premier rang desquels l'orthose, ont de nombreuses applications dans les industries de la céramique, de la porcelaine et des émaux, des verres, des abrasifs, des matériaux de revêtement, des engrais, des savons et divers produits médicaux et paramédicaux. Certaines variétés sont utilisées comme pierres fines et décoratives (adulaire, amazonite, labradorite). Principaux gisements aux États-Unis (Dakota, Caroline du Sud, Caroline du Nord, Maine), au Canada, en Suède, en Grande-Bretagne, en France et en Chine.

Microcline, *aluminosilicate de potassium*

K $[AlSi_3O_8]$, triclinique ; dureté 6 ; densité 2,57 ; blanc ou vert ; éclat vitreux à nacré ; poudre incolore.

Le microcline (du grec *mikros* = petit, et *klinein* = s'incliner), à structure très ordonnée et macles en quadrillage, se trouve dans de nombreuses roches grenues (granites, pegmatites, etc.) et métamorphiques (gneiss, etc.) ; des roches de profondeur, appelées microclinites, en sont principalement constituées. Les principaux gisements de microcline se trouvent aux États-Unis (Magnet Cove, dans l'Arkansas), en Sibérie (Miass, dans l'Oural), en Silésie polonaise (Jelenia Góra), en Allemagne (Hagendorf, en Bavière), en Finlande, en Norvège (druses au sein de pegmatites à Iveland). L'**amazonite** est une variété de microcline dont la couleur vert émeraude est due à certains défauts du réseau et peut-être au remplacement de certains atomes d'oxygène par du

220 Orthose (cristaux d'environ 2 cm). Strzegom, Silésie (Pologne).

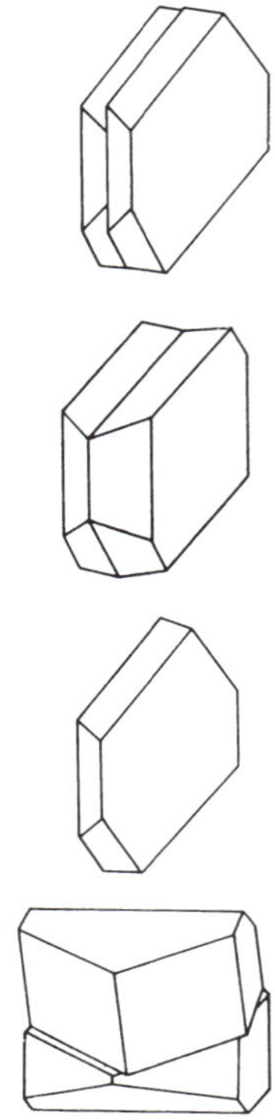

221 Adulaire (cristal de 2 cm). Val Medel (Italie).

fluor ; son nom résulte d'une confusion : le minéral initialement récolté en Amazonie est en fait une néphrite. Les plus beaux spécimens viennent de Madagascar, des États-Unis (région d'Amalia, en Virginie : cristaux de 45 cm ; région de Crystal Peak au nord du Lake George, dans le Colorado : cristaux vert-bleu sombre, parfois entourés d'albite blanche), du Canada (Renfrew County, dans l'Ontario) et du Japon (Tawara, dans l'île de Honshu : cristaux blancs et opaques de 9 cm). Le site historiquement le plus réputé est celui des monts Ilmen, dans l'Oural, où des pegmatites graphiques renferment de l'amazonite vert-bleu sombre et du quartz enfumé ; on doit au minéralogiste soviétique A. J. Fersman des études détaillées sur les conditions de cristallisation de ces granites dont on extrayait annuellement deux tonnes de précieux minéraux. Des documents anciens relatent que les Cosaques venaient, non sans danger, extraire du mica, de l'amazonite et autres pierres fines sur des territoires défendus par des tribus de langue turque de Bachkirs et de Kasakhs ; de cette époque datent les magnifiques plaques tabulaires qui ornent les salles de l'Ermitage de Saint-Pétersbourg.

Conditions de cristallisation du microcline identiques à celles de l'orthose ; il n'est pas rare de trouver des cristaux apparemment homogènes dont une partie est faite de microcline, l'autre d'orthose. C'est dans les pegmatites que l'on rencontre les plus gros cristaux de microcline, certains pouvant peser plusieurs tonnes.

222 Adulaire (fragments d'environ 2 cm). Kandy (Sri Lanka).

Orthose (ou orthoclase), *aluminosilicate de potassium*

K [$AlSi_3O_8$], monoclique ; dureté 6 ; densité 2,54 – 2,56 ; gris-blanc ou jaune-blanc, rose à rouge sang ; éclat vitreux à nacré ; poudre incolore.

L'**orthose** (du grec *orthos* = à angle droit, en raison des clivages orthogonaux), à structure moins ordonnée que celle du microcline et à fréquente macle de Carlsbad, est très commun(e) dans les roches plutoniques (granites, granodiorites, pegmatites) dans lesquelles il (ou elle) se présente souvent en grands cristaux (granites à "dents de cheval") ; on la trouve aussi dans des schistes cristallins et dans des roches d'origine sédimentaire (grès et grauwackes). Résistante aux acides (sauf l'acide fluorhydrique), l'orthose finit par se décomposer en kaolin sous l'action de l'eau chargée de gaz carbonique qui lui retire sa potasse. Dans certains granites, les intrications des cristaux de quartz dans le feldspath (orthose et microcline notamment) forment de curieux dessins rappelant les lettres de l'alphabet hébreu.

Les plus beaux cristaux d'orthose sont protégés dans des druses en provenance d'Italie (San Pietro, dans l'île d'Elbe, et de Baveno, en Lombardie), de la République tchèque (Velké Meziříčí, en Moravie), de Pologne (Strzegom et Jelenia Góra, en Haute-Silésie), de Sibérie (Mourzinka, dans l'Oural), de Norvège (Frederiksvärn), des États-Unis, notamment dans le Nouveau-Mexique (gisement du Cañon Nooday, dans le Grant County, dont les cristaux sont extérieurement blanchâtres avec un cœur transparent) et de Madagascar (dont un gisement fournit de l'orthose jaune à valeur de pierre précieuse) ; de beaux cristaux maclés abondent localement aux États-Unis (Pinal County, en Arizona ; Taos County, au Nouveau-Mexique, etc.).

Il existe plusieurs variétés d'orthose. L'**adulaire** (*adularia* en italien, du massif de l'Adula, en Suisse), transparente à éclat nacré ou reflets argentés ("pierre de lune"), est fréquente dans les fentes des massifs alpins (une centaine de gisements) et dans certains filons hydrothermaux ; de magnifiques cristaux d'une variété laiteuse à valeur de pierre fine proviennent de gîtes alluvionnaires du centre et de la côte sud du Sri Lanka ; de belles adulaires de 1 ou 2 cm sont récoltées aux États-Unis (par exemple dans la Ragged Mountain du Gunnison County, dans le Colorado ; ou, sous le nom de valencianite, dans les mines de Silver City de l'Owhyee County, dans l'Idaho). La **sanidine** (du grec *sanidion* = planchette) se présente habituellement sous forme de petites tablettes dans les trachytes et les phonolites ; mais des exemplaires exceptionnellement grands (jusqu'à 60 cm) ont été récoltés aux États-Unis sur le versant occidental de la Salt Range (Nouveau-Mexique). La **sanidine** peut former quasiment à elle seule une roche métamorphique très rare, la sanidinite, sous forme d'enclaves au sein de laves ou au contact d'intrusions basiques superficielles.

Albite, *aluminosilicate de sodium*

Na [$AlSi_3O_8$], triclinique ; dureté 6,5 ; densité 2,62 ; blanchâtre ou incolore ; éclat vitreux ou nacré ; poudre incolore.

L'**albite** (du latin *albus* = blanc), pôle alcalin de la série des plagioclases, est un minéral caractéristique du faciès métamorphique des schistes verts et des roches magmatiques alcalines (certains granites, syénites, trachytes) dont elle remplit souvent les fissures. Jamais absolument pure, l'albite renferme du calcium isomorphe et forme en général de petits cristaux tabulaires ou prismatiques courts et souvent maclés ; les

223 Microcline (grand cristal de 3 cm) sur lit de quartz enfumé. Crystal Peak, Colorado (États-Unis).

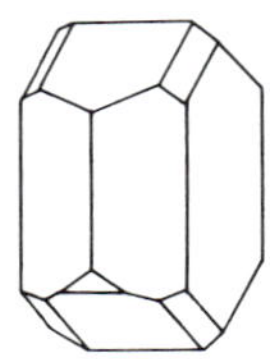

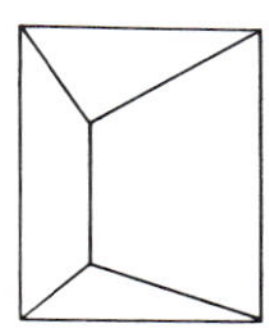

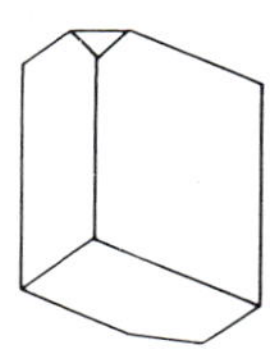

224 Péricline
(plage de 9 x 4 cm).
Sonnblick, Salzbourg
(Autriche).

macles réunissent parfois l'albite à d'autres plagioclases pour constituer une variété blanche appelée **péricline**. L'albitisation est soit la cristallisation d'albite dans une roche consolidée, soit le remplacement d'un plagioclase calcique par de l'albite. Les principaux gisements sont situés en Autriche (Schmirn, dans le Tyrol), en Silésie polonaise (Strzegom), en République tchèque (Bobrůvka, près de Velké Meziříčí, en Moravie) ; des albites à couleurs changeantes, les **péristérites**, utilisées comme pierres fines et taillées en roses plates sont exploitées au Canada et en Virginie (cristaux de plus de 13 cm utilisés comme pierre fine ou ornementale).

Oligoclase, *aluminosilicate de sodium et de calcium*

(Na,Ca) [$Al_2Si_3O_8$], triclinique ; dureté 6 ; densité 2,64 ; incolore ou blanchâtre, verdâtre, jaunâtre, rougeâtre ; éclat vitreux, souvent à reflets dorés ; poudre incolore.

Terme évoluant vers le pôle calcique des plagioclases, l'**oligoclase** (du grec *oligos* = peu, et *klasis* = rupture : nom choisi en raison de son clivage peu aisé) est un minéral très répandu dans les roches cristallines (granites, syénites, diorites, trachytes, andésites ; gneiss et serpentinites) ; c'est un feldspath grenu ou massif, formant très rarement de courts cristaux prismatiques. Principaux gisements dans l'Oural (Ayatskaïa, près de Sverdlovsk = Ekaterinbourg), en Norvège (à Tvedestrand, d'où viennent des cristaux d'oligoclase brune à couleurs changeantes) et en Italie (pentes du Monte Somma sur le Vésuve).

Après l'albite, l'oligoclase est le plagioclase dont la proportion en anorthite est la plus faible (de 10 à 30 %) ; le labrador en possède une teneur plus élevée (50 à 70 %).

225 Amazonite (plus grand cristal : 3 cm). Pike's Peak, Colorado (États-Unis).

Labradorite (ou labrador), *aluminosilicate de sodium et de calcium*

(Na,Ca) [$Al_2Si_3O_8$], triclinique ; dureté 6 ; densité 2,7 ; gris-bleu ou vert-bleu avec des reflets chatoyants, plus rarement incolore ; éclat vitreux à nacré ; poudre blanche.

Il y a plus de deux siècles, un missionnaire, le père Adolphe, découvrit au Labrador, région orientale du Canada, de petits galets gris à première vue quelconques, mais qui chatoyaient dans les teintes bleues et vertes lorsqu'on les déplaçait dans la lumière ; le minéral fut identifié comme étant un feldspath plagioclase et nommé **labradorite**. Peu de temps après, on en découvrit en Ukraine (près de Kosey Brod, dans la région de Kiev) de grands fragments délités suivant des plans de clivage fort chatoyants, et en 1781, on commença la taille des petits galets de labrador dans les célèbres ateliers de lapidaires de la petite ville de Petrodvoretz, près de Saint-Pétersbourg, pour y fabriquer de menus objets d'art et plus rarement des bijoux ; les pierres les plus recherchées étaient dans les teintes de jaune, d'orange et de doré, ainsi que les pierres bleu clair à reflets verts, très rares, appelées “œils de bœuf”. Le labrador est, sans conteste, la pierre fine à couleurs changeantes la plus utilisée.

Les reflets foncés du labrador sont dus à de minuscules inclusions de cristaux de divers minéraux foncés (écailles ou aiguilles d'ilménite, de magnétite ou d'hématite), orientés dans le sens du plan de clivage parfait ; les reflets plus clairs, quant à eux, semblent provenir de la réfraction de la lumière sur des macles microscopiques. Le labrador se présente le plus souvent en masses ou en grains ; il ne forme que très rarement de petits cristaux tabulaires, comme dans les andésites des collines de Rosia, (Roumanie) ou dans les cendres et tufs volcaniques des pentes de l'Etna, en Sicile (Italie). C'est un constituant essentiel de certaines roches magmatiques pauvres en silice (porphyres, diorites, gabbros, basaltes et diabases), certaines roches de profondeur, appelées labradorites, pouvant en être presqu'exclusivement constituées. Les gisements les plus riches sont ceux de Saint-Paul, au Labrador (Canada) et d'Oyamo en Finlande. Des gisements intéressants de labradorite à beaux grains se trouvent en de nombreux sites de l'État de New-York (États-Unis) ; cette belle roche est aussi bien utilisée pour confectionner des objets ornementaux, de prix souvent très élevé, que des revêtements d'immeuble ou même des monuments.

Anorthite, *aluminosilicate de calcium*

Ca $[Al_2Si_2O_8]$, triclinique ; dureté 6 ; densité 2,7 ; rouge, gris, blanc ou incolore ; éclat vitreux ou nacré ; poudre blanche.

Terme ultime et rare de la série des plagioclases, l'anorthite doit son nom (du grec *an-* = sans, et *orthos* = droit) au fait que ses plans de clivage ne sont pas orthogonaux. Composant de roches basiques de profondeur comme les anorthosites, ce minéral forme souvent des druses de cristaux en prismes ou tablettes de petite taille. Principaux gisements dans l'Oural, sur le Vésuve et aux Antilles.

226 Oligoclase (plage de 9 x 4 cm). Tvedestrand (Norvège).

227 Labradorite (10 x 4,5 cm). St. Paul, Labrador (Canada).

Leucite, *aluminosilicate de potassium*

K [Si_2AlO_6], quadratique pseudocubique; dureté 5,5–6 ; densité 2,5 ; gris-blanc ; éclat vitreux ; poudre incolore.

Depuis le XVIIe siècle, la **leucite** (du grec *leukos* = blanc) était considérée par les naturalistes comme une variété blanchâtre de grenat auquel faisaient penser ses cristaux inclus dans la lave du Vésuve. Lorsque l'analyse chimique en fut faite, on s'aperçut que ce minéral avait une forte teneur en potassium, élément que l'on croyait jusqu'alors propre au règne végétal.

La leucite n'est pas un feldspath, mais un **feldspathoïde** (de feldspath et du grec *eidos* = aspect), tectosilicate de roches plutoniques ou volcaniques à déficit de silice (en principe, feldspathoïdes et quartz ne peuvent coexister dans une roche magmatique). Dans un feldspathoïde, l'agencement des tétraèdres SiO_4 et AlO_4 ménage des cavités assez grandes pour y loger de gros ions tels que chlorures, sulfures, sulfates et carbonates, et même dans certains cas des molécules d'eau. Le plus souvent automorphe, la leucite se présente sous forme de trapèzes à 24 faces à section polygonale presque circulaire, macles polysynthétiques complexes (d'où son aspect finement strié) et cassure conchoïdale. Présente seulement dans les laves riches en potassium (phonolite, téphrite), la leucite est exploitée en Italie (Vésuve), en Allemagne (près du Laacher See, à l'ouest de Koblenz), en République tchèque (Loučná, dans les monts Métallifères : cristaux de 20 cm), aux États-Unis (Magnet Cove, dans l'Arkansas), au Brésil (São Paulo) et dans les rifts africains.

La leucite peut contenir des quantités appréciables de césium et l'on connaît même une leucite exclusivement césique, la **pollucite**, Cs $[Si_2AlO_6]$, minéral extrêmement rare identifié à l'île d'Elbe (Italie). L'**analcime** possède une formule voisine, Na $[Si_2AlO_6]$. H_2O, mais la présence d'eau la fait habituellement classer avec les zéolites.

Du point de vue chimique, lorsque le rapport Si/Al devient égal à 1, on a affaire à d'autres feldspathoïdes qui sont, en quelque sorte, les équivalents alcalins de l'anorthite : ce sont la **néphéline** Na $[SiAlO_4]$ et la **kalsilite** K $[SiAlO_4]$. La néphéline (du grec nephelê = nuage) doit son nom au fait que, dissoute dans un acide, elle donne une solution trouble. La néphéline des pétrographes est en fait un intermédiaire contenant 75 % de sodium et 25 % de potassium, présent dans les syénites néphéliniques et leurs équivalents effusifs, les phonolites. La néphéline est très altérable et se transforme en produits variés (zéolites et feldspathoïdes complexes).

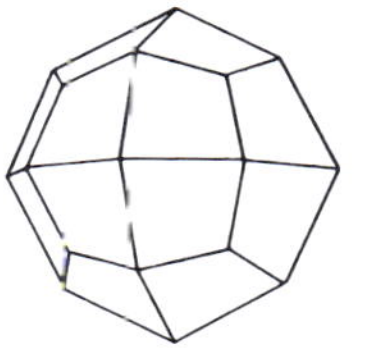

228 Leucite (cristal de 1,5 cm). Vésuve (Italie).

Sodalite, *tectosilicate d'aluminium et de sodium avec du chlore*

Na_8Cl_2 $[SiAlO_4]_6$, cubique ; dureté 5,5 ; densité 2,4 ; bleu à bleu-noir, vert à vert profond, vert-jaune, gris, blanc ou incolore ; éclat vitreux, gras sur les cassures ; poudre blanc bleuté.

La **sodalite** (de l'arabe *suwwad*, plante dont on tirait de la soude en la brûlant) fait partie d'une série de feldspathoïdes complexes de symétrie cubique, conduisant à la **noséane** (Cl_2 remplacé par SO_4) et à la **haüyne** (dans laquelle une partie du sodium est remplacée par du calcium). La sodalite est un minéral assez rare accompagnant la néphéline dans les trachytes, phonolites et basaltes ; elle se présente à l'état de grains noirâtres ou gris, exceptionnellement sous forme de petits cristaux maclés. Elle est connue depuis des temps fort anciens : on en trouve dans les ruines de la ville bolivienne de Tiahuanaca ; mais ce n'est qu'en 1811 que le minéralogiste britannique T.H. Thompson l'a décrite comme minéral particulier.

Principaux gisements : au Portugal (Serra de Monchique), en Italie (Monti Albani près de Rome et laves du Monte Somma sur le Vésuve), Roumanie (Ditrau, en Transylvanie), en Allemagne (Rieden, sur le Laacher See), en Sibérie (Miass, dans l'Oural), au Groenland (Kangerdluasurk), au Canada (Ontario), aux États-Unis, en Bolivie (Serro Sapo) et en Birmanie. De nos jours, c'est une pierre fine assez rare que l'on taille en forme de lentille ou de tablette, les variétés les plus foncées, rappelant la lazurite, étant les plus appréciées.

Lazurite (ou outremer), *aluminosilicate de sodium avec du soufre*

Na_8S $[AlSiO_4]_6$, cubique ; dureté 5 ; densité 2,38–2,9 ; mauve, bleu-mauve, bleu, bleu-vert ; éclat vitreux ; poudre bleue.

La **lazurite** (de l'arabe *lazawar* = lapis-lazuli) est un feldspathoïde riche en soufre, de couleur bleu intense. Le **lapis-lazuli** (du latin *lapis* = pierre et de l'arabe *azul* = bleu),

229 Sodalite (9 x 6 cm). Timmings (Canada).

230 Lazurite (9 x 4,5 cm). Boukhara (Ouzbékistan).

231 Lazurite (8,5 x 5,5 cm). Lac Baïkal, Sibérie (Russie).

souvent employé comme synonyme, est en fait une roche bleue riche en lazurite accompagnée de calcite, pyrite, diopside et sodalite, présente dans des calcaires métamorphiques au contact de granites ou inclus dans des phyllades.

Il est probable que, dans l'Antiquité, on prenait la lazurite pour un saphir et qu'on l'utilisait comme pierre semi-précieuse. Les fouilles archéologiques effectuées en Mésopotamie ont permis d'exhumer des objets fastueux en lazurite ou en lapis-lazuli : cylindres, sceaux, colliers, statuettes d'animaux et de personnages, témoignant du haut degré atteint par les artisans et les artistes de la sculpture et de la glyptique ; leur abondance dans les tombes fait penser que cette pierre bleue possédait déjà, comme encore de nos jours en Orient, une valeur rituelle. Plus tard, dès l'apparition des émirats ou khanats musulmans et des dynasties islamiques persanes, le lapis eut une très grande diffusion, la couleur bleue étant considérée par les musulmans comme un talisman contre le mauvais œil. Ce minéral fut introduit en Europe au Ve siècle sous le nom d'ultramarinum, qui est devenu l'outremer, le précieux et onéreux pigment bleu utilisé par tous les peintres (sa synthèse en 1826 par J-B. Guimet en fit par la suite fortement baisser le prix).

Les seuls gisements anciens localisés avec certitude sont ceux d'Asie et du Chili. Les premières indications dignes de foi ont été consignées par Marco Polo, marchand vénitien qui vécut dix-sept ans en Chine (de 1275 à 1291) au service du Tatar Koubilaï Khan ; investi de hautes fonctions, il traversa des régions qu'aucun Européen n'avait jusqu'alors parcourues et visita ainsi les gisements de lazurite sur le cours supérieur de l'Oxus (aujourd'hui Amou-Daria), dans le Badakhchan, province au nord de l'Hindou Kouch, en Afghanistan ; il parle de la montagne où l'on trouve l'azur le plus fin du monde. Il semble que c'est de l'un de ces gisements que provenaient les pierres dont les Égyptiens faisaient leurs fameuses amulettes en forme de scarabées ; les Orientaux et les Chinois utilisaient les lazurites de ces mêmes gisements pour en fabriquer

232 Lazurite (9 x 8 cm). Canada.

des objets d'art ; de nos jours, on en extrait encore de beaux spécimens de lapis-lazuli, sous forme de masses irrégulières et de lentilles incluses dans le marbre.

De nombreux gisements dans le monde fournissent de la lazurite de qualité variable ; on en trouve sur les pentes du Vésuve et dans la région de Rome, et surtout sur la rive méridionale du lac Baïkal (dans le lit de la rivière Slioudianka), dans les Andes chiliennes, aux États-Unis (en Californie, dans le cañon de San Antonio, et au Colorado, dans la région des Sawatch Montains, où la lazurite bleu foncé forme des veines et des lentilles). En Afghanistan, dans le célèbre gisement de Sar-e-Sang (Badakhchan), la lazurite se présente dans des cipolins encaissés dans des gneiss, des schistes cristallins ou des amphibolites, formant parfois des lentilles de plus d'un mètre d'épaisseur ; elle s'y trouve en compagnie de pyrite, de scapolite et de phlogopite ; les cristaux y sont rares, atteignant exceptionnellement 5 cm. De nos jours, le lapis-lazuli sert toujours à la confection d'objets ornementaux ; en lazurite, on fait des bagues, des broches, des boucles d'oreille, des colliers et des objets gravés ; ce minéral entre aussi dans la composition de peintures fines (outremer naturel).

Natrolite, *aluminosilicate hydraté de sodium*

$Na_2Al_2 [Si_3O_{10}] . 2H_2O$, orthorhombique pseudoquadratique ; dureté 5–5,5 ; densité 2,2–2,4 ; incolore, blanc, jaunâtre à rougeâtre ; éclat vitreux, soyeux dans les agrégats fibreux ; poudre blanche.

On appelle *zéolites* (du grec *zein* = bouillir et *lithos* = pierre, car bouillonnant quand on les chauffe) des tectosilicates hydratés dont la charpente aluminosilicique $(Al,Si)_xO_{2x}$ présente de grandes “cages” communiquant par des “tunnels” où se logent les cations et les molécules d'eau ; on les a comparées à des “éponges” dont la teneur en eau est fonction de la température. Leur formule générale se présente sous la forme $(Na,K,Ca_{1/2},Ba_{1/2})_x [Al_xSi_yO_{2(x+y)}] . nH_2O$. Parmi les zéolites naturelles, on distingue les zéolites fibreuses à cristaux allongés, avec deux clivages orthogonaux (natrolite, mé-

233 Natrolite (plage de 12 x 9 cm). Zálezly (Rép. tchèque).

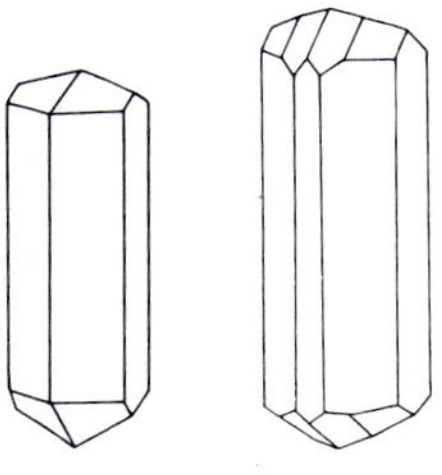

solite, thomsonite...), les *zéolites lamellaires*, avec un clivage parfait (stilbite...) et divers autres groupes (phillipsite, chabazite...).

La **natrolite** (de l'arabe *natroun* via le mot espagnol *natron*, et du grec *lithos* = pierre) est une zéolite fibreuse commune, qui a été déterminée pour la toute première fois en 1824 d'après un échantillon provenant du célèbre gisement de Mariánská hora, en République tchèque. Elle cristallise en prismes allongés, transparents ou translucides, ou en fines et fragiles aiguilles de 3 à 4 cm de long, au sein de phonolites, basaltes et autres roches effusives ; elle y tapisse la paroi des cavités d'agrégats circulaires fibroradiés, de gerbes ou de druses, formant parfois des colonnes plus courtes mais plus épaisses à base pyramidale ; la section transversale des cristaux est souvent quadrangulaire, d'où certaines confusions.

Principaux gisements : République tchèque (phonolite de Mariánská hora), Allemagne (Thuringe et Wurtemberg), France (Auvergne), Islande, Canada (Cap d'Or, en Nouvelle-Écosse) ; les gemmes taillées dans les natrolites d'Islande ont un bel éclat changeant, celles plus massives du Wurtemberg servant à la fabrication de menus objets d'art.

Mésolite, *aluminosilicate complexe hydraté de calcium et de sodium*

$(NaCa)_2 [Al_2Si_3O_{10}]_3 . 8H_2O$, monoclinique – pseudo-orthorhombique ; dureté 5 ; densité 2,29 ; incolore ou blanc ; éclat vitreux, soyeux dans les agrégats fibreux ; poudre blanche.

Découverte en 1816 par les minéralogistes allemands Fuchs et Gehlen, la **mésolite** (du grec *mesos* = au milieu de, et *lithos* = pierre) doit son nom au fait qu'elle constitue un maillon intermédiaire dans la série natrolite – scolécite. Elle se présente à l'état de cristaux ou d'aiguilles formant un fin chevelu, ou en agrégats massifs ou fibreux ; associée à la natrolite et plus abondante qu'elle, elle se trouve dans les mêmes gisements, dans les cavités des basaltes et autres roches effusives superficielles récentes. Citons encore, parmi les gisements intéressants : Antrim en Irlande, les îles Skye, au large de l'Écosse, et l'archipel danois des Féroé. Des aiguilles de 15 cm de long ont été trouvées dans le gîte de Teigarhorn, près de Berufjord, sur la côte orientale de l'Islande ; aux États-Unis, dans plusieurs gisements du New-Jersey, de très beaux spécimens forment des bouquets aciculaires blancs d'une remarquable finesse ; de même, dans l'Oregon, des cristaux filamenteux forment des masses miroitantes continues. La mésolite n'offre aucun intérêt pratique, hormis pour les collectionneurs.

234 Mésolite (10 x 10 cm). Horní Hrad, près d'Ostrov (Rép. tchèque).

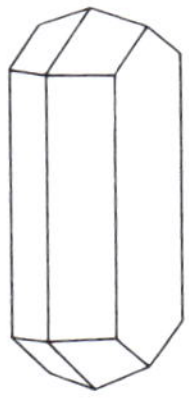

235 Scolécite (15 x 8 cm).
Berufjord (Islande).

Scolécite, *aluminosilicate hydraté de calcium*

$Ca_2 [Al_2Si_3O_{10}].3H_2O$, monoclinique – pseudo-orthorhombique ; dureté 5 – 5,5 ; densité 2,2 – 2,4 ; incolore, blanc à gris ; éclat vitreux intense, nacré sur les surfaces de clivage ; poudre incolore.

La **scolécite** (du grec *skôlêks, -êkos* = ver), dont l'aspect est semblable à celui de la natrolite, doit son nom au fait que sous la flamme du chalumeau, les cristaux se courbent comme de petits vers en perdant leur eau, phénomène par ailleurs communs à toutes les zéolites. On la trouve dans les fissures et les cavités des roches ignées riches en calcium et en aluminium (basaltes et phonolites principalement), plus rarement dans les roches magmatiques de profondeur (granites, syénites, labradorites, schistes cristallins). Les plus beaux gisements se trouvent en Islande, aux États-Unis (Table Montains, dans le Colorado) et surtout en Inde, dans les majestueuses coulées de lave des trapps du Dekkan, en particulier dans les monts Bhore Ghat à l'ouest de Bombay : les tranchées et tunnels de la voie ferrée recèlent d'innombrables cavités dont les magnifiques cristaux vont enrichir les collections du monde entier.

236 Thomsonite (plage de 12 x 8 cm). Pihel près de Česká Lípa (Rép. tchèque).

Thomsonite (ou comptonite), *aluminosilicate hydraté de calcium et de sodium*

$NaCa_3[AlSiO_4]_5 . 6H_2O$, orthorhombique ; dureté 5–5,5 ; densité 2,3–2,4 ; incolore, blanc, gris, jaunâtre, verdâtre, rougeâtre ; éclat vitreux, nacré sur les surfaces de clivage ; poudre incolore.

La **thomsonite** (en hommage au minéralogiste anglais T. Thomson) forme des cristaux prismatiques ou tabulaires généralement groupés en gerbes ou en faisceaux, ou encore sous forme d'agrégats sphériques, en rognons fibroradiés, ou en revêtements géodiques ; assez abondante dans les cavités des basaltes et des phonolites, elle est plus rare dans les filons de pegmatite. Les principaux gisements se situent en Écosse (Kilpatrick, près de Dumbarton), Allemagne (Eisenach, en Thuringe), République tchèque (Vinařická hora, près de Kladno) et au Canada (Peter Point, en Nouvelle-Écosse) ; aux États-Unis, on trouve dans le New-Jersey des agrégats étoilés de couleur blanche, atteignant 5 cm de diamètre, qui peuvent être confondus avec de la stilbite, et à Good Harbour, sur les plages du Lac Supérieur, de petits galets à structure fibroradiée constitués de couches concentriques blanches, jaunes et vertes en alternance.

Stilbite (ou desmine), *aluminosilicate hydraté de calcium*

Ca $[Al_2Si_7O_{18}]$. $7H_2O$, monoclinique pseudo-orthorhombique; dureté 3,5–4 ; densité 2,1–2,2 ; incolore, blanc, blanchâtre, gris, miel, rougeâtre, parfois rouge brique ; éclat vitreux, fortement nacré suivant les plans de clivage ; poudre incolore.

Le nom de **stilbite** (du grec *stilbein* = briller) désignait à l'origine toutes les zéolites, d'aspect écailleux et à vif éclat nacré ; le terme synonyme **desmine** (du grec *desmé* = gerbe) évoque la disposition fasciculée de ses petits cristaux tabulaires toujours fortement maclés dont l'interpénétration croisée reproduit une symétrie orthorhombique. La stilbite est une zéolite lamellaire qui se forme à partir de solutions chaudes montées à la surface après une éruption, à la faveur de fissures et de crevasses ; on le trouve ainsi dans les basaltes, les mélaphyres et les amphibolites. Principaux gisements : Islande (où elle forme des revêtements sur la calcite), Danemark (îles Féroé), Écosse (Kilpatrick), Italie (vallée alpine de la Fassa), République tchèque (Kozákov, en Bohême), Pologne (Strzegom, en Haute-Silésie) ; en Inde, sur le plateau basaltique du Dekkan au sud-ouest de Bombay, le gisement de Poonah recèle de gros cristaux blanc-gris ou rougeâtres et des agrégats fasciculés considérés comme les plus beaux du monde.

Minéral de composition très voisine, la **heulandite** (de Heuland, ancien secrétaire de la Société de Géologie britannique) forme des cristaux tabulaires à clivage parfait et des agrégats en lamelles rayonnantes ; elle est parfois blanche ou incolore, mais le plus souvent d'un rouge brique prononcé dû à la présence de paillettes de goehtite. On la trouve dans les basaltes, les mélaphyres, les porphyrites et autres roches voisines, en particulier dans les cavités en amande.

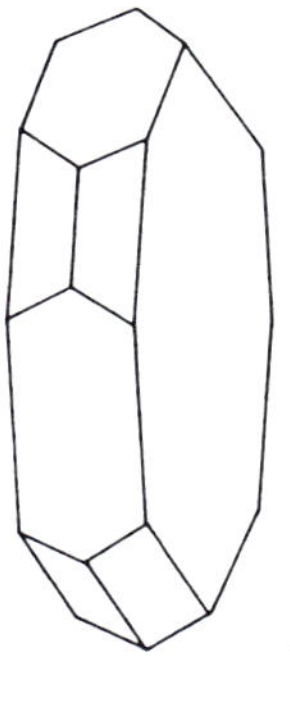

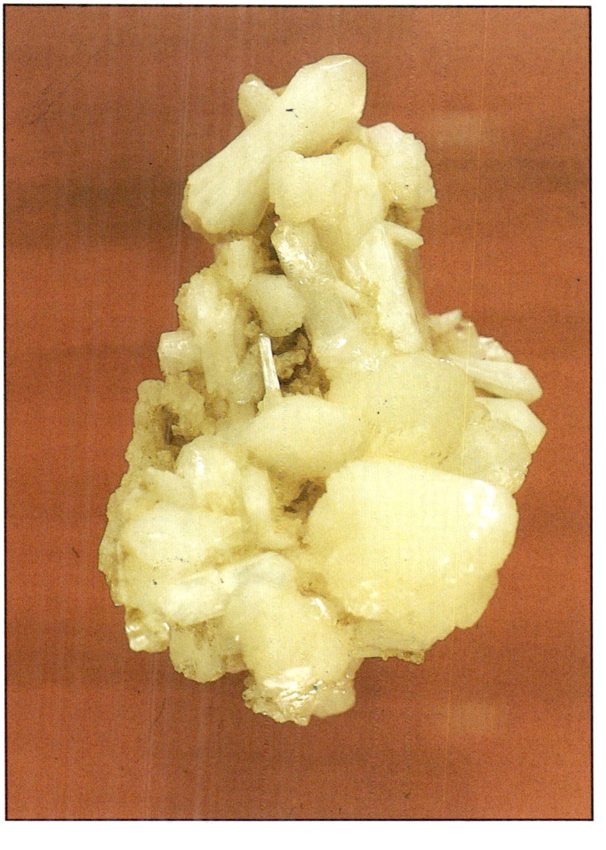

237 Stilbite (agrégat de 2 cm). Berufjord (Islande).

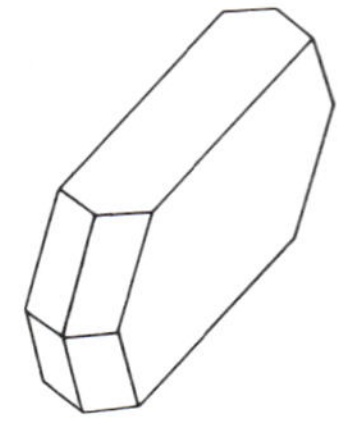

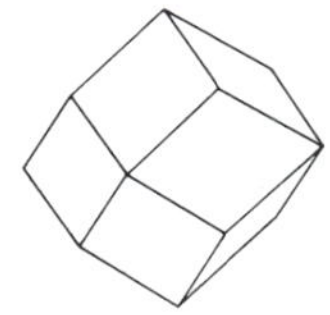

238 Phillipsite (plage de 5, 5 x 5,5 cm). Vinařická hora, près de Kladno (Rép. tchèque).

Phillipsite (ou christianite), *aluminosilicate hydraté de potassium et de calcium*

KCa $[Al_3Si_5O_{16}].6H_2O$, monoclinique ; dureté 4,5 ; densité 2,2 ; incolore, blanchâtre, blanc à jaunâtre ; éclat vitreux ; poudre incolore.

La **phillipsite** (en hommage au minéralogiste anglais W. Phillips), encore appelée **christianite** (du nom de Christian VIII, roi de Danemark) et découverte en 1825, fait partie des zéolites le plus abondantes ; on ne la trouve qu'à l'état d'agrégats en boule à structure interne rayonnante ou sous forme de très petits cristaux s'interpénétrant de manière complexe, donnant une macle en forme de croix, appréciée des collectionneurs. On la trouve surtout dans les basaltes et les phonolites, accompagnée d'autres zéolites. Gisements en Allemagne (Stempel, près de Marburg dans la Hesse), en République tchèque (Česká Lípa), en Italie (Capo di Bove, près de Rome) et en Australie (Richmond, dans l'État de Victoria).

L'**harmotome** (du grec *harmos* = joint et *tomê* = coupure), aluminosilicate de baryum de formule Ba $[AlSi_3O_6]_2$. $6H_2O$, présente le même type de macles.

Chabazite, *aluminosilicate hydraté de calcium*

Ca $[AlSi_2O_6]_2 . 6H_2O$, rhomboédrique – pseudocubique ; dureté 4,5 ; densité 2,08 ; rouge ; éclat vitreux ; poudre incolore.

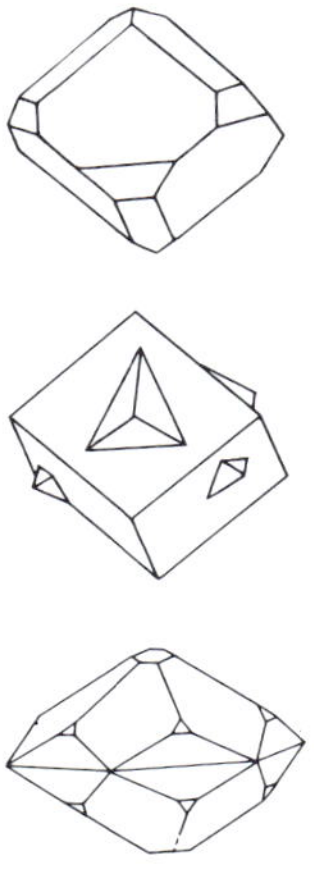

Le nom de **chabazite** (du grec *khabadzios* = forme erronée de *khaladzios*, sorte de pierre) dérive d'une appellation que l'on utilisait dans les légendes grecques, notamment celle d'Orphée, pour désigner un beau minéral mystérieux ; on dit aussi que le poète Goethe, à l'image du minéralogiste pragois Zipp, en a trouvé des cristaux de 2,5 cm dans les montagnes de Bohême, à Litoměřice. La chabazite présente de belles macles par interpénétration d'individus cristallins rhomboédriques, formant ainsi des phacolites (du grec *phakos* = lentille, et *lithos* = pierre). On la trouve avec la calcite, l'aragonite et d'autres zéolites le plus souvent dans les cavités ménagées au sein de basaltes et de mélaphyres. Les gisements les plus fréquemment mentionnés sont situés en Pologne (Strzegom, en Haute-Silésie), en Islande, au Canada, au Chili, en Australie et en Nouvelle-Zélande.

239 Chabazite (cristal de 2,5 cm). Maglovce (Slovaquie).

240 Insecte (1,5 cm de long) inclus dans de l'ambre. Côte de la Baltique.

Chapitre 9

COMPOSÉS ORGANIQUES

La classe des composés organiques regroupe différentes catégories de substances : des sels d'acides organiques (qui ne se présentent que rarement dans l'écorce terrestre à l'état de sels minéraux), des hydrocarbures (dont les principales sources sont le pétrole brut et les gaz naturels, auxquels il faut ajouter le charbon, les sables et les schistes bitumineux, plutôt considérés comme des roches) et des résines (produits de sécrétion végétale complexes) ; parmi eux, de nombreuses "espèces" sont en fait des mélanges mal définis, comme dans le cas des charbons, des ozocérites (paraffines) et de l'ambre. Sauf cas exceptionnel (whewellite), ce sont des combinaisons totalement assujetties à la biosphère ; ils conditionnent la naissance d'autres minéraux de formation normalement inorganique comme les sulfures, l'apatite, l'aragonite ou la calcite.

Whewellite, *oxalate hydraté de calcium*

Ca $[C_2O_4]$. H_2 O, monoclinique ; dureté 2,5 ; densité 2,23 ; incolore, grisâtre, blanchâtre ou jaunâtre ; éclat perlé ; poudre incolore.

Sel d'acide organique, la **whewellite** (de W. Whewell, naturaliste anglais) est un minéral rare et fragile, très particulier à la fois par son origine, par sa composition chimique et par la forme de ses cristaux et de ses agrégats. On le trouve dans les filons de houille, rarement dans des gîtes hydrothermaux ; depuis longtemps, les mineurs en trouvaient dans les fissures de roches à proximité des mines de charbon et le prenaient pour du cristal de roche, de la calcite ou de la baryte ; mais en 1906, ce sont de magnifiques cristaux de 4 cm, incolores ou plus rarement jaunâtres, parfaitement délimités, formant des agrégats décimétriques, qui furent extraits de la mine de houille de Kladno, à l'ouest de Prague, en Bohême.

Habituellement, la whewellite cristallise sous la forme de prismes à nombreuses faces, de tablettes ou de cristaux pointus, avec des macles en forme de cœur ou de papillon ; les cristaux sont groupés en agrégats lancéolés ou plus rarement étoilés, à clivages multidirectionnels parfaits ; les plus gros cristaux proviennent toujours de fissures au sein de masses rocheuses, tandis que les plus petits se trouvent dans des pélosidérites, en compagnie d'ankérite (dolomite ferrifère), de baryte, de kaolinite et de divers sulfures.

Principaux gisements : en République tchèque (Kladno et Most), en Roumanie (Capnic, où l'on a trouvé en 1926 un cristal de près de 7 cm), en Allemagne (Burgk, Zwikkau et Freiberg, en Saxe), en France (Urbeis, en Alsace) et dans l'ex-U.R.S.S. (Maïkop, dans le Caucase septentrional, et Dalnegorsk, au nord-est de Vladivostok, en Sibérie orientale). Sans conteste le plus beau de la classe des organolites, ce minéral fait partie (avec, entre autres, une cuprosklodowskite du Zaïre, une lazurite d'Afghanistan et une cumengéite du Mexique) d'un lot de spécimens exceptionnels exposés dans la galerie de l'université Pierre et Marie Curie, à Paris : le spécimen de whewellite provient du gisement de plomb et de zinc de Dalnegorsk.

Autre oxalate, l'**humboldtite** (de Alexander von Humboldt, naturaliste et voyageur allemand) est un sel de fer hydraté monoclinique formant des cristaux apparemment orthorhombiques, de formule Fe $[C_2O_4]$. $2H_2O$, que l'on trouve en petites masses jaunes pisolitiques, fibreuses ou terreuses dans les mines de lignite de Hongrie ; de belles formes cristallisées ont été trouvées à Capo d'Arco, dans l'île d'Elbe (Italie).

241 Whewellite (4 x 2,8 cm). Kladno (Rép. tchèque).

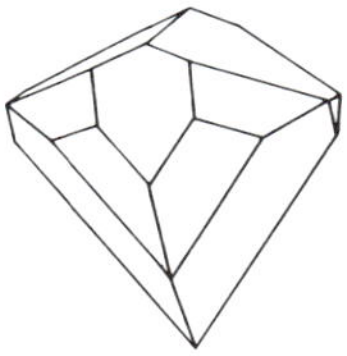

L'**oxamite**, de la même famille, est un oxalate hydraté d'ammonium, $(NH_4)_2$ $[C_2O_4]$. H_2O, que l'on trouve à l'état d'agrégats jaunâtres dans les dépôts de guano près des côtes péruviennes.

La **mellite** (du latin [sucus] mellitus = [suc] de miel) est un mellilate hydraté d'aluminium, Al_2 $[C_{12}O_{12}]$. $18H_2O$, quadratique, qui se présente en petits cristaux octaédriques jaunes formant des masses ou des encroûtements granuleux dans certains grès et lignites ; gisements exploités en Allemagne (Artern, en Thuringe) et en Russie (Malovka, dans la région de Toula, au sud de Moscou).

La **dopplérite** (de l'Autrichien H. Doppler) est un mélange d'acides organiques et d'humates calciques formant une couche grasse brun-rouge à la surface de tourbières ; elle se forme par oxydation des matières humiques progressivement infiltrées dans les tissus ligneux en décomposition où elles se concentrent et durcissent.

Fichtélite, hydrocarbure

$C_{19}H_{31}$, monoclinique ; dureté 1 ; densité 1,03 ; incolore ou jaunâtre ; éclat vitreux ; poudre incolore.

La **fichtélite** (de *Fichtelgebirge*, nom d'un massif ancien en Bavière, dont les hauteurs sont encore couvertes de forêts de pins) est un hydrocarbure saturé diterpénique formé lors de la décompositon du bois des conifères par décarboxylation hydrogénante de l'acide abiétique ; c'est un minéral fragile, à clivage parfait, onctueux au toucher et friable, qui forme des agrégats en lamelles, des revêtements cristallins ou, plus rarement, des cristaux tabulaires allongés dont les plus grands connus ne dépassent pas 7 mm. Les principaux gisements de fichtélite se trouvent en Allemagne (dans le sud de la Bavière, à Kolbermoor et dans les tourbières de Redwitz, où elle fut découverte en 1837 ; en Basse-Saxe, à Sulzendeich près d'Oldenburg), en Suisse (dans des schistes houillers près de Uznach, au sud-est de Zurich), en République tchèque (sur les vieux troncs de conifères enfouis dans les tourbières de Soběslav), en Angleterre (tourbières de Handforth, près de Chester, au sud de Liverpool) et au Danemark (tourbières de Heltegaard).

Le principal intérêt de la fichtélite est de confirmer que la décomposition de matières organiques peut donner naissance à des minéraux cristallisés.

242 Fichtélite (plage de 8,5 x 5,5 cm). Mažice près de Soběslav (Rép. tchèque).

Ambre jaune (ou succin ou succinite), *résine fossile de conifères*

formule brute $C_{10}H_{16}O$, amorphe ; dureté 2–2,5 ; densité 1,05–1,11 ; jaune miel à rouge hyacinthe ; éclat vitreux ou cireux ; poudre incolore.

Le mot ambre (en latin médiéval *ambar*, de l'arabe *al-'anbar* = ambre gris) désigne deux substances différentes : l'ambre gris, substance parfumée rappelant le musc, fournie par le cachalot, et l'ambre jaune ou succin, résine fossile de la famille du copal. L'ambre gris est constitué par des concrétions intestinales de divers cétacés, masses cireuses grises ou beiges formées par la matière noire que sécrètent les mollusques céphalopodes dont se nourrissent ces mammifères marins ; cette substance est utilisée en parfumerie. Seule nous intéresse ici l'ambre jaune.

L'**ambre jaune**, utilisé depuis l'âge de pierre dans un but à la fois décoratif et curatif (ses vapeurs devaient guérir certains mots), a fait l'objet d'un commerce important durant l'Antiquité. Le minéral était déjà apprécié de l'homme préhistorique qui en confectionnait des bijoux : c'est en effet un minéral facile à tailler qui lui plaisait à la fois par sa couleur et par son éclat ; alors qu'il fallait arracher à la terre les autres beaux cailloux colorés ou brillants, les gemmes d'ambre s'offraient comme un don de la mer, dans les contrées froides de l'Europe septentrionale ; on a retrouvé des ornements d'ambre datant du Paléolithique, des idoles taillées du Néolithique tout au long des grandes routes commerciales qui unissent la Baltique à la Méditerranée, et qui seront plus tard celles du bronze, jalonnées par des sites où l'on a retrouvé des monnaies d'échange et des vestiges de colliers en ambre.

243 Ambre jaune (7 x 5 cm). Klajpeda (Lithuanie).

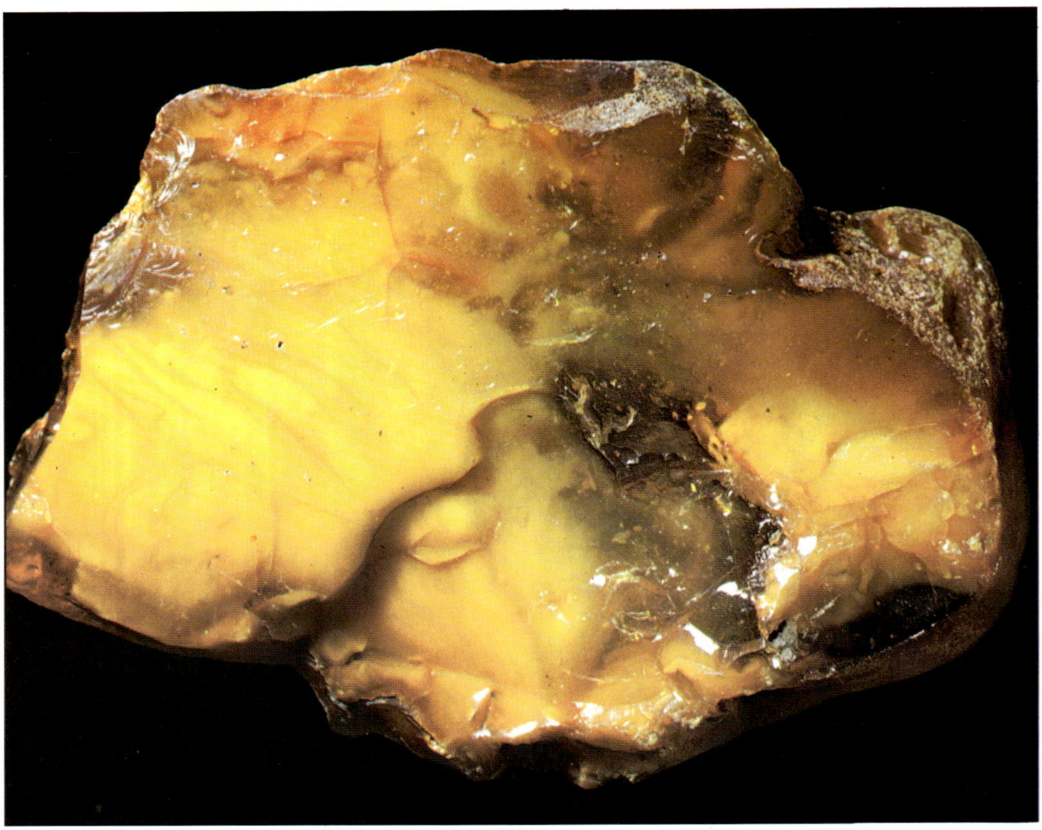

Plus tard, parmi les Anciens (Assyriens, Babyloniens, Grecs), l'ambre demeura en usage ; Homère (le célèbre poète épique qui aurait vécu au IXe siècle av. J-C.) en parle à propos de bijoux dans ses écrits ; il y a 2 600 ans, Thalès découvrit que l'ambre jaune attirait les corps légers lorsqu'on en frottait vigoureusement de petits morceaux : il est en effet doué de propriétés électrostatiques (d'où le mot électricité, dérivé du nom de l'ambre en grec : *elektron*) ; au IVe siècle av. J-C., Aristote reconnut enfin que c'était une matière végétale. À Rome, l'ambre était très cher parce que très rare, les seuls gisements alors connus, ceux de la mer Baltique, étant fort éloignés ; les expéditions organisées par Néron tracèrent les fameuses "routes de l'ambre" dont la principale passait par l'Autriche et la Moravie ; Pline l'Ancien, partageant sur l'origine de l'ambre le même point de vue qu'Aristote et Tacite, mentionna un peu plus tard son utilisation par les peuplades germaniques. Le Moyen Âge perpétua le commerce des bijoux en ambre ; au XVIIIe siècle, sous les règnes de Frédéric II le Grand, roi de Prusse, et de Pierre 1er le Grand, tsar et empereur de Russie, le minéral eut encore son heure de gloire, témoin la *Chambre de l'ambre*, une collection qui sera perdue au cours de la Seconde Guerre Mondiale et qui n'a toujours pas été retrouvée.

244 Valchovite (9 cm). Hřebeč (Rép. tchèque).

Toutes les langues européennes ont eu, pour désigner l'ambre, leur propre terme archaïque, ce qui montre l'ancienneté de son usage. C'est Théophraste, élève d'Aristote, qui le désigna sous le vocable d'*elektron* = métal brillant (devenu *electrum* en latin) ; les noms allemand *Bernstein* (de *brennen* = brûler : l'ambre est en effet facilement inflammable) et anglais *amber* sont également anciens ; plus ancien encore, le mot arabe *anbar*, qui désigne le cachalot, montre la confusion faite, nous l'avons vu, entre l'ambre gris, concrétion animale parfumée, et l'ambre jaune, que l'on croyait né de la mer ; on retrouve aussi le mot slave *jantar*, proche du mot lithuanien *gintaras* qui signifie protecteur, et par extension amulette, ce qui explique l'usage très ancien de l'ambre comme pendentif ; quant au terme scientifique **succin** (du latin *succinum*, lui-même dérivé de *sucus* = sève), il est en relation avec les noms d'espèce de deux conifères (*Pinus succinifer* et *Pitioxylon succinifer*) qui, pendant l'ère cénozoïque, à l'Oligocène, formaient l'essentiel des forêts d'Europe septentrionale dont a résulté le fameux ambre de la Baltique.

Bien des légendes ont été brodées autour de l'ambre, telle celle de Phaéton, fils d'Hélios, qui trouva la mort dans un fleuve et dont les sœurs éplorées, transformées en arbres, semèrent ainsi en guise de larmes des gouttes de résine ; il est remarquable de constater que cette légende choisit certes l'eau comme élément originel et génétique de l'ambre, via le fleuve et les larmes, mais au prix d'une transformation en résine, ce qui dénote une certaine connaissance empirique de l'ambre. De même, dans les classifications du livre IV des *Météorologiques* d'Aristote, l'ambre est placé aux côtés d'autres substances végétales (bois, feuilles, écorce) et de deux résines (la myrrhe et l'encens), ce qui indique bien une certaine connaissance de la nature de ce minéral, même si sa genèse est ignorée.

L'ambre jaune est une résine fossile légère, dure et cassante, trouble, translucide ou transparente (qualité qui augmente avec la température), que l'on trouve soit en place associée à des couches de lignite, soit en dépôts détritiques allochtones. Il se pré-

245 Insecte (1 cm) inclus dans de l'ambre. Côte de la Baltique.

sente sous forme de nodules irréguliers de taille variable (grains, billes, boules, galets ou concrétions : le plus gros d'entre eux est un galet de 8 kg conservé au Musée Humboldt, à Berlin), relativement tendres, jaunâtres, parfois fluorescents.

On trouve assez communément, inclus dans des morceaux d'ambre, des bulles d'air ainsi que des fragments de végétaux (notamment des fleurs), de vers et de divers arthropodes (plus de 2 000 espèces de mouches, fourmis, araignées, etc.) magnifiquement conservés ; le gisement le plus connu est celui des côtes de la Baltique, que les tempêtes semblent réapprovisionner indéfiniment à partir du matériel détritique dégagé par l'érosion de "terres bleues", formations sédimentaires gréseuses de l'Oligocène, vieilles de quelque 50 millions d'années. De l'homme préhistorique à l'homme moderne, les inclusions d'arthropodes ont toujours exercé un irrésistible attrait par le mystère de leur présence ou la perfection de détails anatomiques (Kant lui-même en conservait à Königsberg un fragment contenant un insecte).

Tout au long de son histoire, l'ambre a montré une certaine diversité d'emplois. En pharmacopée, on retiendra qu'Anselme Boèce de Boodt, médecin de Rodolphe II, recommandait dans son ouvrage *Le Parfait Joaillier*, l'usage de l'ambre "fort bon pour le cœur, pour les maladies du cerveau, pour la courte haleine, pour le calcul, pour l'hydropisie, pour la chaude-pisse, pour les fleurs de la femme." Dans le domaine religieux, au Moyen Âge, les chevaliers teutoniques ont permis la diffusion des chapelets d'ambre, fabriqués par les tourneurs de Bruges ; la Prusse gardera le monopole de l'ambre jusqu'au XIXe siècle ; monopole vendu par un marchand de Dantzig aux Arabes, chez lesquels on retrouve le caractère religieux de la pipe, dont les embouts sont en ambre (à moins que ce ne soit pour des propriétés d'isolant thermique que ne devaient pas ignorer les artisans...). Dans le domaine de l'artisanat, l'ambre n'a par ailleurs produit que des objets de parure et de décoration. Au XVIIIe siècle, l'ambre suscita un vif intérêt parmi les naturalistes : tandis que Buffon et Linné penchent pour une parenté avec le pétrole, le savant russe Lomonossov défend l'idée qu'il s'agit d'une résine provenant d'un arbre ; ce que confirmera en 1811 le savant prussien Wrede. De nos jours, l'ambre est utilisé en ébénisterie (incrustations) dans la fabrication d'isolants et de certains vernis, et celle de bijoux et objets pratiques ou ornementaux (pendentifs, colliers, bracelets, fume-cigarettes, pommeaux de canne).

Les gisements de la Baltique les plus riches se situent en Russie à Jantarny (ex-Palmnicken) au sud-ouest de Kaliningrad (ex-Königsberg) dans l'ancienne Prusse orientale, à l'extrémité septentrionale du golfe de la Vistule ; on en trouve aussi sur le littoral de la Pologne, de l'Allemagne, du Danemark, de la Suède, des Pays-Bas et de la Grande-Bretagne, ainsi que sur le continent, en Silésie (dans des dépôts glaciaires), en Ukraine (régions de Kiev et de Lvov) et en Roumanie (blocs pesant jusqu'à 3 kg) ; des nodules brun foncé à fluorescence bleue et verte d'une variété très recherchée appelée **simétite** ont été trouvés en Sicile (Italie), dans les alluvions de la rivière Simeto aux environs de Catane ; d'autres gisements de succin sont également exploités en Birmanie.

On trouve en Moravie et en Bohême des résines fossiles comparables à l'ambre jaune ; telles sont la **valchovite** (gîte de Valchov, près de Boskovice en Moravie), résine jaune cire qu'on trouve à l'état de gros fragments dans une formation gréseuse du Crétacé ; la **muckite** (de Mucka, en Allemagne), brun foncé, et la **neudorfite** (de Neudorf, en Allemagne) jaune pâle, dans des lignites également d'âge crétacé. D'autres résines fossiles sont par ailleurs connues : par exemple l'**idrialite** (d'Idria, dans la Diablo Range, en Californie), qui accompagne des gisements de cinabre ; la **tasmanite** (de l'île de Tasmanie), qui peut contenir jusqu'à 5 % de soufre ; la **bathwillite**, dans le Carbonifère d'Écosse, l'**euosmite** (du grec *eu* = bien, et *osmê* = odeur), la **pyropissite**, la **résinite**, etc., mais les plus connues et les plus abondantes sont l'ambre jaune et, à un moindre degré, le copal.

Le **copal** (mot espagnol, *copalli* en nahuatl, langue de la littérature aztèque) est le nom commun donné à divers produits résineux utilisés dans la préparation des vernis et d'origine végétale variée (conifères et césalpinées). En minéralogie, les véritables copals proviennent des copaliers, nom commun désignant diverses espèces de césalpinées de l'Inde (copal dur ou copaline de Bombay et de Calcutta), d'Afrique (copal dur de Madagascar, du Mozambique et de Zanzibar ; copal demi-dur, rouge ou blanc, d'Angola, du Congo, de Guinée, du Bénin, etc.) ou d'Amérique (copal tendre du Brésil ; copal dur de la Guyane hollandaise). On en distingue trois variétés : les copals verts, s'écoulant des arbres qui les produisent actuellement ; les copals subquaternaires, demi-fossiles, récoltés dans les tranchées au pied des arbres qui les ont produites ; enfin les copals fossiles, les plus recherchés, car purs et dorés comme l'ambre, qui ont eux aussi piégé des arthropodes remarquablement préservés.

246 Bracelet (bijou contemporain). Ambre de la Baltique.

247 Moldavite (plus gros fragment : 4 cm). Vodňany (Rép. tchèque).

Chapitre 10

MÉTÉORITES ET TECTITES

La minéralogie s'intéresse aussi à des corps inorganiques qui ne sont pas à proprement parler des minéraux mais plutôt des roches dont l'origine et la composition sont tout à fait particulières : ce sont les météorites et les tectites.

Météorites

La chute de corps célestes a longtemps été l'objet de controverses en raison de la rareté du phénomène (une moyenne annuelle de quatre chutes sur notre planète) et de son caractère incroyable : comment ajouter foi et plus encore accorder un sens autre que divin à la chronique pragoise du chanoine de Vyšehrad qui, en 1135, rapportait qu' "en Thuringe, une énorme pierre de la taille d'une maison était tombée des nuages. Depuis trois jours les habitants en entendaient le bruit. Elle s'était enfoncée à moitié dans le sol et, pendant trois jours, était restée brûlante comme de l'acier sorti du feu." En 1754, l'astronome pragois Joseph Stepling observa et décrivit "une pluie de pierres" survenue en Bohême dans la région de Tábor et dont il affirma l'origine céleste. Cela n'empêcha nullement l'Académie des sciences de Paris, en 1790, de traiter de billevesées les déclarations de divers témoins oculaires. Quatre ans plus tard, le physicien allemand E.F. Chladni fournit d'indiscutables preuves scientifiques de l'existence de ces corps célestes. Le mot météorite ne fut créé qu'en 1842, dans les Compléments de la 6e édition du *Dictionnaire de l'Académie française* (du latin médiéval *meteora*, emprunté du grec au pluriel neutre *meteôros* = élevé dans les airs). L'authenticité des pierres tombées du ciel avait enfin été reconnue en 1803 lorsque, le 26 avril, au-dessus de L'Aigle, dans l'Orne, s'était produite une chute spectaculaire : trois mille fragments pierreux avaient alors été retrouvés, dont certains pesant jusqu'à 10 kg, authentifiés par une commission de l'Académie des sciences dirigée par Jean-Baptiste Biot. Cinq ans plus tard, près de Jihlava, en Moravie, c'est une pluie de 300 météorites qui a été observée et authentifiée. Depuis, bien d'autres fragments célestes ont été récoltés et bien d'au-tres chutes observées en divers points du globe.

Les plus vieux échantillons de météorites tombés sur notre planète sont datés de 3,6 Ga (3,6 milliards d'années), ceux récoltés sur la Lune de 4,3 Ga, et l'on attribue un âge de 4,6 à l'objet céleste qui leur a donné naissance : une grande planète qui se serait déplacée entre Mars et Jupiter avant de se désintégrer et dont les morceaux continuent à tourner dans l'espace ; ceux qui sont à une distance de 80 à 150 km de la Terre pénètrent dans notre atmosphère à la vitesse de 30 à 60 kms par seconde, s'échauffent par frottement et brûlent en brillant comme des étoiles filantes ; quelques rares fragments tombent sur notre lithosphère.

248 Sidérite (16 x 14 cm). Loket (Rép. tchèque).

Du point de vue de leur composition, on distingue, en fonction des proportions relatives de métaux et de silicates, trois groupes de météorites : les météorites pierreuses ou chondrites, les météorites ferreuses ou sidérites, et le groupe intermédiaire des lithosidérites. Les **chondrites** sont de formes variées avec des arêtes émoussées, grises sous une fine pellicule vitrifiée noire ; elles sont formées de microsphérules riches en pyroxène et en olivine, les chondres (du grec *khondros* = cartilage), et de grains métalliques ; on distingue les chondrites à enstatite, les chondrites à bronzite et les chondrites carbonées. Les **sidérites** sont formées de fer additionné de nickel auxquels s'ajoutent, entre autres, les éléments-traces gallium et germanium ; on distingue les hexaédriques (4 à 6 % de nickel), les octaédriques (6 à 8 % de nickel) et les ataxites (du grec *a-*, privation et *taksis* = arrangement), sans texture apparente. Les lithosidérites

249 Pallasite (26 x 14 cm). Springwater, Saskatchewan (Canada).

(dont on ne connaît que douze échantillons correspondant à des chutes observées) comprennent les pallasites, formées de monocristaux d'olivine qu'englobe un alliage de ferro-nickel, et les mésosidérites, souvent bréchiques, formées de silicates (pyroxène, anorthite, olivine) et de ferro-nickel en proportions égales.

La plus grosse chondrite connue, pesant près d'une tonne, est tombée le 18 février 1948 dans le comté de Norton, au Nebraska ; le record absolu de poids est détenu par une sidérite tombée en 1920 dans le nord de la Namibie (Hoba, près de Grootfontaine) : elle pèse 60 tonnes ; quant aux pallasites, c'est un ensemble fragmenté en trois, découvert en 1931 près de Spring Water, au Canada, qui détient, relativement, le modeste record de 68 kg (mais les grains d'olivine y atteignent 4 cm de diamètre).

Les tectites

Les tectites (du grec *têktos* = fondu) sont de petits fragments de roche d'aspect vitreux, en forme de goutte ou de larme, riches en silice (de 68 à 82 %), très pauvres en eau (0, 005 %) il s'agit de minuscules fragments de météorites ou de roches terrestres fondues et projetées sous l'impact de gros bolides (météorites, comètes ?) et n'ayant aucun rapport avec leur contexte géologique. On peut les comparer aux impactites, que l'on recueille aux abords immédiats des cratères d'impact ; mais les tectites sont distribuées "en essaims" dans des lieux géographiques déterminés, parfois situés à plusieurs milliers de kilomètres des cratères qui leur ont donné naissance. Sur les quatre champs de distribution actuellement connus, deux seulement ont pu être reliés à leur cratère d'origine : le champ des moldavites, tectites de Bohême et de Moravie, vieilles de 14,7 Ma (millions d'années), de même âge que les impactites du cratère du Ries (diamètre de 29 km), situé vers l'ouest à Nordlingen, en Allemagne, soit à une distance atteignant 400 km ; le champ des ivoirites, tectites de Côte d'Ivoire âgées de 1,3 Ma, associées aux impactites contemporaines du cratère Bosumtwi, au Ghana (diamètre de 11 km), situé à 300 km. Les deux autres champs dont le cratère d'impact asso-

250 Moldavite (5 x 5 cm, en lumière filtrante). Netolice (Rép. tchèque).

cié reste inconnu sont le champ des bédiasites, tectites du Texas et de Géorgie, aux États-Unis, vieilles de 35 Ma ; et l'hypothétique champ diffus d'Australasie dont les tectites de plus de 1 g s'étendent sur 20 millions de km² (soit un quart de la surface du globe terrestre), de la Tasmanie à la Chine du Sud, ce qui implique l'existence d'un hypothétique cratère d'impact de 200 km de diamètre et de 10 à 20 km de profondeur : mais alors, comment expliquer que ce cratère ait été rayé de la carte en 700 000 ans ?

Les tectites les mieux connues sont les moldavites, dont on parlait déjà dans la seconde moitié du XVIIIe siècle : on les a prises tour à tour pour des olivines, du verre volcanique, des scories d'anciennes verreries ; puis on a découvert des corps semblables dans le Sud-Ouest de l'Asie et en Australie à la fin du XIXe siècle ; on a alors désigné tous ces objets énigmatiques sous le nom de tectites, car il était évident que de très hautes températures avaient présidé à leur formation. La masse des tectites connues varie de 1 g à 13,2 kg ; leur forme est variable et dans le cas du champ australasien, les morphologies évoluent du sud vers le nord, avec la forme en bouton d'Australie (décrite en 1844 par Darwin), totalement absente en Indochine, en Thaïlande et en Chine du Sud, et des formes régulières sphéroïdales ou irrégulières (larmes, poires, plaquettes) dans les régions intermédiaires comme à Java.

251 Bijoux contemporains en moldovite de Bohême méridionale
(Rép. tchèque) ;
taille du pendentif : 4,5 cm.

À la différence des impactites, les tectites sont caractérisées par la composition homogène de leur verre qui ne contient, pour l'essentiel, que des inclusions de silice vitreuse. La découverte récente de sphérules de ferro-nickel, de composition analogue à celle des sidérites, confirme le diagnostic de l'intervention d'impact de bolides, avancée dans les années 70 en raison de la présence dans les tectites de quartz, de coésite (forme de haute pression et de haute température de la silice) et de baddeleyite (oxyde de zirconium formé à 2 000°C à partir de zircon).

Les tectites ont reçu des noms variés en fonction de leur gisement d'origine : australites d'Australie ; javanites, indochinites, philippinites, thaïlandites et billitonites d'Asie ; ivoirites d'Afrique ; bédianites et georgianites d'Amérique du Nord ; **moldavites** d'Europe. Les moldavites se présentent sous la forme de petits galets remarquables par leur surface craquelée ; elles sont vert foncé, parfois presque noires ; on les trouve dans les alluvions près de České Budějovice et de Třebíč en Moravie ; on en faisait autrefois des pendentifs et on les taillait comme des pierres fines ; de nos jours, on les laisse à l'état brut et on les sertit dans de l'or ou de l'argent. L'extraction industrielle des moldavites n'est plus effectuée que sur un seul gisement de Bohême du Sud. Une moldavite de Suisse vient tout récemment de se retrouver parmi l'élite des pierres précieuses : c'était à l'occasion de la visite de la reine d'Angleterre à qui le gouvernement helvète a offert un remarquable bijou : une moldavite, sertie dans le platine, s'y trouve entourée de diamants et de perles noires.

GLOSSAIRE

Mots faisant l'objet d'un renvoi au corps du texte (page indiquée) ou à un terme du glossaire.

adamantin > éclat / **agrégats** 19 / **altération** 22 / **anion** > ion / **aplitique** > grenue / **asbeste** > amiante / **biréfringence** 22 / **camée** 11 / **carat** 37 / **cation** > ion / **clinorhombique** 16 / **clivage** 20 / **conchoïdal** > cassure / **coprolite** 163 / **corps minéralisés** 26 / **cristal, cristallographie** 15-16 / **cubique** 16 / **densité** 20 / **dichroïsme** > pléochroïsme / **druse** 19 / **dureté** 20 (voir glossaire) / **éclat** 21 (voir glossaire) / **éléments (corps simples)** 23, 29 / **enhydre** 102 / **équante** > grenue / **esquilleux** > cassure / **extinction** 22 / **fluorescence** 73 / **franc** > cassure / **géode** 19 / **gisements sédimentaires** 26 / **glyptique** 11 / **hexagonal** 16 / **intaille** 11 / **isotope** 116 / **lamellaire** > cassure / **luminescence** 22, 73 / **magma, magmatisme** 23, 24 / **maille cristalline** > réseau cristallin / **massif** > faciès minéral / **métallique** > éclat / **métamorphisme** 23, 27 / **métasomatose** > épigénie / **micacé** > faciès minéral / **minéral, minéralogie** 14-15 / **monoclinique** 16 / murrhe, vases murrhins 72-73 / **nacré** > éclat / **oolitique** > faciès minéral / **orthorombique** 16 / **ouralisation** 200 / **pegmatitique** > grenue / **pegmatites** 25 / **pélosidérite** 133 / **pétrologie (ou pétrographie)** 15 / **phyllite** 209 et suiv. / **phosphorescence** 73 / **pisolitique** > faciès minéral / **pléochroïsme** 22 / **plutonisme** 23 / **pneumatolyse** 150 / **polymorphisme** > allotropie / **porphyrique** > grenue / **quadratique** 16 / **relief** 22 / **résineux** > éclat / **rhomboédrique** 16 / **roche** 15 / **sédimentation** 23 / **semi-métallique** > éclat / **soyeux** > éclat / **système cristallin** 16 / **terreux** > éclat / **vitreux** > éclat / **triclinique** 16 / **volcanisme** 23 / **zéolitique** 207.

Mots ne faisant pas, sauf exception (page alors signalée), l'objet d'une définition particulière dans le corps du texte (la plupart des mots en italique font eux-mêmes l'objet d'une définition dans le glossaire).

allotropie [*allos* = autre, *tropos* = action de se tourner] – Propriété de corps simples ayant même formule chimique mais des structures différentes ; ex. : diamant et graphite, formes allotropes du carbone. On parle de *polymorphisme* à propos d'espèces minérales ; ex. : aragonite et calcite, espèces polymorphes du carbonate de calcium.
alluvion (du latin *alluvio* = débordement, de *luere* = laver) – Sédiment fluviatile ou lacustre composé de galets, de graviers, de sables, d'argiles ou de limons, déposés après avoir été déplacés et transportés sur des distances parfois considérables ; différentes substances, rares dans les roches-mères, y ont parfois été apportées et concentrées par tri mécanique (alluvions aurifères, diamantifères...). Voir *éluvion* et *illuvion*.
alun – 1. Sulfate double comportant un métal alcalin (ou l'ammonium, jouant le même rôle) et un métal lourd trivalent. 2. Spécifiquement, sulfate double de potassium et d'aluminium hydraté.
amiante (du grec *amiantos* = incorruptible) – Les termes synonymes "amiante" et "asbeste" (du grec *asbestos* = inextinguible) n'ont pas de signification minéralogique précise : ils désignent divers minéraux silicatés fibreux résistant au feu : amphiboles (anthophyllite, trémolite, riébeckite, amosite, crocidolite) ou serpentines (chrysotile).
anisotropie (*anisos* = inégal et *tropos* = tour, direction) – Caractère d'un corps ou d'un milieu dont les propriétés macroscopiques en un point donné varient en fonction de la direction. Les cristaux transparents anisotropes présentent le phénomène de *biréfringence* ; ex. : la fluorite. Un agrégat polycristallin (métal ou roche) est globalement anisotrope si les cristaux qui le constituent sont peu nombreux ou orientés et lui confèrent une *texture*. Voir *isotropie* et *réseau cristallin*.
astérisme – Phénomène lumineux observé pour la première fois sur le saphir qui, sous une certaine incidence et exposé à la lumière, diffuse celle-ci en formant une étoile à six branches. Propre à divers minéraux, l'astérisme provient de défauts de croissance associés à des impuretés réparties dans la masse.
cassure – La surface présentée par un minéral fragmenté peut en être caractéristique : *franche* (surface plane nette : calcite), *conchoïdale* (surface courbe : quartz), *esquilleuse* (amphibole), *lamellaire* (brucite).
couleur d'un minéral – 21 – Sensation résultant de l'impression que produit sur l'œil la lumière réfléchie, réfractée ou émise par le minéral. (voir *dichroïsme, pléochroïsme, luminescence*). La couleur peut être : 1. une propriété fondamentale propre au minéral liée à sa composition chimique (bleu et vert des minéraux secondaires du cuivre, jaune et jaune vert pour l'uranium) ; 2. fonction de propriétés structurales (diamant, graphite) ; 3. liée à la présence d'impuretés (silicates colorés en rouge par de l'hématite) ; 4. due au phénomène de pléochroïsme.
couleur de la poussière d'un minéral – Caractère de reconnaissance peu dépendant de l'état de surface et des impuretés du minéral.

dureté – 20 – Résistance d'un minéral à la rayure, résistance de la structure aux déformations mécaniques. Le degré de dureté de tout minéral peut être placé dans une échelle des duretés relatives (Mohs, 1822).
éclat – Lueur rendue par un corps réfléchissant la lumière. Éclats *adamantin* (diamant), *vitreux* (quartz), *métallique* (pyrite), *semi-métallique* (blende), *résineux* (soufre), *nacré* (brucite), *soyeux* (asbeste), *terreux* (agrégats à grain fin).
éluvion (du latin scientifique *eluvium*, de *eluere* = rincer) – Niveau d'un sol qui a subi un lessivage ; fragments d'une roche restés sur place après sa désagrégation par des agents atmosphériques. Voir alluvion et illuvion.
épigénie (du grec *epi* = au-dessus, et *geneia* = naissance) ou **métasomatose** (de *meta-*, préfixe exprimant le changement, et *sôma, -atos* = corps) – Remplacement lent, dans une roche, d'un minéral par un autre, molécule par molécule, avec conservation de la forme originelle.
espèce minérale – Forme cristalline caractérisée par un *réseau* de taille et de forme bien déterminées.
faciès cristallin – Ensemble des formes extérieures que peut présenter une espèce minérale.
faciès minéral – Aspect d'un agrégat en fonction de la forme et de la taille de ses constituants : *grenu* (grains millimétriques), *micacé* (lamelles millimétriques), *massif* (pas de cristaux visibles à l'œil nu ou à la loupe), *cryptocristallin* (cristaux seulement visibles au microscope). Les nodules vont de l'*oolitique* (taille d'œufs de poisson) à *pisolitique* (taille de petits pois).
grenue (texture) – Type de texture propre aux roches entièrement cristallisées résultant d'un refroidissement lent du magma et dont les cristaux sont tous visibles à l'œil nu. Types : *équante* (cristaux approximativement de la taille d'un grain de blé), *aplitique* (minéraux très fins, à peine visibles à l'œil nu), *pegmatitique* (minéraux de grandes dimensions, de quelques centimètres à plusieurs décimètres) et *porphyrique* (grands cristaux centimétriques voisinant avec d'autres, millimétriques).
illuvion (du latin *illuvies* = inondation) – Niveau d'un sol qui a subi une accumulation du fait de son évolution et de l'altération des roches sous-jacentes. Voir *alluvion* et *éluvion*.
ion – Particule chargée électriquement et formée d'un atome ou groupe d'atomes ayant gagné (*anion*, à charge négative) ou perdu (*cation*, à charge positive) un ou plusieurs électrons.
isotropie (*isos* = égal et *tropos* = tour, direction) – Caractère d'un corps ou d'un milieu dont les propriétés macroscopiques en un point donné sont indépendantes de la direction. Voir *anisotropie*.
macle – 20 – Association de cristaux répondant à des lois bien définies. Selon le mode de formation, on distingue : 1. les *macles de croissance*, à cristaux géométriquement associés par accolement (orthose) ou par pénétration (staurotide) ; 2. les *macles de transformation* (transformation d'un cristal en un agrégat de petits cristaux d'orientation complémentaire) ; 3. les *macles mécaniques* (déformation et réorientation du réseau cristallin sous les effets d'un choc ou d'une pression).
magnétisme – Ensemble de phénomènes que présentent les matériaux aimantés. Il n'existe que sept espèces minérales attirables par l'aimant (dont magnétite et pyrrhotine).
maille cristalline – 16 – Parallélépipède qui, répété périodiquement dans les trois directions de l'espace, engendre un *réseau cristallin* ; pour connaître l'ensemble d'un cristal, il suffit de connaître l'arrangement atomique (motif cristallin) dans une maille.
micro- – Préfixe affectant une unité de base du système international de mesure d'un facteur 10^{-6} (millionième) ; ex. : 1 µm (micromètre [anciennement micron]) = 0,000 001 m. Voir *nano-*.
microgrenue (texture) – Type de texture propre aux roches entièrement cristallisées à la suite d'un refroidissement rapide du magma et dans lequel les cristaux ne sont vraiment visibles qu'au microscope.
microlitique (texture) – Type de texture propre aux roches d'épanchement dont les éléments ne sont pas tous cristallisés : elles sont constituées par une abondance de petits cristaux allongés (microlites) de feldspaths potassiques ou de plagioclases, flottant au sein d'une pâte vitreuse amorphe (verre).
minéraux légers, minéraux lourds – Minéraux dont la densité est inférieure ou supérieure à celle d'une solution de bromoforme (2,87) dans laquelle ils flottent (quartz, feldspaths) ou coulent (sphène, zircon, rutile, tourmaline), ces derniers abondants dans les roches sédimentaires détritiques.
minéraux essentiels (1), **accessoires** (2), **accidentels** (3) – 1. Constituants majeurs des roches magmatiques, classés en *minéraux principaux* (quartz, feldspaths, feldspathoïdes) et *minéraux secondaires* (micas, amphiboles, pyroxènes, péridots). La classification des roches éruptives est ba-

sée sur la présence ou l'absence des minéraux principaux. 2. Constituants mineurs, rares et de petite taille, n'intervenant pas dans la classification des roches magmatiques. 3. Minéraux, parfois présents en grande quantité, dont la répartition dans une roche n'obéit à aucune loi.
nano- – Préfixe affectant une unité de base du sysème international de mesure du facteur 10^{-9} (milliardième) ; 1 nm (nanomètre) = 0,000 000 001 m. Ordre de mesure utilisé à l'échelle atomique dans l'étude des cristaux. Voir *micro-*.
nomenclature des composés minéraux – Ensemble des noms et formules adoptés pour les composés minéraux suivant des règles définies en 1960 par l'Union internationale de chimie pure et appliquée. Le système d'écriture est descriptif et non fonctionnel : il donne la composition du corps sans se préoccuper de sa fonction chimique ; ex. CO_2 est appelé "dioxyde de carbone" et non "anhydride carbonique".
paragenèse (ou **association**) – 1. Association souvent caractéristique de minéraux dans un minerai ; ex. : association blende-pyrite-galène. 2. Liaison entre certains minéraux et certains types de roches ; ex. : grenat almandin des micaschistes, grenat pyrope des serpentines.
piézoélectricité (du grec *piedzein* = comprimer) – Phénomène que présentent certains cristaux (quartz, tourmaline) qui acquièrent une polarisation électrique dans leur masse et des charges électriques à leur surface sous l'effet de contraintes mécaniques. Voir *pyroélectricité*.
pléochroïsme [*pleos* = abondant] (ou **dichroïsme**) – Propriété d'un minéral offrant des colorations diverses selon les conditions d'observation ; ex. : dichroïsme brun / bleu du zircon.
polychroïsme (du grec *poly-* = plusieurs, et *khroa* = couleur) – Variation de la couleur d'un cristal observé par transparence selon diverses directions, liée à l'anisotropie du cristal.
pseudomorphose – 19 – 1. Transformation ou remplacement d'un minéral par un autre sans changement de forme extérieure ; ex. : un octaèdre de cuprite transformé en malachite. 2. Incrustation plus ou moins prononcée d'un minéral par un autre ; ex. : quartz pseumorphosant la fluorite. 3. Comblement par un nouveau minéral d'une cavité laissée par un minéral dissous ; ex. : pseudomorphose de sel gemme en calcite.
pyroélectricité (du grec *pûr, puros* = feu) – Phénomène de polarisation électrique que présentent certains cristaux (tourmaline, calamine, boracite, scolécite, prehnite, topaze...), l'une des extrémités de l'axe cristallin se chargeant positivement, l'autre négativement, sous l'effet d'une élévation de leur température. Voir *piézoélectricité*.
réseau cristallin – Espace cristallin considéré comme constitué par la juxtaposition de mailles analogues (parallélépipèdes) qui pavent cet espace sans discontinuité ; les trois vecteurs sur lesquels sont construits les parallélépipèdes constituent les vecteurs de base du réseau et les sommets des parallélépipèdes ainsi répétés en sont les nœuds ; vecteurs et noeuds permettent de définir des rangées et des plans réticulaires. Voir *anisotropie*.
rétromorphose (du latin *retro* = en arrière, et du grec *morphê* = forme) – Transformation par métamorphisme d'une roche métamorphique en une autre roche métamorphique de faciès minéral plus faible que dans le faciès initial ; ex. : rétromorphose d'une amphibolite en schiste vert.
septaria (du bas latin *septarius* = cloisonné) – Nodule (le plus souvent calcaire) situé dans des couches argileuses, montrant en son sein des fentes de retrait qui ont été comblées par des cristaux de calcite, de quartz ou de gypse ; en surface, ces fentes peuvent dessiner un réseau polygonal.
skarn (mot norvégien), fém. ou masc. – Roche du métamorphisme de contact des granites, caractérisée par une texture largement grenue avec souvent de grands cristaux de 1 à 20 cm (cornéenne pegmatitique).
structure – En géologie, tout arrangement de composants considéré à différentes échelles : celles des atomes (*structure cristalline* : réseaux, systèmes cristallins), des individus cristallins (*structure minérale* : macles, zonations), des minéraux (*structure pétrographique* : grenue, microgrenue, microlitique, etc..), des ensembles de roches (*structure tectonique* : couches, massifs éru-ptifs, diapirs, etc...) ou celle de la planète (*structure globale* : lithosphère, manteau). Voir *texture pétrographique et charpente structurale*.
ténacité – Résistance offerte par un minéral à être cassé, broyé ou coupé. Un minéral peut être *cassant* (cérusite), *tenace* (staurotide), *malléable* (argent natif), *sectile* (réalgar), *flexible* (gypse), *élastique* (mica).
texture – 1. En pétrologie, relation spatiale entre les minéraux des roches (sens strict en français, synonyme de structure pétrographique). 2. En minéralogie, agencement des individus cristallins dans un minéral (au sens de structure minérale des Anglo-Saxons). Voir *structure*.
texture pétrographique – Voir *grenue, microgrenue, microlitique et vitreuse*.
trémie – En exploitation saline, une trémie est une pyramide creuse constituée par des cristaux cubiques que l'on obtient quand on laisse se cristalliser lentement le sel d'une saumure.

vitreuse (texture) – Type de texture propre aux roches issues d'un magma dont le refroidissement très rapide n'a permis aucune amorce de cristallisation ; la roche est un véritable verre ; ex. : l'obsidienne.

INDEX

La position taxilogique de chaque minéral est indiquée selon le code suivant :

Ha – halogénures **Ox** – oxydes **Co** – composés organiques **Cc** – corps célestes
Su et **Su'** – sulfures et composés de même type (tellurures, séléniures, arséniures)
Ca et **Ca'** – carbonates et composés de même type (nitrates, borates)
Sa et **Sa'** – sulfates et composés de même type(chromates, tungstates, molybdates)
Ph et **Ph'** – phosphates et composés de même type (vanadates, arséniates, uranates)
Si – silicates, avec pour ces derniers, un degré supplémentaire de précision :
Si **Né** – nésosilicates Si **So** – sorosilicates Si **Cy** – cyclosilicates
Si **In** – inosilicates Si **Ph** – phyllosilicates Si **Te** – tectosilicates

Les **noms en gras** correspondent à des éléments ou à des minéraux ayant leur entrée propre et les **noms en maigre** à des mentions à la suite. Les synonymes sont placés entre parenthèses. Les **nombres en gras** renvoient à des numéros de pages, les **nombres en italique** à des numéros de figures. Les variétés portant le nom spécifique du minéral suivi d'un attributif ne sont pas mentionnées (ex. : quartz hyalin), sauf si elles sont figurées (quartz rose 82).

ÉLÉMENTS

MINÉRAUX

ORIENTATION BIBLIOGRAPHIQUE

Ouvrages de vulgarisation
Bariand P. & N., *Minéraux Passion*, Bordas, 1992.
Le grand livre des minéraux et pierres précieuses, Minerva, Genève-Paris, 1993.
Bariand P. & Poirot J.-P., *Larousse des pierres précieuses*, Larousse, Paris, 1995.
Barrier P. & Leyrit H., *Cristaux et minéraux. L'alchimie de la nature*, La Compagnie du livre, Paris, et Édition du B.R.G.M. Orléans, 1995.
Flamand E. C., *Les pierres magiques*, Le Courrier du livre, Paris, 1981.
Halleux R. & Schamp *, *Les lapidaires grecs*, Les Belles Lettres, Paris, 1985.
Schubnel H.J., *Pierres précieuses dans le monde*, Horizons, Paris, 1972.
Larousse des minéraux, Larousse, Paris, 1981.
Ouvrages spécialisés
Aubert G., Guillemin C. & Pierrot R., *Précis de minéralogie*, Masson, Paris, 1978
Bariand P., Cesbron F. & Geffroy J.G., *Les minéraux, leurs gisements, leurs associations* (3 vol.), Minéraux et Fossiles, Meung-sur-Loire, 1978.
Delepine C., *Introduction à la cristallographie*, Dunod, Paris, 1971.
Lacroix A., *Minéralogie de la France et de ses anciens territoires d'outre-mer* (6 vol.), Librairie du Muséum, Paris, réédité en 1979.
Routhier P., *Les gisements métallifères. Géologie et principes de recherche* (2 vol.), Masson, Paris, 1963.

Au lecteur désireux d'accéder a des informations didactiques très diversifiées, est vivement conseillée la consultation de l'*Encyclopaedia Universalis*. (Cristaux, Éléments, Minéralogie, Roches magmatiques, Carbonates, Halogénures, Oxydes et hydroxydes naturels, Phosphates, Silicates, etc...). La revue mensuelle *Minéraux & Fossiles* (10, rue de Marignan, 75008 Paris) est par ailleurs une excellente source de documentation constamment renouvelée (la dernière liste de mise à jour des tables a paru dans le numéro 236 de janvier 1996). À Paris, deux lieux d'exposition de minéraux sont à visiter : la *Galerie de minéralogie du Muséum national d'histoire naturelle*, au Jardin des Plantes, et la *Galerie des minéraux de l'université Pierre et Marie Curie*, rue Jussieu.

CRÉDITS PHOTOGRAPHIQUES

Les photographies 2 et 4 ont été prises avec l'aimable autorisation du Musée Náprstek de Prague, la photographie 5 avec l'autorisation du Musée des Arts Décoratifs de Prague et la photographie 6 avec l'autorisation du Musée Ethnographique de Prague. Les photographies 8 et 10 montrent des travaux exécutés par les professeurs et les élèves de l'Université des Arts appliqués de Turnov.
La majorité des minéraux photographiés dans ce livre provient des collections du Musée National de Prague.
Zdeněk Borovec : No 216
Vladimír Bouska : Nos 244, 251
Archives de Jiří Kouřimský : pp. 4, 5 ; Nos 7, 9, 14, 15, 19, 24, 34, 40, 46, 57, 62, 68, 91, 111, 116, 135, 166, 189, 247
Karel Neubert : No 1
Dušan Slivka : p.2 ; Nos 28, 29, 35, 37, 38, 39, 45, 49, 54, 63, 67, 71, 87, 117, 120, 121, 123, 126, 127, 129, 132, 136, 144, 148, 150, 155, 156, 161, 162, 168, 184, 190, 197, 204, 205, 208, 210, 212, 213, 215, 218, 220, 226, 239
Autres photographies de František Tvrz
Dessins de Eva Smrčinová